全国高职高专土建立体化系列规划教材

土力学与地基基础

主　编　叶火炎　龙立华
副主编　王玉珏　孙其龙　黄百顺　余丹丹
　　　　刘能胜　毛羽飞　董　伟

北京大学出版社

PEKING UNIVERSITY PRESS

内 容 简 介

本书为全国高职高专土建立体化系列规划教材之一，全书内容共分 10 个项目单元，主要包括绪论、土的物理性质与土的工程分类、土的渗透性、土中应力计算、地基变形计算、土的抗剪强度与地基承载力、土压力与挡土墙、天然地基上的浅基础设计、桩基础与其他深基础和地基处理。每单元之前有教学内容、教学要求、章节导读，每单元之后有项目小结和习题。

本书参照我国现行的《建筑地基基础设计规范》及其他有关新规范、新规程和新标准编写，内容精练，实用性强。通过对本书的学习，读者可以掌握土力学与地基基础的基本理论和应用技能，初步具备开展地基基础设计、施工的能力。

本书可作为高职高专院校建筑工程类相关专业的教材和指导书，也可供从事工程勘察、设计和施工人员参考使用。

图书在版编目(CIP)数据

土力学与地基基础/叶火炎，龙立华主编. —北京：北京大学出版社，2014.1
(全国高职高专土建立体化系列规划教材)
ISBN 978-7-301-23675-8

Ⅰ.①土… Ⅱ.①叶… ②龙… Ⅲ.①土力学—高等职业教育—教材②地基—基础(工程)—高等职业教育—教材 Ⅳ.①TU4

中国版本图书馆 CIP 数据核字(2013)第 320582 号

书　　　名：土力学与地基基础
著作责任者：叶火炎　龙立华　主编
策划编辑：赖　青　王红樱
责任编辑：王红樱　伍大维
标准书号：ISBN 978-7-301-23675-8/TU·0383
出版发行：北京大学出版社
地　　址：北京市海淀区成府路 205 号　　100871
网　　址：http://www.pup.cn　新浪官方微博：@北京大学出版社
电子信箱：pup_6@163.com
电　　话：邮购部 62752015　发行部 62750672　编辑部 62750667　出版部 62754962
印　刷　者：北京宏伟双华印刷有限公司
经　销　者：新华书店
　　　　　787 毫米×1092 毫米　　16 开本　16.5 印张　378 千字
　　　　　2014 年 1 月第 1 版　　2014 年 1 月第 1 次印刷
定　　价：35.00 元

北大版·高职高专土建系列规划教材
专家编审指导委员会

北大版·高职高专土建系列规划教材
专家编审指导委员会专业分委会

建筑工程技术专业分委会

主　任：吴承霞　　吴明军
副主任：郝　俊　徐锡权　　马景善　　战启芳　　郑　伟
委　员：（按姓名拼音排序）

白丽红　陈东佐　邓庆阳　范优铭　李　伟
刘晓平　鲁有柱　孟胜国　石立安　王美芬
王渊辉　肖明和　叶海青　叶　腾　叶　雯
于全发　曾庆军　张　敏　张　勇　赵华玮
郑仁贵　钟汉华　朱永祥

工程管理专业分委会

主　任：危道军
副主任：胡六星　李永光　　杨甲奇
委　员：（按姓名拼音排序）

冯　钢　冯松山　姜新春　赖先志　李柏林
李洪军　刘志麟　林滨滨　时　思　斯　庆
宋　健　孙　刚　唐茂华　韦盛泉　吴孟红
辛艳红　鄢维峰　杨庆丰　余景良　赵建军
钟振宇　周业梅

建筑设计专业分委会

主　任：丁　胜
副主任：夏万爽　朱吉顶
委　员：（按姓名拼音排序）

戴碧锋　　宋劲军　　脱忠伟　　王　蕾
肖伦斌　　余　辉　　张　峰　　赵志文

市政工程专业分委会

主　任：王秀花
副主任：王云江
委　员：（按姓名拼音排序）

俞金贵　胡红英　来丽芳　刘　江　刘水林
刘　雨　刘宗波　杨仲元　张晓战

前　言

　　本书为北京大学出版社"全国高职高专土建立体化系列规划教材"之一，根据教育部制定的高职高专基础工程技术专业的基本要求，为适应 21 世纪职业技术教育发展需要，培养专业技术应用型人才，编者结合实际工程中专业的最新动态编写了本书。

　　本书主要包括：绪论、土的物理性质与土的工程分类、土的渗透性、土中应力计算、地基变形计算、土的抗剪强度与地基承载力、土压力与挡土墙、天然地基上的浅基础设计、桩基础与其他深基础、地基处理等内容。

　　本书内容可按照 51～90 学时安排，推荐学时分配：绪论 1 课时；项目 1，2～6 学时；项目 2，6～10 学时；项目，3，8～14 学时；项目 4，8～12 学时；项目 5，8～12 学时；项目 6，4～8 学时；项目 7，6～10 学时；项目 8，4～10 学时；项目 9，4～8 学时。教师可根据不同的使用专业灵活安排学时，课堂重点讲解每单元主要知识模块。

　　本书由叶火炎、龙立华担任主编，王玉珏、孙其龙、黄百顺、余丹丹、刘能胜、毛羽飞、董伟担任副主编。黄河水利职业技术学院孙其龙编写项目 1；安徽水利水电职业技术学院黄百顺编写项目 2 和项目 3；湖北水利水电职业技术学院叶火炎编写项目 4 和项目 6；黄河水利职业技术学院王玉珏编写项目 5、项目 7 中的 7.3～7.6 节，湖北水利水电职业技术学院龙立华编写绪论、项目 7 中的 7.1、7.2 节和项目 9；湖北水利水电职业技术学院余丹丹编写项目 8。湖北水利水电职业技术学院刘能胜、毛羽飞、董伟也分别参与了本书项目 1、项目 7、项目 9 的编写工作。在此一并表示感谢！全书由叶火炎、龙立华统稿。

　　本书在编写过程中，参考了相关单位的资料及已出版的相关教材，在此谨向原书作者表示衷心感谢！

　　由于编者水平有限，本书难免存在不足和疏漏之处，敬请各位读者批评指正。

编　者

2013 年 11 月

目　　录

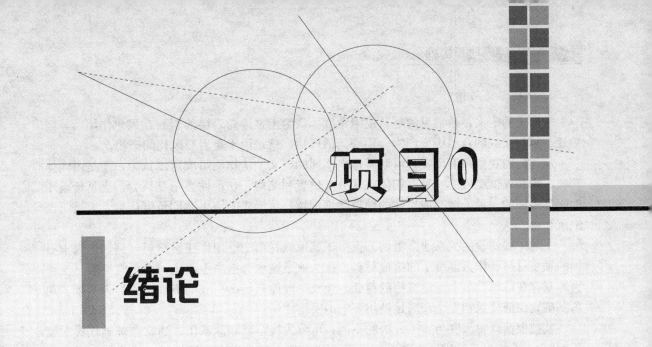

项目0

绪论

1. 土的定义与作用

关于土的定义，最常见的是从成因角度，认为土是地壳表层的岩石在风化作用后，经搬迁、堆积而成的自然历史产物。用一句话概括，就是说土是岩石风化的产物。

从不同的观察角度出发，可对其作出不同的定义。从物质组成角度认为，土是由固体颗粒、水和气体组成的一种三相体。从分布位置和结构、变形性态角度认为，土是覆盖于地壳最表面的一种松散的或松软的颗粒状堆积物。从形成的历史时期角度认为，土是第四纪沉积物。

土与工程建设的关系非常密切。土由于就地取材而广泛用作建筑材料，例如作为土石坝的坝身材料、作为混凝土的组成材料，作为地下输水管道周围填土；而更常见的是土作为地基存在，承受了上部建筑物的荷载。建筑物向地基传递荷载的下部结构称为基础。地基基础是保证建筑物安全和满足使用要求的关键之一。

基础根据埋置深度与施工方法的不同，可分为浅基础和深基础。通常把基础埋置深度不大(小于或相当于基础底面宽度，一般认为小于 5m)，只需经过挖槽、排水等普通施工程序就可以建造起来的基础，称为浅基础；对于浅层土质不良，需要利用深处良好地基，采用专门的施工方法和机具建造的基础，称为深基础。

地基根据是否需要进行人工加固处理，可分为天然地基与人工地基。不需经过人工加固处理就可以满足设计要求的地基，称为天然地基；而地基软弱，需要经过人工加固处理后才能满足设计要求的地基，称为人工地基。对于成层土地基而言，地基包括持力层与下卧层。持力层是指基础底面以下的第一层土；持力层以下的各土层，称为下卧层；强度低于持力层的下卧层，称为软弱下卧层(图 0.1)。

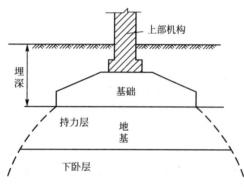

图 0.1　地基与基础示意图

工程建设中作为地基和建筑材料的土的问题若处理不当，将带来生命财产的巨大损失。印度的纳纳克萨加坝为一高 15.9m 的土坝，1967 年 9 月 7 日，由于坝基发生管涌，使坝体决口冲毁，造成 32 个村庄的人民流离失所，损失惨重。

美国的圣·弗兰西斯拱形重力坝，由于坝基砾岩为粘土质胶结并含有石膏夹层，被渗透水流浸湿、软化、溶解，导致坝体沉陷、开裂、滑移崩溃，伤亡 400 多人。再有，从 1882 年—1914 年历时 32 年凿成的巴拿马运河，耗资 4 亿多美元，建成后第二年在分水岭地段发生了大规模岩崩，堵塞了运河。处理此事故又用了 5 年的时间，加挖了 5400 万 m³ 土石方，相当于此段开挖总量的 40% 以上。仅停航 5 年，损失就达 10 亿美元。

上海展览中心馆(图 0.2)位于上海市区延安中路北侧。展览馆中央大厅为框架结构，箱形基础，展览馆两翼采用条形基础。地基为高压缩性淤泥质软土。展览馆于 1954 年 5 月开工，当年年底实测地基平均沉降量为 60cm。1957 年 6 月，中央大厅四周的沉降量最大达 146.55cm，最小为 122.8cm。当时，在仔细观察展览馆内严重的裂缝情况，分析沉降观测资料并研究展览馆勘察报告和设计图纸后，作出展览馆将裂缝修补后可以继续使用的结论。至 1979 年 9 月，展览馆中央大厅累计平均沉降量为 160cm。从 1957 年—1979 年共 22 年的沉降量仅 20 多 cm，不及 1954 年下半年沉降量的一半，说明沉降已趋向稳定，展览馆开放使用情况良好。但由于地基严重下沉，不仅使散水倒坡，而且建筑物内外网之间的水、暖、电管道断裂和重新连接，都需付出相当的代价。

图 0.2　上海展览中心馆

大量的事故充分表明，对基础工程必需慎重对待。只有深入了解地基情况，充分掌握工程地质勘察资料，精心组织设计与施工，才能使基础工程做到既经济合理，又能保证质量。

2. 本学科的发展概况

土力学与地基基础既是一项古老的工程技术，又是一门年轻的应用科学。由于生产的发展和生活上的需要，人类很早就已经创造了自己的地基基础工艺。如我国的都江堰水利工程、举世闻名的万里长城、隋朝南北大运河、赵州石拱桥以及许许多多遍及全国各地宏伟壮丽的宫殿寺院、高塔亭台等，都是由于奠基牢固，即使经历了无数次强震、强风而巍然屹立。几千年前，采用石料修筑基础、木材做成桩基础、石灰拌土夯成垫层或浅基础、砂土水撼加密、填土击实等修筑地基基础的传统方法，目前在某些范围内还在应用。我国劳动人民在工程实践中积累了丰富的土力学与基础工程的知识，只是由于当时生产力发展水平的限制，未能提炼成为系统的科学理论。

18 世纪工业革命以后，大规模的城市建设和水利、铁路的兴建面临着许多与土有关的问题，从而促进了土力学理论的产生和发展。1773 年法国学者库仑(Coulomb)提出了砂土的抗剪强度公式和挡土墙上土压力的滑楔理论；1856 年法国工程师达西(Darcy)提出了地下水运动的基本规律——达西定律；1867 年捷克工程师文克勒(Winkler)提出的地基计算模型；1922 年瑞典工程师费尔纽斯(Fellenius)提出的土坡稳定分析方法等。这些古典的理论和方法为土力学的建立奠定了基础。然而，作为一个完整的工程学科的建立，则以美国学者太沙基(Terzaghi)1925 年发表的第一本比较系统完整的著作《土力学》为标志，从此土力学与基础工程就作为独立的学科而取得不断的发展。

新中国的成立，为解放我国生产力和促进我国科学技术的发展开辟了一条广阔的道路，也使土力学与基础工程学科得到了迅速的发展。解放后，我国在工程建筑中成功地处理了许多大型和复杂的基础工程问题。例如，利用电化学加固处理的中国历史博物馆地基，解决了施工期短、质量要求高的困难；特别是在万里长江上建成的多座长江大桥及其他一些巨大的工程中，采用管桩基础、气筒浮运沉井基础等，成功地解决了水深流急、地质条件复杂的基础工程问题，也为土力学与基础工程的理论和实践积累了丰富的经验。

图 0.3　青藏铁路

改革开放以来，我国开展了大规模的现代化建设，深圳、广州、厦门、上海浦东、天津滨海新区等，数以万计的高层建筑，三峡水利枢纽工程，南水北调工程，青藏铁路(图 0.3)，全国各地的高速公路与高速铁路等的成功实践，有效地促进了我国在工程地质勘察、室内与现场土工试验、地基处理、新设备、新材料、新工艺的研究和应用方面，取得了很大的进展。随着电子技术与各种数值计算方法对各学科的逐步渗透，土力学与基础工程各个领域都发生了深刻的变化，许多复杂的工程问题相应得到了解决，试验技术也日益提高。在大量理论研究与实践经验积累的基础上，有关基础工程的各种设计与施工规范或规程相应问世并日臻完善。我们相信，随着我国现代化建设的不断向前推进，对基础工程要求的不断提高，我国土力学与基础工程学科也必将得到新的更大的发展。

3. 本课程的特点与学习要求

本书主要包括：结论土的物理性质与工程分类、土的渗透性、土中应力计算、地基变形计算、土的抗剪强度与地基承载力、土压力与挡土墙、天然地基上的浅基础设计、桩基础与其他深基础和地基处理。

本课程是一门工程学科，包括土力学与基础工程两部分，是建筑工程技术、道路桥梁工程技术、水利水电建筑工程与基础工程技术等专业的一门主干课程。它涉及工程地质学、岩土工程勘察、建筑结构与施工技术等多个学科领域，内容广泛，综合性、理论性和实践性强，学习时应该突出重点，兼顾全面。

通过本课程的学习，应重点掌握主要土工试验的基本原理和操作技能；掌握一般建筑物地基基础设计中有关土力学内容的设计计算方法，如地基承载力、地基变形、土坡稳定和挡土墙上的土压力计算等；了解地基勘察工作的内容；能阅读和正确理解地质勘察报告；能进行一般建筑物地基基础的设计。

地基基础工程几乎找不到完全相同的实例，在处理地基基础工程问题时，必须运用本课程的基本原理，深入调查研究，针对不同情况进行具体分析，注重理论联系实际，提高分析问题和解决问题的能力。

项目1

土的物理性质与土的工程分类

教学内容

本章将介绍土的成因、土的组成与结构、土的物理性质指标、土的物理状态指标、土的压实性以及土的工程分类。要求理解土的成因及各类土的特性，掌握土的压实性以及土的工程分类，熟练掌握反映土的三相组成比例和状态的各指标的定义、试验或计算方法。

教学要求

知识要点	能力要求	权重
土的成因	理解土的成因	10%
土的组成与结构	掌握土的三相组成，理解土的结构构造	20%
土的物理性质指标	熟练掌握土的物理性质指标包括实测指标和换算指标	20%
土的物理状态指标	掌握土的物理状态指标(无黏性土、黏性土)	20%
土的压实性	掌握土的压实性性能，理解其影响因素，了解击实试验	20%
土的工程分类	掌握土的工程分类方法	10%

土是岩石经风化的产物，是由各种大小不同的土颗粒按一定比例组成的松散集合体。土的成因不同、三相组成的比例不同、结构不同，土的工程性质也不相同。在进行土力学计算及处理地基基础问题时，不仅要知道各类土的特性，还必须熟练掌握反映土三相组成比例和状态的各指标的定义、试验或计算方法，以及填土的压实性和土的工程分类。

1.1 土 的 成 因

土在地表分布广泛，成因类型也很复杂，不同成因类型的沉积物各具有一定的分布规律、地形形态及工程性质。按成因类型的不同，第四纪沉积物分为以下几种。

1. 残积物

岩石风化后形成的碎屑物一部分被风和降水搬运带走，一部分未被搬运而保留在原地，保留在原地的碎屑物，称为残积物或残积土，如图 1.1 所示。

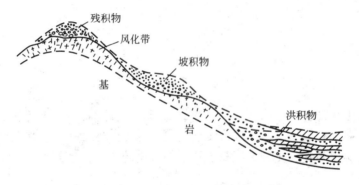

图 1.1　岩石风化作用的产物

残积物的特征是颗粒表面粗糙、多棱角、粗细不均、无层理，分布受地形控制，在山丘顶部残积土厚度较薄，低洼处较厚。土的颗粒较粗呈棱角状，土质不均，具有较大空隙，作为建筑物地基易产生不均匀沉降，在残积土上建造建筑物，如果其厚度较小，可以把这部分土清除。

2. 坡积物

由于雨、雪、水流的作用将高处岩石风化以后形成的碎屑物缓慢地洗刷、剥蚀，沿着斜坡冲刷移动，沉积在较平缓的斜坡上或坡脚处所形成的沉积物，称坡积物或坡积土。

坡积物随斜坡自上而下逐渐变缓，呈现由粗而细的分选现象，其矿物成分与下卧基岩没有直接的关系，层理不明显，厚度变化较大，容易发生滑动。在坡积物上进行工程建设时，要特别注意坡积物本身的稳定性和施工开挖后边坡的稳定性以及地基的不均匀沉降问题。

3. 洪积物

由暴雨或大量融雪水将山区或高地上的大量碎屑物沿冲沟搬运到山谷出口处或山前平

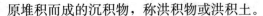

原堆积而成的沉积物，称洪积物或洪积土。

由于山洪流出沟谷后，流速骤减，洪积物也呈现由粗而细的分选现象，呈不规则交替层理结构。一般离山前较近的洪积物是较好的地基。离山前较远的地段，洪积物的颗粒较细，土质均匀，厚度较大，地下水埋藏较深，也是较好的地基。但中间过渡地段，常因地下水溢出地表而造成沼泽地带，土质软弱，承载力低，是不良的地质条件。

4. 冲积物

河流两岸基岩和上部覆盖物，被河流流水侵蚀后，经搬运、沉积于河道坡度较平缓的地区而形成的沉积物，称为冲积物或冲积土。冲积土是一种在水的搬运、沉积作用下形成的土体，水流量大时携带粗粒沉积，流量小时，只携带一些细粒物沉积。有明显的层理构造，土颗粒上游较粗，下游较细，分选性和磨圆度较好。在这类土上建筑，要细心检查建筑场地的软弱层，因为这些软弱层会引起建筑物地基的过量沉降。

5. 其他冲积物

除了上述几种成因类型的沉积物外，还有海洋沉积物、沼泽沉积物、湖泊沉积物、冰川沉积物和风积物等。

1）海洋沉积物

海洋按海水深度及海底地形划分为滨海区、浅海区、陆坡区和深海区。

滨海沉积物主要由卵石、圆砾和砂等粗碎屑物质组成(可能有粘性土夹层)，具有基本水平或缓倾斜的层理构造，在砂层中常有波浪作用留下的痕迹。作为建筑物的地基，其强度较高，但透水性较大。

浅海沉积物主要有细颗粒砂土、粘性土、淤泥和生物化学沉积物(硅质和石灰质等)。离海岸越远，沉积物的颗粒越细小。浅海沉积物具有层理构造，其中砂土较滨海区更为疏松，因而压缩性高且不均匀；一般近岸粘土质沉积物的密度小、含水率高，因而其压缩性大、强度低。

陆坡和深海沉积物主要是有机质软泥，成分均一。

2）湖泊沉积物

湖泊沉积物可分为湖边沉积物和湖心沉积物。

湖泊沉积物主要由湖浪冲蚀湖岸、破坏岸壁形成的碎屑物质组成的。在近岸带沉积的多数是粗颗粒的卵石、圆砾和砂土；远岸带沉积的则是细颗粒的砂土和粘性土。湖边沉积物具有明显的斜层理构造。作为地基时，近岸带有较高的承载力，远岸带则差些。

湖心沉积物是由河流夹带的细小悬浮颗粒到达湖心后沉积形成的，主要是粘土和淤泥，常夹有细砂、粉砂薄层，称为带状粘土，这种粘土压缩性高、强度低。

知识链接

地球是由地壳、地幔和地核组成，地壳是地球表层坚硬的固体外壳，主要由各种岩石组成，地表附近的岩石在风化作用下破碎后形成形状不同、大小不一的碎屑颗粒，这些颗粒受各种自然力的作用，在各种不同的自然环境下堆积下来，就形成通常所说的土。人们在工程上遇到的大多数土都是在第四纪地质历史时期内形成的，又称第四纪沉积物，其中在人类文化期以来所沉积的土称为新近沉积土。

1.2 土 的 组 成

自然界中的土是由固体颗粒、水和气体组成的三相体系。固体颗粒形成土的骨架，骨架之间的孔隙充有水和气体，因此，土也被称为三相孔隙介质。在自然界的每一个土单元中，这三部分所占的比例不同，土的物理状态和土的工程性质也不相同。当土中孔隙没有水时，称为干土；当土位于地下水位线以下，孔隙全部被水充满时，称为饱和土；当土中孔隙同时有水和气体存在时，称为非饱和土(湿土)。

1.2.1 土的固相

土的固体颗粒即为固相。土中的固体颗粒(简称土粒)的大小和形状、矿物成分及其组成情况是决定土的物理力学性质的重要因素。

1. 土粒的矿物成分

土粒的矿物成分主要取决于母岩的成分及其所经历的风化作用。不同的矿物成分对土的性质有着不同的影响。土矿物可分为原生矿物和次生矿物两大类。土的固相部分包括无机矿物颗粒和有机质，主要是土粒，有时还有粒间胶结物和有机质，它们构成了土的骨架。

 知识链接

(1) 原生矿物。原生矿物是物理风化产物，化学性质比较稳定，具有较强的水稳定性。

其中以石英砂粒强度最高，硬度最大，稳定性最好，而云母则最弱，石英和云母是粗颗粒土的主要成分。

(2) 次生矿物。次生矿物是化学风化的产物，颗粒细小，比表面积大，活性强。其中高岭石、伊利石、蒙脱石这3种复合的铝—硅酸盐晶体是最重要的次生矿物，蒙脱石具有很强的亲水性，伊利石次之，高岭土亲水性最小，它们遇水膨胀，失水收缩。

2. 土的颗粒级配

自然界中的土都是由大小不同的颗粒组成。土颗粒的大小与土的性质密切相关。如土颗粒由粗变细，则土的渗透性会由大变小，由无黏性变为有黏性等。故工程中采用不同粒径颗粒的相对含量来描述土的颗粒组成情况。

土中各种不同粒径的土粒，按适当的粒径范围分为若干粒组，各个粒组的性质随分界尺寸的不同而呈现出一定质的变化。划分粒组的分界尺寸称为界限粒径。我国习惯采用的粒组划分标准见表 1-1。表中根据界限粒径 200mm、20mm、2mm、0.075mm、0.005mm 把土粒分为 6 大粒组：漂石(块石)、卵石(碎石)、圆砾(角砾)、砂粒、粉粒和黏粒。

表1-1　粒组划分标准

粒组名称	粒组范围/mm	一般特性
漂石(块石)粒组	＞200	透水性很大，无黏性，无毛细水
卵石(碎石)粒组	20～200	
圆砾(角砾)粒组	2～20	透水性很大，无黏性，毛细水上升高度不超过粒径
砂粒粒组	0.075～2	易透水，当混入云母等杂质时透水性减小，而压缩性增加；无黏性，遇水不膨胀，干燥时松散；毛细水上升高度不大，随粒径变小而增大
粉粒粒组	0.005～0.075	透水性小，湿时稍有黏性，遇水膨胀小，干燥时有收缩；毛细水上升高度较大、较快，极易出现冻胀现象
黏粒粒组	＜0.005	透水性很小，湿时有黏性、可塑性，遇水彭胀大，干时收缩显著；毛细水上升高度较大，但速度慢

特别提示

(1)漂石、卵石和圆砾颗粒均呈一定的磨圆形状(圆形或亚圆形)，块石、碎石和角砾颗粒都带有棱角。

(2)黏粒也称黏土粒，粉粒也称粉土粒。

(3)黏粒的粒径上限也有采用0.002mm的。

土体中包含有大小不同的颗粒，通常把土中各个粒组的相对含量(各个粒组占土粒总量的百分数)，称为土的颗粒级配。这是决定无赫性土工程性质的主要因素，是确定土的名称和选用建筑材料的主要依据。

确定各个粒组相对含量的颗粒分析试验方法有筛分法和相对密度计法两种。

(1)筛分法。筛分法适用于粒径在60~0.075mm的土。试验时如图1.2所示，将风干的均匀土样放入一套孔径不同的标准筛，标准筛的孔径依次为60mm、40mm、20mm、10mm、5mm、2mm、1.0mm、0.5mm、0.25mm、0.1mm(或0.075mm)，经筛析机上下震动，将土粒分开，称出留在每个筛上的土重，即可求出留在每个筛上土重的相对含量。

(2)比重计法。它适用于粒径小于0.075mm的细粒土。它是将一定质量的风干土样倒入盛纯水的1000ml玻璃量筒中，经过搅拌将其拌成均匀的悬液状，土粒会在悬液中靠自身下沉，土颗粒的大小不同在水中沉降的速度也不同，在土粒下沉过程中，用密度计测出悬液中对应不同时间不同溶液密度，如图1.3所示，根据密度计读数和土粒的下沉时间，就可以根据公式计算出不同土粒的粒径及其小于该粒径的质量百分数。

若土中粗细粒组兼有时，可将土样用振摇法或水冲法过0.075mm的筛子，使其分为两部分。大于0.075mm的土样用筛分法进行分析，小于0.075mm的土样用密度计法进行分析，然后将两种试验成果组合在一起对土样分析。

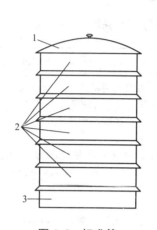

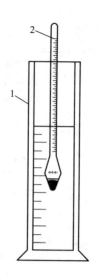

图 1.2　标准筛

1—筛盖；2—筛盘；3—底盘

图 1.3　密度计法观测

1—量筒；2—密度计

3. 颗粒级配曲线

颗粒级配曲线是根据颗粒分析的方法，通过筛分及比重计试验结果绘制而成。横坐标表示粒径，因粒径范围从 0.005mm 以下到 200mm 以上，跨度很大，以对数坐标表示；纵坐标表示小于某粒径的土粒占总土重的百分含量。

颗粒级配曲线的作用有两种：一是利用颗粒级配曲线可以计算出各粒组的含量，作为土的工程分类定名的依据；二是利用颗粒级配曲线定性和定量地分析判断土的级配好坏。

利用颗粒级配曲线判断土的级配好坏时，定性地分析，颗粒级配曲线若土样含的土颗粒粒径范围广，粒径大小相差悬殊，曲线较平缓并光滑连续，则级配良好；反之，颗粒级配曲线若土样含的土粒粒径范围窄，土粒粒径大小差不多，曲线较陡或出现平台的，则级配不良。如图 1.4 所示从级配曲线 a 和 b 可看出，曲线 b 级配良好，曲线 a 则级配不良。

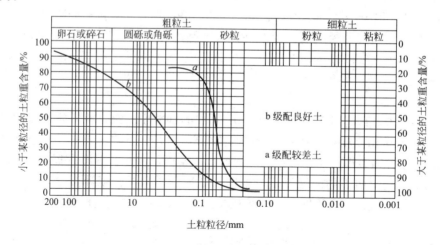

图 1.4　颗粒级配曲线图

定量地分析常用两个级配指标不均匀系数 C_u 和曲率系数 C_c 来描述土的级配特征。

不均匀系数 C_u 为：

$$C_u = \frac{d_{60}}{d_{10}} \tag{1-1}$$

曲率系数 C_c 为：

$$C_c = \frac{d_{30}^2}{d_{60} \times d_{10}} \tag{1-2}$$

式中　d_{60}——土的控制粒径或限定粒径，是指小于某粒径的土重百分数为 60% 时对应的粒径；

　　　　d_{10}——土的有效粒径，是指小于某粒径的土重百分数为 10% 时对应的粒径；

　　　　d_{30}——土的控制粒径，是指小于某粒径的土重百分数为 30% 时对应的粒径。

不均匀系数 C_u 反映大小不同粒组的分布情况。C_u 越大表示土颗粒粒径范围广，粒径大小相差悬殊，颗粒大小越不均匀，其级配越良好，作为填方工程的土料时，则比较容易获得较大的密实度。曲率系数 C_c 则反映曲线的整体形状是否连续。

从工程上看：$C_u \geqslant 5$ 且 $C_c = 1 \sim 3$ 的土，称为级配良好的土；不能同时满足上述两个要求的土，称为级配不良的土。

1.2.2　土中水

水在土中以固态、液态、气态 3 种形式存在，土中的水按存在方式不同，可分为如下类型，如图 1.5 所示。

1. 结合水

结合水是指受土粒表面电场力作用失去自由活动的水。大多数粘土颗粒表面带有负电荷，因而围绕土粒周围形成了一定强度的电场，使孔隙中的水分子极化，这些极化后的极性水分子和水溶液中所含的阳离子(如钾、钠、钙、镁等阳离子)，在电场力的作用下定向地吸附在土颗粒表面周围，形成一层不可自由移动的水膜，即结合水。结合水又可根据受电场力作用的强弱分成强结合水和弱结合水。

图 1.5　土中的水按存在方式不同分类

1) 强结合水

强结合水是指被强电场力紧紧地吸附在土粒表面附近的结合水(又称吸着水)。其密度约为 $1.2 \sim 2.4\text{g/cm}^3$，冰点很低，可达 $-78℃$，沸点较高，在 $105℃$ 以上才可以被释放，而且很难移动，没有溶解能力，不传递静水压力，失去了普通水的基本特性，其性质与固体相近，具有很大的粘滞性和一定的抗剪强度。

2) 弱结合水

弱结合水是指分布在强结合水外围吸附力稍低的结合水(又称薄膜水)。这部分水膜由于距颗粒表面较远，受电场力作用较小，它与土粒表面的结合不如强结合水紧密。其密度约为 $1.0 \sim 1.7\text{g/cm}^3$，冰点低于 $0℃$，不传递静水压力，也不能在孔隙中自由流动，只能以水膜的形式由水膜较厚处缓慢移向水膜较薄的地方，这种移动不受重力影响。

粘性土孔隙中主要充填的水为结合水，当两个土粒之间的距离小于其结合水厚度之和时，土粒间便形成公共水膜。公共水膜的存在是粘性土具有粘性、可塑性和力学强度的根本原因。

2. 自由水

土孔隙中位于结合水以外的水称为自由水，自由水由于不受土粒表面静电场力的作用，可在孔隙中自由移动，按其运动时所受的作用力不同，可分为重力水和毛细水。

1）重力水

受重力作用而运动的水称为重力水。重力水位于地下水位以下，重力水与一般水一样，可以传递静水和动水压力，具有溶解能力，可溶解土中的水溶盐，使土的强度降低，压缩性增大；可以对土颗粒产生浮托力，使土的重力密度减小；它还可以在水头差的作用下形成渗透水流，并对土粒产生渗透力，使土体发生渗透变形。

2）毛细水

土中存在着很多大小不同的孔隙，这些孔隙有的可以相互连通形成弯曲的细小通道（毛细管），由于水分子与土粒表面之间的附着力和水表面张力的作用，地下水将沿着土中的细小通道逐渐上升，形成一定高度的毛细水带，地下水位以上的自由水称为毛细水。

知识链接

毛细水上升的高度取决于土的粒径、矿物成分、孔隙的大小和形状等因素，一般粘性土上升的高度较大，而砂土的上升高度较小，在工程实践中毛细水的上升可能使地基浸湿，使地下室受潮或使地基、路基产生冻胀，造成土地盐渍化等问题。

1.2.3 土中气体

土中的气体可分为自由气体和封闭气体两种基本类型。

自由气体是与大气连通的气体，与大气连通的气体，受外荷作用时，易被排出土外，对土的工程力学性质影响不大。

封闭气体是与大气不连通、以气泡形式存在的气体，封闭气体的存在可以使土的弹性增大，使填土不易压实，还会使土的渗透性减小。

1.3　土的结构构造

1.3.1　土的结构

土的结构是指土的组成物质，主要是土粒，也包括空隙的空间排列及相互联结特征。它对土的物理力学性质有重要的影响。

土的结构包含微观结构和宏观结构两层概念。土的微观结构，常简称为土的结构，或称为土的组构，是指土粒的原位集合体特征，是由土粒单元的大小、矿物成分、形状、相互排列及其联结关系，土中水的性质及孔隙特征等因素形成的综合特征，通常用光学显微镜、电子显微镜才能观察到。土的宏观结构，常称之为土的构造，是同一土层中的物质成分和颗粒大小等都相近的各部分之间的相互关系的特征，表征了土层的层理、裂隙及大孔隙等宏观特征，通常用肉眼即可观察到。

一般认为土的结构包括以下几种类型。

1. 单粒结构

单粒结构是碎石、砂砾等粗粒土在沉积过程中形成的代表性结构。由于碎石、砂砾等粒径较大，其比表面积小，在沉积过程中粒间力的影响与其重力相比可以忽略不计，即土粒在沉积过程中主要受重力控制。当土粒在重力作用下下沉时，一旦与已沉稳的土粒相接触，就滚落到平衡位置形成单粒结构。根据其矿物成分、颗粒形状、级配状况、沉积环境和排列特征等，单粒结构又可分为紧密和疏松两种情况，如图 1.6(a)所示。一般认为在较大的静荷载作用下，尤其是动荷载作用下，疏松的单粒结构会趋于紧密。浑圆的颗粒组成的砂土比带有棱角的颗粒紧密些，而片状矿物组成的砂土则较为疏松。

2. 蜂窝结构

当土颗粒较细(一般认为粒径在 0.02～0.002mm 范围)时，在水中单个下沉碰到已沉积的或正在下沉过程中的土粒，由于土粒之间的引力大于土粒自重，则下沉的土粒被吸附从而影响其下沉过程。后续下沉的细粒如此依次累积，逐渐形成具有很大孔隙的蜂窝状结构，如图 1.6(b)所示。

虽然具有蜂窝结构的土有很大孔隙，但由于弓架作用和一定程度的粒间联结，使其可以承担一定应力水平的静力荷载。然而，当其承受高应力水平的静荷载尤其是动力荷载时，其结构将破坏，并可导致较大的地基变形。

3. 絮状结构

由于极细小的土颗粒(粒径小于 0.005mm)在缓慢水流中常处于悬浮状态，当悬浮液的介质发生变化，比如细小颗粒被带到电解质含量较高的海水中，土粒在水中作杂乱无章的运动时一旦相互接触，粒间力表现为净引力，彼此容易结合在一起逐渐形成小链环状的土粒集合体，使质量增大进而下沉。下沉过程中，当一个小链环碰到另一个小链环时相互吸引，不断扩大形成大连环，称为絮状结构，又称二级蜂窝结构。由于土粒的角、边常带正电荷，面带负电荷，因此角、边与面接触时净引力最大，所以絮状结构的特征表现为土粒之间以角、边与面的接触或边与边的搭接形式为主，如图 1.6(c)所示。这种结构的土粒呈任意排列，具有较大的孔隙，因此其强度低，压缩性高，对扰动比较敏感，在压缩环境下，该类土常有较大的压缩变形，土粒间的联结强度会由于固结而增大。

 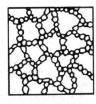 

(a) 单粒结构　　　　(b) 蜂窝结构　　　　(c) 絮状结构

图 1.6　土的结构示意图

自然界中沉积土的结构极其复杂。通常土粒总是成团存在，称为粒团。粒团及土粒的排列，可能是任意也可能是定向排列，由于粒团及粒团内的土粒排列方式上的差异，土体将呈现不同的各向异性。一般说来，上述3种结构中，呈现密实的单粒结构的土，由于其土粒排列紧密，在动、静荷载作用下都不会产生较大的沉降，所以强度较大，压缩性小，一般是良好的天然地基。而疏松状态单粒结构、蜂窝结构及絮状结构的土，其骨架是不稳定的，当受到震动及其他外力时，天然结构易遭到破坏，其强度降低，引起土的很大变形，因此，这种土层如作为建筑物的地基或路基一般应进行必要的处理。

1.3.2 土的构造

土的构造即土层在空间的赋存状态，主要表现为土层的层理、裂隙、孔洞等宏观特征。土的构造一般有以下几种。

1. 层状构造

土粒在沉降过程中，由于不同阶段沉降的物质成分、颗粒大小和颜色不同，它们沿竖向呈现的层状特征，称为层状构造。常见的有水平层状构造和带有夹层、尖灭和透镜体等的交错层理构造，如图1.7所示。

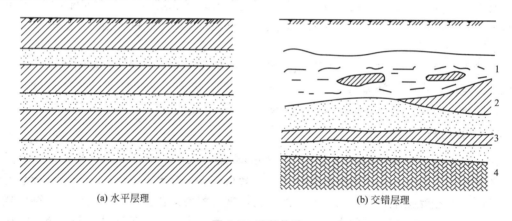

(a) 水平层理   (b) 交错层理

图 1.7 层状构造

1—淤泥加粘土透镜体；2—粘土尖灭；3—砂土夹粘土层；4—基岩

2. 分散构造

在颗粒搬运和沉积过程中，经过分选的卵石、砾石、砂等，沉积厚度往往较大，其间没有明显的层理，呈现分散构造，如图1.8所示。具有分散构造的土层中各部分土粒无明显差异，分布均匀，各部分性质接近，在研究对象相对于土颗粒本身较大时，可作为各向同性体来考虑。

3. 裂缝构造

在裂隙构造中，土体被许多不连续的小裂隙所割裂，裂隙内部往往被各种盐类沉淀物所充填，如图1.9所示。土的裂隙性是土的构造的另一特征。如黄土的柱状裂隙，膨胀土的收缩裂隙等，裂隙的存在大大降低土体的局部强度，损害了土的均质性，成为软弱面或软弱带，对工程不利，往往成为工程结构或土体边坡失稳的控制性因素。此外，土体中的包裹物如腐殖物、贝壳、结核体等，以及虫洞或者墓穴等天然或人为的孔洞存在，也是造成土体不均质的原因。

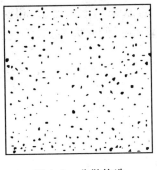

图1.8 分散构造

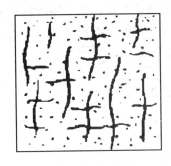

图1.9 裂隙构造

1.4 土的物理性质指标

一般认为土是由固体颗粒、液体水和气体三者组成的三相体。土的三相组成物质的性质、相对含量以及土的结构构造等各种因素，必然在土的重度、密实度、干湿软硬状态等一系列物理性质和状态上有所反映。因此可以说土的固相、液相和气相三相各自在体积和质量上所占的比例及其相互作用将影响土的物理力学性质，成为评价土的工程性质的最基本的物理性质指标，工程中常用土的物理性质指标作为评价土体工程性质优劣的基本指标，物理性质指标还是工程地质勘察报告中不可缺少的基本内容。

1.4.1 土的三相草图

天然的土样，其三相的分布通常是分散的，即土中的液体水和气体充满着固体颗粒之间的空隙，如图1.10(a)。为了在理论研究中使问题简单化，以获得更清楚的概念，可以人为地把土的三相分别集中起来，用如图1.10(b)所示的三相草图来抽象地表示其构成，该图称为土的三相草图。

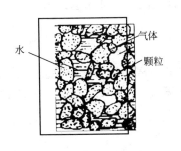

(a) 土的三相组成示意图

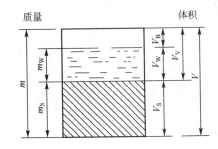

(b) 土的三相图

图1.10 土的三相组成

图中各符号的意义如下：W表示重量，m表示质量，V表示体积；下标a表示气体，下标s表示土粒，下标W表示水，下标v表示孔隙。如W_s、m_s、V_s分别表示土粒重量、土粒质量和土粒体积。

1. 土的物理性质指标

土的物理性质指标包括实测指标(如土的密度、含水率和土粒比重)和换算指标(如土的干重度、饱和重度、浮重度、孔隙比、孔隙率和饱和度等)两大类。

1) 实测指标

(1) 土的密度 ρ。土的质量密度(简称土的密度)是指天然状态下单位体积土的质量,常用 ρ 表示,其表达式为

$$\rho = \frac{m}{V} = \frac{m_s + m_w}{V} \, (\text{g/cm}^3) \tag{1-3}$$

一般土的密度为 1.6～2.2g/cm³。土的密度一般常用环刀法测定。

土的重度:是指天然状态下单位土体所受的重力,常用 γ 表示,其表达式为

$$\gamma = \frac{W}{V} = \frac{W_s + W_w}{V} \, (\text{kN/m}^3) \tag{1-4}$$

$$\gamma = \rho g \tag{1-5}$$

式中　g——重力加速度,在国际单位制中常用 9.8m/s²,为换算方便,也可近似用 g＝10m/s² 进行计算。

(2) 土粒比重 G_s。土粒比重是指土在 105～110℃ 温度下烘至恒重时的质量与同体积 4℃时纯水的质量之比,简称比重,其表达式为

$$G_s = \frac{m_s}{V_s \rho_w} \tag{1-6}$$

式中　ρ_w——为 4℃时纯水的密度,取 $\rho_w = 1$g/cm³。

土粒比重常用比重瓶法来测定(试验方法详见土工试验部分)。

土粒比重其值主要取决于土的矿物成分和有机质含量,颗粒越细比重越大,当土中含有机质时,比重值减小。

(3) 土的含水率 ω

土的含水率是指土中水的质量与土粒质量的百分数比值,其表达式为

$$\omega = \frac{m_w}{m_s} \times 100\% \tag{1-7}$$

土的含水率是反映土干湿程度的指标,土的含水率常用烘干法测定,在天然状态下,土的含水率变化幅度很大,一般来说,砂土的含水率 $\omega = 0 \sim 40\%$;粘性土的含水率 $\omega = 15\% \sim 60\%$;淤泥或泥炭的含水率可高达 $100\% \sim 300\%$。

2) 换算指标

(1) 孔隙比 e。土的孔隙比是指土中孔隙体积与土颗粒体积之比,其表达式为

$$e = \frac{V_v}{V_s} \tag{1-8}$$

(2) 孔隙率 n。土的孔隙率是指土中孔隙体积与总体积之比,常用百分数表示,其表达式为

$$n = \frac{V_v}{V} \times 100\% \tag{1-9}$$

孔隙率表示土中孔隙体积占土的总体积的百分数，所以其值恒小于100%。

土的孔隙比主要与土粒的大小及其排列的松密程度有关。一般砂土的孔隙比为0.4～0.8，粘土为0.6～1.5，有机质含量高的土，孔隙比甚至可高达2.0以上。孔隙比和孔隙率都是反映土的密实程度的指标。对于同一种土 e 或 n 越大，表明土越疏松；反之，土越密实。在计算地基沉降量和评价砂土的密实度时，常用孔隙比而不用孔隙率。

（3）饱和度 S_r。饱和度反映土中孔隙被水充满的程度，饱和度是土中水的体积与孔隙体积之比，用百分数表示，其表达式为

$$S_r = \frac{V_w}{V_V} \times 100\% \tag{1-10}$$

理论上，当 $S_r = 100\%$ 时，表示土体孔隙中全部充满了水，土是完全饱和的；当 $S_r = 0$ 时，表明土是完全干燥的。实际上，土在天然状态下是极少达到完全干燥或完全饱和的。因为风干的土仍含有少量水分，即使完全浸没在水下，土中还可能会有一些封闭气体存在。

按饱和度的大小，可将砂土分为以下几种不同的湿度状态。

$$S_r \leqslant 50\% \quad 稍湿$$
$$50\% < S_r \leqslant 80\% \quad 很湿$$
$$S_r > 80\% \quad 饱和$$

（4）干密度 ρ_d。土的干密度是指单位土体中土粒的质量，即土体中土粒质量 m_s 与总体积 V 之比，表达式为

$$\rho_d = \frac{m_s}{V} (g/cm^3) \tag{1-11}$$

单位体积的干土所受的重力称为干重度，可按下式计算：

$$\gamma_d = \frac{W_s}{V} (kN/m^3) \tag{1-12}$$

土的干密度（或干重度）是评价土的密实程度的指标，干密度大表明土密实，干密度小表明土疏松。因此，在填筑堤坝、路基等填方工程中，常把干密度作为填土设计和施工质量控制的指标。

（5）饱和密度 ρ_{sat}。土的饱和密度是指土在饱和状态时，单位体积土的密度。此时，土中的孔隙完全被水所充满，土体处于固相和液相的二相状态，其表达式为

$$\rho_{sat} = \frac{m_s + m_w'}{V} = \frac{m_s + m_v \rho_w}{V} (kN/m^3) \tag{1-13}$$

式中　　m_w'——土中孔隙全部充满水时的水重；

　　　　ρ_w——水的重度，$\rho_w = 1 g/cm^3$。

饱和重度 $\gamma_{sat} = \rho_{sat} g$。

（6）浮重度 γ'。土在水下时，单位体积的有效重量称为土的浮重度或称有效重度。地下水位以下的土，由于受到水的浮力的作用，土体的有效重量应扣除水的浮力的作用，浮重度的表达式为

$$\gamma' = \frac{w_s - v_s \gamma_w}{v} (kN/m^3) \tag{1-14}$$

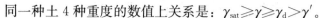

同一种土 4 种重度的数值上关系是：$\gamma_{sat} \geqslant \gamma \geqslant \gamma_d > \gamma'$。

3）土的物理性质指标间的换算

土的密度 ρ、土粒比重 G_s 和含水率 ω 这 3 个指标是通过试验测定的。在测定这 3 个指标后，其他各指标可根据它们的定义并利用土中三相关系导出其换算公式。

$$\gamma_d = \frac{w_s}{V} = \frac{w_s}{w/\gamma} = \frac{rw_s}{w_s + w_w} = \frac{\gamma}{1+\omega} \tag{1-15}$$

土的物理性质指标都是三相基本物理量间的相对比例关系，换算指标可假定 $V_s = 1$ 或 $V = 1$，根据定义利用三相草图算出各相的数值，取三相图中任一个基本物理量等于任何数值进行计算都应得到相同的指标值。

实际工程中，为了减少计算工作量，可根据表 1-2 给出的土的物理性质指标的关系及其最常用的计算公式，直接计算。

表 1-2　常见三相比例指标换算关系式

指标	符号	表达式	换算公式
孔隙比	e	$e = \dfrac{V_v}{V_s}$	$e = \dfrac{G_s \gamma_w (1+w)}{\gamma} - 1$，　$e = \dfrac{G_s \gamma_w}{\gamma_d} - 1$，　$e = \dfrac{wG_s}{s_r}$，　$e = \dfrac{n}{1-n}$
干重度	γ_d	$\gamma_d = \dfrac{m_s g}{V}$	$\gamma_d = \dfrac{\gamma}{1+w}$，　$\gamma_d = \dfrac{G_s \gamma_w}{1+e}$，　$\gamma_d = \dfrac{nS_r}{w}\gamma_w$
饱和重度	γ_{sat}	$\gamma_{sat} = \dfrac{m_s g + V_v \gamma_w}{V}$	$\gamma_{sat} = \dfrac{(G_s-1)\gamma}{G_s(1+w)} + \gamma_w$，　$\gamma_{sat} = \dfrac{(G_s+e)\gamma_w}{1+e}$，　$\gamma_{sat} = \gamma' + \gamma_w$，　$\gamma_{sat} = \gamma_d + n\gamma_w$
浮重度	γ'	$\gamma' = \dfrac{m_s g - V_s \gamma_w}{V}$	$\gamma' = \dfrac{(G_s-1)\gamma}{G_s(1+w)}$，　$\gamma' = \dfrac{(G_s-1)\gamma_w}{1+e}$，　$\gamma' = \gamma' + \gamma_w$，　$\gamma' = (G_s-1)(1-n)\gamma_w$
饱和度	s_γ	$S_\gamma = \dfrac{V_w}{V_v} \times 100\%$	$S_r = \dfrac{wG_s\gamma}{G_s\gamma_w(1+w)-\gamma}$，　$S_r = \dfrac{wG_s}{e}$，　$S_r = \dfrac{wG_s\gamma_d}{G_s\gamma_w-\gamma_d}$，　$S_r = \dfrac{\gamma(1+e)-G_s\gamma_w}{e\gamma_w}$
空隙率	n	$n = \dfrac{V_v}{V} \times 100\%$	$n = 1 - \dfrac{\gamma}{G_s\gamma_w(1+w)}$，　$n = 1 - \dfrac{\gamma_d}{G_s\gamma_w}$，　$n = \dfrac{e}{1+e}$

　应用案例 l-l

某原状土样用环刀测密度，已知环刀体积 $V = 60 \text{cm}^3$、环刀质量是 53.5g、环刀及土的总质量是 166.3g，取质量为 94.00g 的湿土，烘干后为 75.63g，测得土样的比重 $G_s = 2.68$。求该土的天然重度 γ、天然含水率 ω、干重度 γ_d、孔隙比 e 和饱和度 S_r 各为多少？

解：（1）湿重度

$$\rho = \frac{m}{V} = \frac{166.3 - 53.50}{60} = 1.88 (\text{g/cm}^3)$$

$$\gamma = \rho \cdot g = 1.88 \times 9.81 = 18.4 (\text{kN/m}^3)$$

（2）含水率

$$\omega = \frac{m_w}{m_s} \times 100\% = \frac{m - m_s}{m_s} \times 100\% = \frac{94.00 - 75.63}{75.63} \times 100\% = 24.3\%$$

（3）干重度

$$\gamma_d = \frac{\gamma}{1+\omega} = \frac{18.4}{1+0.243} = 14.8(\text{kN/m}^3)$$

（4）孔隙比

$$e = \frac{G_s \gamma_w}{\gamma_d} - 1 = \frac{2.68 \times 9.8}{14.84} - 1 = 0.770$$

（5）饱和度

$$S_r = \frac{\omega G_s}{e} \times 100\% = \frac{0.243 \times 2.68}{0.770} \times 100\% = 84.5\%$$

 应用案例 1-2

某一干砂试样的密度为 1.66g/m^3，土粒的比重为 2.70，将此干砂试样置于雨中，若砂样体积不变，饱和度增加到 60%，试计算此湿砂的密度和含水率。

解： 由

$$\rho_d = \frac{m_s}{V} = \frac{G_s \rho_w}{1+e}$$

得

$$e = \frac{G_s \rho_w}{\rho_d} - 1 = \frac{2.7 \times 1}{1.66} - 1 = 0.627$$

由

$$S_r = \frac{V_w}{V_v} = \frac{\omega G_s}{e}$$

得

$$\omega = \frac{S_r e}{G_s} = \frac{0.6 \times 0.627}{2.7} = 13.9\%$$

$$\rho = \frac{m}{V} = \frac{G_s(1+\omega)\rho_w}{1+e} = \frac{2.7 \times (1+0.139)}{1+0.627} = 1.89\text{g/cm}^3$$

1.5 土的物理状态指标

土的三相比例反映着土的物理状态，如干燥或潮湿、疏松或紧密。土的物理状态对土的工程性质（如强度、压缩性）影响较大，类别不同的土所表现出的物理状态特征也不同。对于无粘性土是指土的密实度，对于粘性土是指粘性土的稠度。因此，不同类别的土具有不同的物理状态指标，不同状态的土具有不同的工程性质。

1.5.1 无粘性土的密实状态

无粘性土是单粒结构的散粒体，它的密实状态对其工程性质影响很大。密实的砂土，结构稳定，强度较高，压缩性较小，是良好的天然地基。疏松的砂土，特别是饱和的松散粉细砂，结构常处于不稳定状态，容易产生流砂，在振动荷载作用下，可能会发生液化，对工程建筑不利。所以，常根据密实度来判定天然状态下无粘性土的工程性质。判别无粘性土密实度常用的有下列 3 种方法。

1. 孔隙比 e 判别

土的基本物理性质指标中，干容重 γ_d 和孔隙比 e 都是表示土的密实度的指标。采用土的天然孔隙比 e 的大小来判别砂土的密实度，是一种较简捷的方法。但有其明显的缺点，没有考虑到颗粒级配这一重要因素的影响。例如，对两种级配不同的砂，采用天然孔隙比

e 来判别其密实度，颗粒均匀的密砂其孔隙比大于级配良好的松砂的孔隙比，实际上该密砂的密实度大于该松砂的密实度，显然天然孔隙比 e 并未真实体现土的密实度情况。

2. 相对密度 D_r 判别

为弥补用孔隙比判别的缺陷，在工程上采取相对密度判别，相对密度 D_r 是将天然状态的孔隙比 e 与最疏松状态的孔隙比 e_{max} 和最密实状态的孔隙比 e_{min} 进行对比，作为衡量无粘性土密实度的指标，其表达式为：

$$D_r = \frac{e_{max} - e}{e_{max} - e_{min}} \tag{1-16}$$

显然，相对密度 D_r 越大，土越密实。当 $D_r = 0$ 时，表示土处于最疏松状态；当 $D_r = 1$ 时，表示土处于最紧密状态。工程中根据相对密度 D_r，将无粘性土的密实程度划分为密实、中密和疏松 3 种状态，其标准见表 1-3。

表 1-3　土的相对密实度值

相对密实度 D_r	$0.67 < D_r \leqslant 1$	$0.33 < D_r \leqslant 0.67$	$0 < D_r \leqslant 0.33$
密实度	密实	中密	松散

相对密度 D_r 由于考虑了颗粒级配的影响，所以在理论上是较完善的，但在测定 e_{max} 和 e_{min} 时人为因素影响很大，试验结果不稳定。

应用案例 1-3

某砂层的天然重度 $\gamma = 18.2 \text{kN/m}^3$，含水率 $\omega = 13\%$，土粒的比重 $G_s = 2.65$，最小孔隙比 $e_{min} = 0.40$，最大孔隙比 $e_{max} = 0.85$，该土层处于什么状态？

解：（1）求土层的天然孔隙比 e

$$e = \frac{G_s \gamma_w (1 + \omega)}{\gamma} - 1 = \frac{2.65 \times 9.81(1 + 0.13)}{18.2} - 1 = 0.614$$

（2）求相对密度 D_r

$$D_r = \frac{e_{max} - e}{e_{max} - e_{min}} = \frac{0.85 - 0.614}{0.85 - 0.40} = 0.524$$

因为 $0.67 > D_r > 0.33$，故该砂层处于中密状态。

3. 标准贯入试验锤击数 N 判别

对于天然土体，较普遍的做法是采用标准贯入试验锤击数 N 来现场判定砂土的密实度。标准贯入试验是在现场进行的原位试验。该法是用质量为 63.5kg 的穿心锤，以一定高度(76cm)的落距将贯入器打入土中 30cm 中所需要的锤击数作为判别指标，称为标准贯入锤击数 N。显然锤击数 N 越大，表明土层越密实；反之 N 越小，土层越疏松。按标准贯入锤击数 N 划分砂土密实度的标准见表 1-4。

表 1-4　砂土的密实度

密实度	密实	中密	稍密	松散
标准贯入锤击数 N	$N > 30$	$30 \geqslant N > 15$	$15 \geqslant N > 10$	$N \leqslant 10$

1.5.2 粘性土的稠度

1. 粘性土的稠度状态

粘性土的稠度是指粘性土的软硬程度和土体对外力引起的变形或破坏的抵抗能力。粘性土的稠度与含水量密切相关，当土中含水量很少时，由于颗粒表面的电荷的作用，水紧紧吸附于颗粒表面，成为强结合水，土表现为固态或半固态；当含水量增加时，被吸附在颗粒周围的水膜加厚，土粒周围有强结合水和弱结合水，在这种含水量情况下，土体可以被捏成任意形状而不破裂，这种状态称为塑态。可以说，弱结合水的存在是土具有可塑状态的原因；当土中含水量再增加，土中除结合水外，土中出现了较多的自由水，粘性土变成了液体呈流动状态。粘性土随含水量的增加可从固态转变为半固态、可塑态及流动状态，如图 1.11 所示。

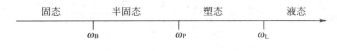

固态　半固态　塑态　液态

ω_B　ω_P　ω_L

图 1.11　粘性土的稠度

2. 界限含水量

所谓界限含水率是指粘性土从一个稠度状态过渡到另一个稠度状态时的分界含水率，也称稠度界限。粘性土的物理状态随其含水率的变化而有所不同，4 种稠度状态之间有 3 个界限含水率，分别叫做缩限 ω_s、塑限 ω_p 和液限 ω_L。工程上常用的界限含水量有液限和塑限。

（1）缩限 ω_s：是指固态与半固态之间的界限含水率。当含水率小于缩限 ω_s 时，土体的体积不随含水率的减小而缩小。

（2）塑限 ω_p：是指半固态与可塑态之间的界限含水率。

（3）液限 ω_L：是指可塑状态与流动状态之间的界限含水率。

黏性土的界限含水量可通过相应的试验测定，其中缩限采用收缩皿试验测定，塑限与液限可以采用液限联合测定仪测定。塑限与液限也可分别采用传统的滚搓法和碟式液限仪测定。

根据《土工试验方法标准》（GB/T 50123—1999），规定了采用液塑限联合测定仪进行液限和塑限的联合测定的方法，如图 1.12 所示。测定时，将调成不同含水量的土样先后装于盛土杯内，分别测定圆锥仪在 5s 时的下沉深度。在双对数坐标纸下绘出圆锥下沉深度和含水量的关系直线，如图 1.13 所示，该直线上圆锥下沉深度为 17mm 所对应的含水量为 17mm 液限，下沉深度为 10mm 所对应的含水量为该试样的 10mm 液限，下沉深度为 2mm 对应的含水量为塑限。

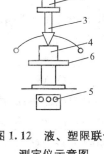

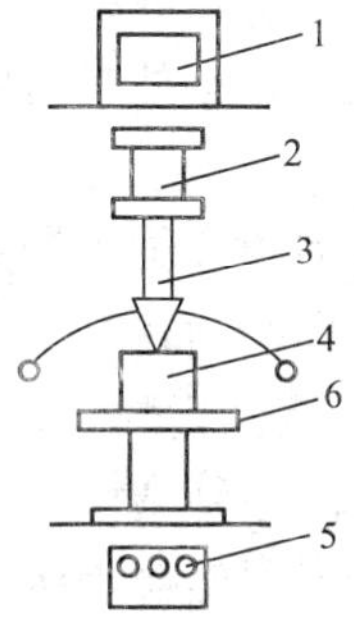

图 1.12　液、塑限联合测定仪示意图

1—显示屏；2—电磁铁；
3—带标尺的圆锥仪；
4—试样杯；5—控制开关；
6—升降座

3. 黏性土的指标及其工程应用

1）塑性指数 I_p

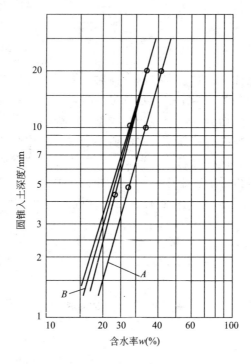

图 1.13 圆锥下沉深度和含水量的关系

塑性指数 I_p 是指液限与塑限的差值，其表达式为

$$I_p = \omega_L - \omega_p \qquad (1-17)$$

塑性指数表明了粘性土处在可塑状态时含水率的变化范围，习惯上用直接去掉％的数值来表示，它的大小与土的粘粒含量及矿物成分有关，土的塑性指数越大，说明土中粘粒含量越多，土处在可塑状态时含水率变化范围也就越大，I_p 值也越大；反之，I_p 值越小。所以，塑性指数是一个能反映粘性土性质的综合性指数，工程上可采用塑性指数对粘性土进行分类和评价。按塑性指数大小《建筑地基基础设计规范》(GB 50007—2011)对粘性土的分类标准为：粘土($I_p > 17$)；粉质粘土($10 < I_p \leqslant 17$)。

2）液性指数 I_L

对同一种粘性土而言，土的含水量可以表示土的软硬程度。但对于两种性质不同的黏性土，当天然含水量相同时，所处的状态可能完全不同，原因是不同土的液限和塑限不同。因此，仅知道土的含水量时，还不能说明土所处的状态，而必须将天然含水量与其液限与塑限进行比较，才能确定黏性土的状态。为此工程上采用液性指数来判别黏性土的状态。

液性指数是土的天然含水量和塑限之差与塑性指数之比，用符号 I_L 表示，即

$$I_L = \frac{w - w_p}{w_L - w_p} \qquad (1-18)$$

上式中，当 $w < w_p$ 时，$I_L < 0$，土呈坚硬状态；当 $w = w_p$ 时，$I_L = 0$，土从半固态进入可塑状态；当 $w = w_L$ 时，$I_L = 0$，土由可塑状态进入液态。显然，I_L 越大，土质越软；反之，I_L 越小，土质越硬。根据液性指数的大小可将黏性土的软硬划分为五种状态，如

表1-5。

表1-5　黏性土的稠度标准

状态	坚硬	硬塑	可塑	软塑	流塑
液性指数 I_L	$I_L \leqslant 0$	$0 < I_L \leqslant 0.25$	$0.25 < I_L \leqslant 0.75$	$0.75 < I_L \leqslant 1$	$I_L > 1$

必须指出，液限试验和塑限试验都是把试样调成一定含水量的土样进行的，也就是说 w_L 和 w_p 都是在土的结构被彻底破坏后测得的。因此，以上判别标准没有反映土的结构性影响，用来判断重塑土的状态比较合适，而对原状土则使测试结果对工程应用来说偏于安全。

 应用案例 I-4

某黏性土的天然含水量 $w = 36.4\%$，液限 $w_L = 41\%$，塑限 $w_p = 26\%$，试求该土的塑性指数 I_p 和液性指数 I_l，并确定该土的状态。

解： $I_p = w_L - w_p = 41 - 26 = 15$；

$$I_L = \frac{w - w_p}{w_L - w_p} = \frac{36.4 - 26}{15} = 0.69$$

据此可确定该土处于可塑状态。

 应用案例 I-5

从某地基中取原状土样，测得土的液限 $\omega_L = 46.8\%$，塑限 $\omega_p = 26.7\%$，天然含水率 $\omega = 38.4\%$，根据《建筑地基基础设计规范》（GB 50007—2011），问：该地基土什么何种土？该地基土处于什么状态？

解： 由下式求塑性指数：

$$I_p = \omega_L - \omega_p = 46.8 - 26.7 = 20.1$$

由下式求液性指数

$$I_L = \frac{\omega - \omega_p}{\omega_L - \omega_p} = \frac{38.4 - 26.7}{46.8 - 26.7} = 0.58$$

根据《建筑地基基础设计规范》（GB 50007—2011）$I_p = 20.1 > 17$，所以该土为粘土；$I_L = 0.58$，$0.25 < I_L < 0.75$，该土处于可塑状态。

1.6　土的压实性

在工程建设中，常用土料填筑土堤、土坝、路基和地基等，土料是由固体颗粒和孔隙及存在于孔隙中的水和气体组成的松散集合体。土的压实性就是指土体在一定的击实功能作用下，土颗粒克服粒间阻力，产生位移，颗粒重新排列，使土的孔隙比减小、密度增大，从而提高土料的强度，减小其压缩性和渗透性。对土料压实的方法主要有碾压、夯实、震动3类，但在压实过程中，即使采用相同的压实功能，对于不同种类、不同含水率的土，压实效果也不完全相同。因此，为了技术上可靠和经济上的合理，必须对填土的压实性进行研究。

1.6.1 土的击实特征

1. 击实试验

研究土的击实性的方法有两种:一是在室内用标准击实仪进行击实试验;另一种是在现场用碾压机具进行碾压试验,施工时以施工参数(包括碾压设备的型号、震动频率及重量、铺土厚度、加水量、碾压遍数等)及干密度同时控制。

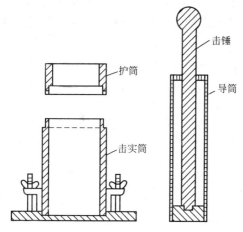

室内击实试验标准击实仪如图 1.14 所示,该击实仪主要由击实筒、击实锤和导筒组成。

击实试验时,先将待测的土料按不同的预定含水率(不少于 5 个),制备成不同的试样。取制备好的某一试样,分 3 层装入击实筒,在相同击实功(即锤重、锤落高度和锤击数三者的乘积)下击实试样,称筒和筒土质量,根据已知击实筒的体积测算出试样湿密度,用推土器推出试样,测试样含水率,然后计算出该试样的干密度,不同试样得到不同的干密度 ρ_d 和含水率 ω。以干密度为纵坐标,含水率为横坐标,绘制干密度 ρ_d 与含水率 ω 的关系曲线,如图 1.15 所示即为土的击实曲线,击实试验的目的就是用标准击实方法,测定土的干密度和含水率的关系,从击实曲线上确定土的最大干密度 ρ_{dmax} 和相应的最优含水率 ω_{op},为填土的设计与施工提供重要的依据。

图 1.14 标准击实仪示意图

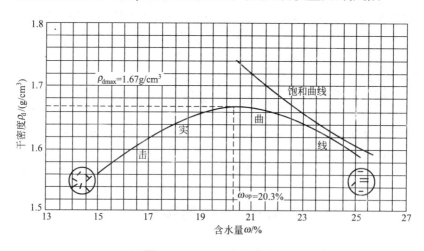

图 1.15 $\rho_d \sim \omega$ 击实曲线

2. 影响土击实性的因素

1)土的含水率

击实曲线上的干密度随着含水率的变化而变化,在含水率较小时,土粒周围的结合水膜较薄,土粒间的结合水的联结力较大,可以抵消部分击实功的作用,土粒不易产生相对移动而挤密,所以土的干密度较小。如果土的含水率过大,使孔隙中出现了自由水并将部分空气封闭，在击实瞬时荷载作用下，不可能使土中多余的水分和封闭气体排出，从而孔隙水压力不断升高，抵消了部分击实功，击实效果反而下降，结果是土的干密度减小。当 ω 在 ω_{op} 附近时，由于含水率适当，水在土体中起一种润滑作用，土粒间的结合水的联结力和摩阻力较小，土中孔隙水压力和封闭气体的抵消作用也较小，土粒间易于移动而挤密，故土的干密度增大；在相同的击实功下，土粒易排列紧密，可得到较大的干密度。粘性土的最优含水率一般接近粘性土的塑限，可近似取为 $\omega_{op} = \omega_P + 2$。

将不同含水率及所对应的土体达到饱和状态时的干密度点绘于图 1.15 中，得到饱和度为 $S_r = 100\%$ 的饱和曲线。从图中可见，试验的击实曲线在峰值以右逐渐接近饱和曲线，并且大体上与它平行，但永不相交。这是因为在任何含水率下，填土都不会被击实到完全饱和状态，土内总存留一定量的封闭气体，故填土是非饱状态。试验证明，一般粘性土在其最佳击实状态下（击实曲线峰点），其饱和度通常约为 80% 左右。

2）击实功

击实功对最优含水率和最大干密度的影响，对于同一种土用不同击实功进行击实试验后表明，击实功越大击实干密度也越大，而土的最优含水率则越小。但是这种增大击实功是有一定限度的，超过这一限度，即使增加击实功，土的干密度的增加也不明显，另外在排水不畅的情况下，经历多次的反复击实，甚至会导致土体密度不加大而土体结构被破坏的结果出现工程上所谓的"橡皮土"现象。

3）土粒级配

在相同的击实功条件下，级配不同的土，其击实特性是不相同的。对粗粒含量多、颗粒级配良好的土，最大干密度较大，最优含水率较小。

粗粒土的击实性也与含水率有关。一般在完全干燥或者充分洒水饱和的状态下，容易击实到较大的干密度。而在潮湿状态，由于毛细压力的作用，增加了土粒间的连接，填土不易击实，干密度显著降低，在击实功能一定时，对其充分洒水使土料接近饱和，击实后得到的密度较大，粗粒土一般不做击实试验。

1.6.2 填土击实质量控制

土料的填筑，施工质量是关键，细粒土的填筑标准通常是根据击实试验确定。最大干密度是评价土的压实度的一个重要指标，它的大小直接决定着现场填土的压实质量是否符合施工技术规范的要求，由于粘性填土存在着最优含水率，因此在填土施工时应将土料的含水率控制在最优含水率左右，以期用较小的能量获得最好的压实效果。故在确定土的施工含水率时，应根据土料的性质、填筑部位、施工工艺和气候条件等因素综合考虑，一般在最优含水率 ω_{op} 的 $-2\% \sim +3\%$ 范围内选取。

在工程实践中常用压实度 ρ 来控制施工质量，压实度是设计填筑干密度 ρ_d 与室内击实试验的最大干密度 ρ_{dmax} 之比值，即

$$\rho = \frac{设计填筑干密度\ \rho_d}{标准击实试验的最大干密度\ \rho_{dmax}} \qquad (1-19)$$

未经压实的松土，干密度一般为 $1.12 \sim 1.33 \mathrm{g/cm^3}$，压实后可达 $1.58 \sim 1.83 \mathrm{g/cm^3}$，大多为 $1.63 \sim 1.73 \mathrm{g/cm^3}$。我国土石坝工程设计规范中规定，粘性土料1、2级坝和高坝，填土的压实度应不低于 $0.97 \sim 0.99$，3级及其以下的中坝，压实度应不低于 $0.95 \sim 0.97$，压实度越接近1，表示压实质量越高。

施工质量的检查方法一般可以 $200 \sim 500 \mathrm{cm^3}$ 环刀(环刀压入碾压土层的 2/3 深度处)或灌砂(水)法测湿密度、含水率并计算其干密度。土料碾压筑堤压实质量应符合率标准见表 1-6。

表 1-6　土料碾压筑堤压实质量合格标准

项次	填筑类型	筑堤材料	压实干密度合格率下限/(%)	
			1、2 级土堤	3 级土堤
1	新填筑堤	粘性土	85	80
		少粘性土	90	85
2	老堤加高培厚	粘性土	85	80
		少粘性土	85	80

注：① 不合格干密度不得低于设计干密度值的 96%。
　　② 不合格样不得集中在局部范围内。

另外，级配情况对砂土、砂砾土等粗粒土的击实性影响较大，粗粒土的密实程度是用其相对密实度 D_r 的大小来衡量。

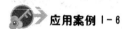 **应用案例 1-6**

某一施工现场需要填土，基坑的体积为 $2000 \mathrm{m^3}$，土场是从附近土丘开挖，经勘察，土的比重为 2.70，含水率为 15%，孔隙比为 0.60；要求填土的含水率为 17%，干重度为 $17.6 \mathrm{kN/m^3}$。

(1) 取土场的重度、干重度和饱和度是多少？

(2) 应从土场开采多少方土？

(3) 碾压时应洒多少水？填土的孔隙比是多少？

解： 由

$$\gamma_d = \frac{G_s \gamma_w}{1+e} = \frac{2.70 \times 10}{1+0.6} = 16.9 (\mathrm{kN/m^3})$$

由

$$\gamma_d = \frac{\gamma}{1+w}$$

得

$$\gamma = \gamma_d \times (1+\omega) = 16.9 \times (1+0.15) = 19.4 (\mathrm{kN/m^3})$$

由

$$S_r = \frac{w G_s}{e} = \frac{0.15 \times 2.70}{0.60} = 67.5\%$$

填土：由

$$\gamma_d = \frac{m_s}{V}$$

得

$$m_s = 17.6 \times 2000 = 35200 (\mathrm{t})$$

取土：由

$$V = \frac{m_s}{\gamma_d} = \frac{3520}{16.9} = 208.28 (\mathrm{m^3})$$

由

$$\omega = \frac{m_w}{m_s}$$

得

$$m_w = 3520 \times (0.17-0.15) = 704 (\mathrm{t})$$

由

$$e = \frac{G_s \gamma_w}{\gamma_d} - 1 = \frac{2.70 \times 10}{17.6} - 1 = 0.534$$

1.7　土的工程分类

自然界的土类众多，其成分和工程性质变化很大。土的工程分类的目的就是将工程性质相近的土归成一类并予以定名，以便于对土进行合理的评价和研究，又能使工程技术人

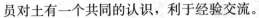

员对土有一个共同的认识，利于经验交流。

人们对土已提出过不少的分类系统，如地质分类、土壤分类、结构分类等，每个分类系统，反映了土某些方面的特征。对同样的土如果采用不同的规范分类，定出的土名可能会有差别。所以在使用规范时必须先确定工程所属行业，根据有关行业规范，确定建筑物地基土的工程分类。

本书将介绍建筑工程建设部颁发的《建筑地基基础设计规范》(GB 50007—2002)的工程分类标准。

1.7.1　建设部(GB 50007—2002)分类法

建设部颁发的《建筑地基基础设计规范》(GB 50007—2011)与《岩土工程勘察规范》(GB 50021—2009)，两规范对各类土的分类方法和分类标准基本相同，差别不大。现将《建筑地基基础设计规范》(GB 50007—2002)分类标准介绍如下。

(GB 50007—2002)规范将作为建筑地基的土(岩)，分为岩石、碎石土、砂土、粉土、粘性土和人工填土6大类，另有淤泥质土、红粘土、膨胀土、黄土等特殊土。

1. 岩石

作为建筑地基的岩石根据其坚硬程度和完整程度分类。岩石按饱和单轴抗压强度标准值分为坚硬岩、较坚硬岩、较软岩、软岩和极软岩5个等级，见表1-7；岩石风化程度可分为未风化、微风化、中等风化、强风化和全风化岩石，见表1-8。

表 1-7　岩石坚硬程度的划分

坚硬程度类别	坚硬岩	较硬岩	较软岩	软岩	极软岩
饱和单轴抗压强度标准值 f_{rk}/Mpa	$f_{rk}>60$	$60 \geqslant f_{rk}>30$	$30 \geqslant f_{rk}>15$	$15 \geqslant f_{rk}>5$	$f_{rk} \leqslant 5$

表 1-8　岩石风化程度划分

风化特征	特征
未风化	岩质新鲜，表面未有风化迹象
微风化	岩质新鲜，表面稍有风化迹象
中等风化	1. 结构和构造层理清晰
	2. 岩石被节理、裂缝分割成块状(200～500mm)，裂缝中填充少量风化物。锤击声脆，且不易击碎
	3. 用镐难挖掘，用岩心钻方可钻进
强风化	1. 结构和构造层理不甚清晰，矿物成分已显著变化
	2. 岩石被节理、裂缝分割成碎石状(20～200mm)，碎石用手可以折断
	3. 用镐难挖掘，用手摇钻不易钻进
全风化	1. 结构和构造层理错综扎乱，矿物成分变化很显著
	2. 岩石被节理、裂缝分割成碎屑状(<200mm)，用手可捏碎
	3. 用锹镐挖掘困难，用手摇钻钻进极困难

2. 碎石土

粒径大于 2mm 的颗粒含量超过总质量的 50% 的土为碎石土，根据粒组含量及颗粒形状可进一步分为漂石或块石、卵石或碎石、圆砾或角砾。分类标准见表 1-9。

表 1-9　碎石土的分类(GB 50007—2011)

土的名称	颗粒形状	粒组含量
漂石 块石	圆形及亚圆形为主 棱角形为主	粒径大于 200mm 的颗粒超过总质量 50%
卵石 碎石	圆形及亚圆形为主 棱角形为主	粒径大于 20mm 的颗粒超过总质量 50%
圆砾 角砾	圆形及亚圆形为主 棱角形为主	粒径大于 2mm 的颗粒超过总质量 50%

特别提示

分类时，应根据粒组含量由上到下以最先符合者确定。

3. 砂土

粒径大于 2mm 的颗粒含量不超过总质量的 50%、粒径大于 0.075mm 的颗粒含量超过全重 50% 的土为砂土。根据粒组含量可进一步分为砾砂、粗砂、中砂、细砂和粉砂，分类标准见表 1-10。

表 1-10　砂土的分类(GB 50007—2011)

土的名称	粒组含量
砾砂	粒径大于 2mm 的颗粒占全重 25~50%
粗砂	粒径大于 0.5mm 的颗粒超过全重 50%
中砂	粒径大于 0.25mm 的颗粒超过全重 50%
细砂	粒径大于 0.075mm 的颗粒超过全重 85%
粉砂	粒径大于 0.075mm 的颗粒超过全重 50%

特别提示

(1) 定名时应根据颗粒级配由大到小以最先符合者确定。

(2) 当砂土中，小于 0.075mm 的土的塑性指数大于 10 时，应冠以"含粘性土"定名，如含粘性土的粗砂等。

4. 粉土

塑性指数 $I_p \leqslant 10$ 且粒径大于 0.075mm 的颗粒含量不超过全重 50% 的土为粉土。

5. 粘性土

塑性指数 $I_p>10$ 的土为粘性土。粘性土按塑性指数大小又分为：粘土($I_p>17$)；粉质粘土($10<I_p\leq17$)。

6. 人工填土

人工填土是指由于人类活动而形成的堆积物。人工填土物质成分较复杂，均匀性也较差，按堆积物的成分和成因可分为如下种类：

1）素填土：由碎石、砂土、粉土或粘性土所组成的填土。

2）杂填土：含有建筑物垃圾、工业废料及生活垃圾等杂物的填土。

3）冲填土：由水力冲填泥沙形成的填土。

在工程建设中所遇到的人工填土，各地区往往不一样。在历代古城，一般都保留有人类文化活动的遗物或古建筑的碎石、瓦砾。在山区常是由于平整场地而堆积、未经压实的素填土。城市建设常遇到的是煤渣、建筑垃圾或生活垃圾堆积的杂填土，一般是不良地基，多需进行处理。

7. 特殊性土

规范中又把淤泥、淤泥质土、红粘土和膨胀土及湿陷性黄土单独制定了它们的分类标准。

1）淤泥和淤泥质土

淤泥和淤泥质土是指在静水或缓慢流水环境中沉积，经生物化学作用形成的粘性土。①天然含水率大于液限，天然孔隙比 $e\geq1.5$ 的粘性土称为淤泥；②天然含水率大于液限而天然孔隙比 $1\leq e<1.5$ 为淤泥质土。

淤泥和淤泥质土的主要特点是含水率大、强度低、压缩性高、透水性差，固结需时间长。一般地基需要预压加固。

2）红粘土

红粘土是指碳酸盐岩系出露的岩石，经风化作用而形成的褐红色的粘性土的高塑性粘土。其液限一般大于50%，具有上层土硬、下层土软，失水后有明显的收缩性及裂隙发育的特性。红粘土经再搬运后，仍保留其基本特征，其液限 ω_L 大于45%的土称为次红粘土。针对以上红粘土地基情况，可采用换土，将起伏岩面进行必要的清除，对孔洞予以充填或注意采取防渗及排水措施等。

3）膨胀土

土中粘粒成分主要由亲水性矿物组成，同时具有显著的吸水膨胀性和失水收缩性，其自由胀缩率大于或等于40%的粘性土为膨胀土。膨胀土一般强度较高，压缩性较低，易被误认为工程性能较好的土，但由于具有胀缩性，在设计和施工中如果没有采取必要的措施，会对工程造成危害。

4）湿陷性黄土

黄土广泛分布于我国西北地区(华北也有)，是一种第四纪时期形成的黄色粉状土，当土体浸水后沉降，其湿陷系数大于或等于 0.015 的土称为湿陷性黄土。天然状态下的黄土质地坚硬、密度低、含水量低、强度高。但一些黄土一旦浸水后，土粒间的可溶盐类会被水溶解或软化，在土的自重应力和建筑物荷载作用下使土粒间原有结构遭到破坏，并发生显著的沉陷，其强度也迅速降低，对湿陷性黄土地基一般采取防渗、换填、预浸法等处理。

项 目 小 结

　　土的物理性质与工程分类是土力学的基本内容之一，土的类型及其基本物理性质指标也是建筑物基础设计计算所必需的基本资料。

　　本项目内容主要包括：土的成因、组成与结构、物理性质指标、物理状态指标、压实性以及土的工程分类。

　　(1) 土是岩石经风化的产物，是由各种大小不同的土颗粒按一定比例组成的松散集合体。大多数土都是在第四纪地质历史时期内形成的，又称第四纪沉积物。沉积年代不同、地质作用不同、成土的岩石不同，使各种土的工程有很大的差别。

　　(2) 一般情况下，天然状态的土是由固相(土颗粒)、液相(水中水)和气相(土中气体)三部分组成，称为土的三相组成。

　　(3) 土的固相(包括土粒的成分、土粒大小与级配以及土的结构等)对土的工程性质起决定作用。土粒分为无机矿物颗粒与有机质，无机矿物颗粒由原生矿物和次生矿物组成；土的颗粒大小分析试验方法有筛分法和密度计法两种，筛分法适用于粗粒土，密度计法适用于细粒土；土的颗粒级配好坏可不均匀系数 C_u 和曲率系数 C_c 判别，级配良好的土必须同时满足两个条件，即 $C_u \geq 5$ 和 $C_c = 1 \sim 3$，如不能同时满足这两个条件，则为级配不良的土；土的结构类型主要取决于土的颗粒大小，通常有单粒结构、蜂窝结构和絮凝结构3种类型。

　　(4) 土中水(包括结合水与自由水)对粘性土的工程性质也有很大的影响。结合水是指受土粒表面电场力作用失去自由活动的水，包括强结合水和弱结合水两种类型；自由水是指土孔隙中位于结合水以外的水，包括毛细水和重力水两种类型。

　　(5) 土中气体(包括自由气体和封闭气体)对土的工程性质影响较小。

　　(6) 土的物理性质指标包括实测指标(如土的密度、含水率和土粒比重)和换算指标(如土的干重度、饱和重度、浮重度、孔隙比、孔隙率和饱和度等)两大类。

　　(7) 无粘性土的密实程度对其工程性质有很大的影响，砂土的密实度可用孔隙比 e、相对密度 D_r 或标准贯入试验锤击数 N 来判别；粘性土的工程性质与其含水率的大小关系密切，其界限含水率液限 ω_L 与塑限 ω_p 可通过试验测定，塑性指数 I_p 是粘性土分类的重要指标，液性指数 I_L 是判别粘性土软硬程度的一个物理指标。

　　(8) 粘性土的压实性可通过室内击实试验成果来研究，击实试验所得到的最优含水率 ω_{op} 和最大干密度 γ_{dmax} 是填土施工质量的重要控制指标。

　　(9) 土的工程分类标准。

习　　题

一、简答题

1. 什么是土的颗粒级配？什么是土的颗粒级配曲线？

2. 土中水按性质可以分为哪几类？

3. 土是怎样生成的？有何工程特点？

4. 什么是土的结构？其基本类型是什么？简述每种结构土体的特点。

5. 什么是土的构造？其主要特征是什么？

二、填空题

1. 粘性土的不同状态的分界含水量液限、塑限、缩限分别用＿＿＿＿、＿＿＿＿和＿＿＿＿测定。

2. 土的饱和度为土中被水充满的孔隙＿＿＿＿与孔隙＿＿＿＿之比。

3. 液性指数是用来衡量粘性土的＿＿＿＿状态。

4. 根据土的颗粒级配曲线，当颗粒级配曲线较＿＿＿＿时表示土的级配良好。

5. 工程中常把＿＿＿＿的土称为级配良好的土，把＿＿＿＿的土称为级配均匀的土，其中评价指标叫＿＿＿＿。

三、计算题

1. 根据如图 1.16 所示颗粒级配曲线上不同粒径组成的土，试求 B、C 二种土中各粒组的百分含量、土的不均匀系数 C_u 和曲率系数 C_c、并对各种土的颗粒级配情况进行评价。

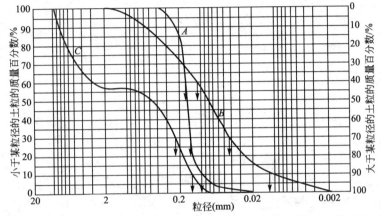

土样编号	土粒组成(%)				d_{40}	d_{10}	d_{30}	C_u	C_c
	10~2	2~0.075	0.075~0.005	<0.005					
A	0	95	5	0	0.165	0.11	0.15	1.5	1.24
B	0	52	44	4	0.115	0.012	0.044	9.6	1.40
C	43	57	0	0	3.00	0.15	0.25	20.0	0.14

图 1.16　习题 3-1 图

2. 某饱和粘性土的含水率为 $\omega = 38\%$，比重 $G_s = 2.71$，试利用三相草图求土的孔隙比 e 和干重度 γ_d。

3. 某地基土测得：比重 $G_s = 2.68$；含水率为 $\omega = 28\%$；湿密度 $\rho = 1.86 \text{g/cm}^3$，试求该土的干密度 ρ_d、饱和密度 ρ_{sat}、浮密度 ρ'、孔隙比 e、孔隙率 n、饱和度 S_r。

4. 某工程取土样进行液塑限试验，测得液限 $\omega_L = 40\%$，塑限 $\omega_p = 25\%$，天然含水率 $\omega = 20\%$，求：塑性指数 I_p 和液性指数 I_L；该地基土处于什么状态？

项目2 土的渗透性

教学内容

　　地基土的渗透性问题是土力学研究的重要问题之一，本章主要讨论水在土中渗透的基本规律、渗透性指标及土体的渗透变形问题。

　　本章的重点是达西定律，渗透系数及其测定方法以及土体的渗透变形问题。

教学要求

知识要点	能力要求	权重
地下水的运动的基本形式	理解地下水运动的基本形式	15%
达西定律	掌握达西定律，分析其适用范围	30%
渗透系数及其测定	掌握渗透系数及其测定方法	25%
渗透力与渗透变形	掌握渗透力的作用及土的渗透变形	30%

章节导读

　　水在重力作用下通过土中的孔隙，从势能高的地方向势能低的地方发生流动，这种现象称为水的渗透。土的生成决定了土的多孔性，这给水的渗透提供了通道。土体被水透过的性质，称为土的渗透性。如在修建水工建筑物后，当土坝或水闸挡水后，在上下游水位差的作用下，上游的水就会通过土坝或水闸地基渗透到下游，水也会在浸润线以下的坝体中产生渗流。

　　水在土中渗透，引起水量漏失，减小工程的经济效益。还会使土中的应力发生变化，改变土体的稳定条件，甚至造成土体的渗流破坏和土体的滑坡。这些渗流问题的出现，使得研究水在土中的渗透对于水工建筑物的设计、施工和管理都具有非常重要的意义。

2.1　达西定律及其适用范围

　　土是由许多单个的土颗粒与充填在土颗粒之间的孔隙中的气和水所组成。土颗粒之间的孔隙在空间相互连通。当饱和土体中任意两点的孔隙水之间存在能量差时，水就会在孔隙中沿能量高的点向能量低的点流动。水灾孔隙中流动的现象称为渗流，土具有被水等液体透过的性质称为土的渗透性。

　　在土木工程领域内，许多工程实践都与土中水的运动有关，如基坑开挖时的涌水量计算、堤坝地基的稳定性、对流砂等不良地质现象的防治等。以上问题可以通过研究水的渗透性得以解决。土中水的渗流对土的工程问题有很大影响。土的应力、变形、强度及稳定都与土中水的运动和渗流有关。

　　常见的渗流现象如图 2.1 所示。

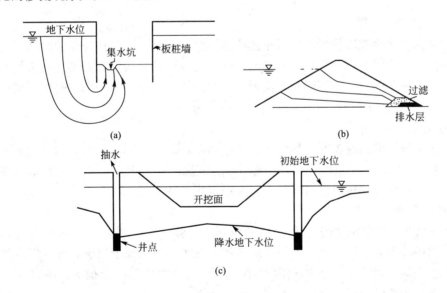

图 2.1　常见的渗流现象

2.1.1　地下水的运动的基本形式

　　描述液体运动的方法有拉格朗日法（Lagrange）和欧拉法（Euler），它们分别从不同的角度描述流动。拉格朗日法是以每个液体质点为研究对象，观察其运动轨迹、速度等运动状况，综合所有质点的运动，就可得到液体整体流动情况，这种方法也称为质点系法。拉格朗日法是通过跟踪每个质点的运动研究整体流动，物理概念清晰，简明易懂。但要描述液体流动中每个质点的运动，在数学上难以做到。在实际工程中通常更需了解液体质点在通过空间固定点时的运动情况。欧拉法是考察液体不同质点通过流场固定点时运动要素的变化规律，把质点通过各空间点的运动综合起来反映液体在流场的全部运动。因此，欧拉法称为流场法。

根据研究水体流动方法，可以讲地下水运动的方式按照流线形态（即欧拉法）和迹线形态（即拉格朗日法）两种方法进行分类。

1. 按地下水的流线形态分类

所谓流线，就是指在某一时间点时，由流场中各质点的速度向量绘制的一条曲线。显然，流线是一个以时间变化的概念，它表示液体在流场内的瞬时运动情况，是欧拉法引出的概念。实际液体由于存在粘滞性而具有两种流动形态。

1）层流

层流是流体的一种流动状态，在水的流动过程中，水中质点形成的流线互相平行，各不相交，其质点沿着某一方向作平滑直线运动。此种流动称为层流或滞流，也有称为直线流动的。水在圆管中流动时，流体的流速在管中心处最大，其近壁处最小。

2）紊流

相对"层流"而言，紊流是指流体从一种稳定状态向另一种稳定状态变化过程中的一种无序状态。此时液体质点作不规则运动、互相混掺、轨迹曲折混乱，流体流动时各质点间的惯性力占主要地位。

2. 按迹线形态分类

用拉格朗日法研究液体运动可引出迹线的概念。把其一质点在连续的时间过程内所占据的空间位置连成线，就是迹线。迹线就是液体质点运动的轨迹。必须注意流线和迹线概念的区别。迹线是同一质点不同时刻位置连成的曲线；而流线则是同一时刻不同质点所组成的曲线，它给出该时刻不同流体质点的运动方向。

1）稳定流

用欧拉法描述液体流动时，如流场中的液体质点通过空间点时所有的运动要素（流速、压强、密度等）不随时间而变化，这种流动叫稳定流。严格地讲，实际工程中很难有真正的稳定流运动，在一些情况下可以近似作为稳定流看待。

2）非稳定流

相反，液体在流动过程中，任一点的流速、压强、密度等运动要素均随时间发生变化，则称这种流动为非稳定流。地下水的运动，在大多数情况下属于非稳定流运动。

水在土中流动时，由于土的孔隙很小，渗流过程中粘滞阻力很大，所以在多数情况下，水在土中的流动速度十分缓慢，属于层流范围。

2.1.2 达西定律

1852 年—1855 年期间，法国工程师达西（H. Darcy）为了研究水在砂土中的流动规律，进行了大量的渗流试验，得出了在层流条件下土中水渗流速度和水头损失之间关系的渗流规律，即达西定律。如图 2.2 所示，试验筒中部装满砂土。砂土试样长度为 L，截面积为

A，从试验筒顶部右端注水，使水位保持稳定，砂土试样两端各装一支测压管，测得前后两支测压管水位差为 Δh，试验筒右端底部留一个排水口排水。试验结果表明：在一定的时间段内，水从砂土中流过的渗流量 Q 与过水断面 A 和土体两端测压管中的水位差成 Δh 正比，与土体在测压管间的距离 L 成反比。则达西定律可表示为

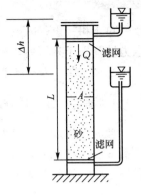

$$q=\frac{Q}{t}=k\frac{\Delta h A}{L}=kAi \qquad (2-1)$$

$$v=\frac{q}{A}=ki \qquad (2-2)$$

图 2.2　达西渗透试验

式中　q——单位时间渗流量，cm^3/s；

v——过水断面平均渗流速度，cm/s；

k——渗透系数，cm/s，其物理意义表示单位水力坡降时的渗流速度。

式(2-1)或式(2-2)称为达西定律（Daccy's law），是土力学的基石之一。值得注意的是，式(2-2)中的渗透速度 v 并不是土孔隙中水的实际平均流速，而是一种假想的平均流速，因为它假定水在土中的渗透是通过整个土体截面进行的，其中包括了土颗粒骨架所占的部分面积在内。故真实的过水断面面积应该小于整个断面面积，从而实际平均流速应该大于假想平均流速。由于土体中的孔隙形状和大小均十分复杂，要想真正确定某一具体位置的真实流速，无论理论分析还是实验方法都是很难做到的。下面所讲述的渗透速度均是指的式(2-2)中所指的这种假想平均流速。

2.1.3　达西定律的适用范围

达西定律适用于地下水的流动状态属于层流的大多数情况。砂土、砂粒含量较高的粘性土，其渗透规律符合达西定律，如图 2.3(a)所示。在实际工程中，对砂性土和较疏松的粘性土，如坝基和灌溉渠道的渗透量以及基坑、水井的涌水量均可用达西定律来解决。

对于密实粘土，因为其孔隙主要为结合水所填充，由于结合水膜的粘滞阻力，当水力坡降较小时，渗透速度与水力坡降呈非线性关系，甚至不发生渗流，只有当水力坡降达到某一数值，克服了结合水膜的粘滞阻力以后，才发生渗流，引起发生渗流的水力坡降称为密实粘土起始水力坡降，以 i_b 表示，如图 2.3(b) 所示。为了简化，这时达西定律公式可写成如下的形式：

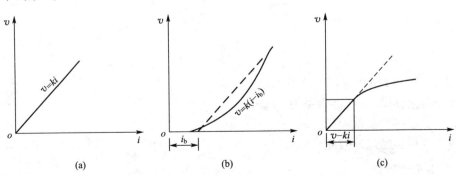

(a)　　　　　　　　　(b)　　　　　　　　　(c)

图 2.3　土的渗透速度和水力坡降的关系

$$v = k(i - i_b) \tag{2-3}$$

对于粗粒土(如砾石、卵石等),当水力坡降较小时,其渗透规律符合达西定律,而当水力坡降大于某值后,渗透速度与水力坡降的关系就表现为非线性的紊流规律,如图2.3(c)所示,此时达西定律已不适用。

2.1.4 渗透系数及其测定

渗透系数是一个代表土的渗透性强弱的定量指标,也是渗流计算时所必须用到的一个基本参数。对于不同的土,渗透系数差别很大,见表2-1。因此,准确地测定土的渗透系数是一项十分重要的工作。

表2-1 各种土的渗透系数参考值

土的类别	渗透系数 k		土的类别	渗透系数 k	
	m/d	cm/s		m/d	cm/s
粘土	<0.005	$<6 \times 10^{-6}$	细砂	$1.0 \sim 5$	$1 \times 10^{-3} \sim 6 \times 10^{-3}$
粉质粘土	$0.005 \sim 0.1$	$6 \times 10^{-6} \sim 1 \times 10^{-4}$	中砂	$5 \sim 20$	$6 \times 10^{-3} \sim 2 \times 10^{-2}$
粉土	$0.1 \sim 0.5$	$1 \times 10^{-4} \sim 6 \times 10^{-4}$	粗砂	$20 \sim 50$	$2 \times 10^{-2} \sim 6 \times 10^{-2}$
黄土	$0.25 \sim 0.5$	$3 \times 10^{-4} \sim 6 \times 10^{-4}$	圆砾	$50 \sim 100$	$6 \times 10^{-2} \sim 1 \times 10^{-1}$
粉砂	$0.5 \sim 1.0$	$6 \times 10^{-4} \sim 1 \times 10^{-3}$	卵石	$100 \sim 500$	$1 \times 10^{-1} \sim 6 \times 10^{-1}$

2.1.5 渗透系数的室内测定

室内测定土的渗透系数的仪器和方法较多,但从试验原理上大体可以分为常水头法和变水头法两种。常水头法一般用于渗透性较强的无粘性土,变水头法一般用于渗透性较弱的粘性土。

1. 常水头试验法

常水头试验法就是在试验过程中保持水头为一常数,从而水头差也是常数。如图2.4所示,试验时,在截面面积为 A 的圆形容器中装入高度为 L 的饱和试样,不断向容器中加水,使其水位保持不变,水在水头差 Δh 作用下产生渗流,流过试样从桶底排出。试验过程中保持水头差 Δh 不变,测得在一定时间 t 内流经试验的水量 Q,根据达西定律可知:

$$Q = vAt = k\frac{\Delta h}{L}At \tag{2-4}$$

$$k = \frac{QL}{\Delta h At} \tag{2-5}$$

式中 Q——时间 t 秒内流经土样的水量,cm³;

L——土样厚度(即渗透路径),cm;

A——土样的横截面积,cm²;

t——试验经过的时间,s。

2. 变水头试验法

由于细粒土的渗透性很小,在短时间内流经土样的水量少,若采用常水头试验法,难以准确测定其渗透系数，因此，细粒土（如粉土和粘土）常采用变水头试验法测定渗透系数。变水头试验就是在试验过程中，渗透水头随时间而变化的一种试验方法。其试验装置如图 2.5 所示。计算公式为

$$k=\frac{aL}{At}\ln\frac{h_1}{h_2} \tag{2-6}$$

式中　a——变水头管截面积，cm^2；

　　　h_1——开始时的水头，cm；

　　　h_2——终止时的水头，cm。

其他符号意义同前。

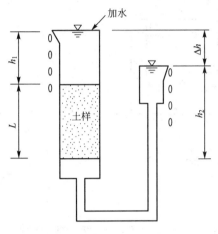

图 2.4　常水头渗透试验

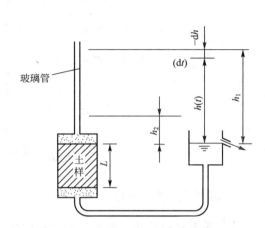

图 2.5　变水头试验装置示意图

室内测定渗透系数的优点是设备简单、花费较少，在工程中得到普遍应用。但是，土的渗透性与其结构构造有很大关系，而且实际土层中水平与垂直方向的渗透系数往往有很大差异；同时由于取样时对土不可避免的扰动，一般很难获得具有代表性的原状土样。因此，室内试验测得的渗透系数往往不能很好地反映现场土的实际渗透性质，必要时可直接进行大型现场渗透试验。有资料表明，现场渗透试验值可能比室内小试样试验值大 10 倍以上，需引起足够的重视。

2.1.6　渗透系数的现场测定

在现场研究场地的渗透性、进行渗透系数测定时，常常用现场抽水试验或井孔注水试验的方法。下面主演介绍抽水试验的方法，注水试验与此类似。

现场抽水试验测定渗透系数一般适用于均质粗粒土层，试验如图 2.6 所示。在现场打一口贯穿要测定渗透系数 k 的土层的试验井，并在距井中心处设置两个以上观测地下水位变化的观察孔，然后自井中以不变的速率进行抽水。抽水时，井周围的地下水迅速向井中渗透，造成井周围的地下水位下降，形成一个以井孔为中心的降水漏斗。当渗流达到稳定后，若测得的抽水量为 Q，观测孔距井轴线的距离分别为 r_1、r_2，孔中的水位高度为 h_1、h_2，围绕井轴取一过水断面，该断面距井中心距离为 r，水面高度为 h，那么过水断面的面积为

$$A=2\pi rh \tag{2-7}$$

设该过水断面上各处的水力坡降为常数,且等于地下水位线在该处的坡降,则

$$i = \frac{dh}{dr} \qquad (2-8)$$

通过达西定律即可求出土层的平均渗透系数,即

$$k = \frac{q\ln(r_2/r_1)}{\pi(h_2^2 - h_1^2)} \qquad (2-9)$$

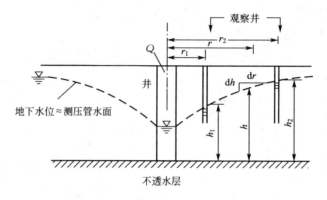

图 2.6　现场抽水试验示意图

2.1.7　成层土的渗透系数

天然地基往往由渗透性不同的土层所组成,其各向渗透性也不尽相同。对于成层土,应分别测定各层土的渗透系数,然后根据渗流方向求出与层面平行或与层面垂直时的平均渗透系数。

1. 与层面平行的渗流情况

如图 2.7 所示,假如各层土的渗透系数各向同性,分别为 k_1、k_2、$\cdots$、k_n,厚度为 H_1、H_2、$\cdots$、H_n,总厚度为 H。与层面平行的渗流,若流经各层土单位宽度的渗流量为 q_{x1}、q_{x2}、$\cdots$、q_{xn},则总单宽渗流量 q_x 应为:

$$q_x = q_{x1} + q_{x2} + \cdots + q_{xn} \qquad (2-10)$$

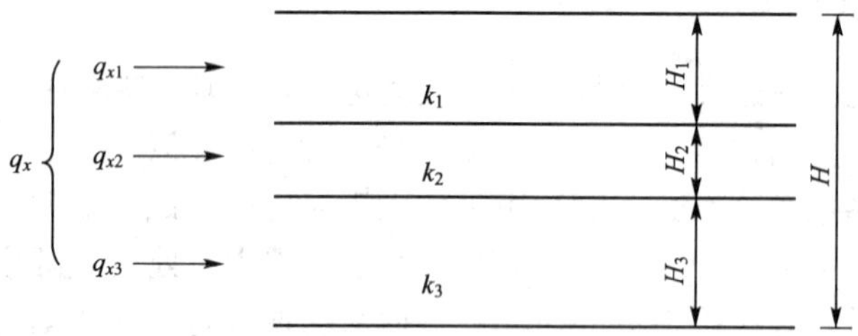

图 2.7　与层面平行渗流

根据达西定律有:

$$q_x = k_x i H$$
$$q_{xi} = k_i i_i H_i \qquad (2-11)$$

式中　k_x——与层面平行渗流的平均渗透系数;

$\quad\quad i$——成层土的平均水力坡降。

对于平行层面的渗流，流经各层土相同距离的水头损失均相等，即各层土的水力坡降 i_i 相等。

$$k_x i H = k_1 i H_1 + k_2 i H_2 + \cdots + k_n i H_n$$

即与层面平行渗流的平均渗透系数为

$$k_x = \frac{1}{H}(k_1 H_1 + k_2 H_2 + \cdots + k_n H_n)$$

$$(2-12)$$

2. 与层面垂直的渗流情况

如图2.8所示，流经各土层的渗流量为 q_{y1}、q_{y2}、$\cdots$、q_{yn}，根据水流连续原理，流经整个土层的单宽渗流量应为

$$q_y = q_{y1} = q_{y2} = \cdots = q_{yn} \qquad (2-13)$$

设渗流通过厚度为 H 的土层时总水头损失为 h，各土层的厚度为 H_1、H_2、$\cdots$、H_n，水头损失分别为 h_1、h_2、$\cdots$、h_n，则各土层的水力坡降为 i_1、i_2、$\cdots$、i_n，整个土层的平均水力坡降为 i，根据达西定律可得各土层的渗流量与总渗流量关系，即：

$$q_y = q_{y1} = q_{y2} = \cdots = q_{y3}$$

$$q_{yi} = k_i i_i A = k_i \frac{h_i}{H_i} A$$

$$h_i = \frac{q_{yi} H_i}{k_i A} \qquad (2-14)$$

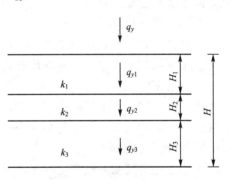

图2.8　与层面垂直渗流

$$q_y = k_y i A = k_y \frac{h}{H} A$$

$$h = \frac{q_y H}{k_y A} \qquad (2-15)$$

式中　k_y——与层面垂直渗流的平均渗透系数；
　　　A——渗流截面面积。

对于垂直于层面的渗流，通过整个土层的总水头损失应等于各层水头损失之和，即

$$h = \sum h_i \qquad (2-16)$$

将式(2-14)、(2-15)代入式(2-16)中，经整理后可得与层面垂直渗流的平均渗透系数为

$$k_y = \frac{H}{\dfrac{H_1}{k_1} + \dfrac{H_2}{k_2} + \cdots + \dfrac{H_n}{k_n}} \qquad (2-17)$$

比较式(2-12)与式(2-17)可知，成层土平行方向渗流的平均渗透系数取决于最透水土层的渗透系数和厚度；垂直方向的渗透系数取决于最不透水土层的渗透系数和厚度。因此，平行层面渗流的平均渗透系数总是大于垂直层面渗流的平均渗透系数。

2.1.8 影响渗透系数的主要因素

土的渗透系数与土和水两方面的多种因素有关，下面分别就这两个方面的因素进行讨论。

1）土颗粒的粒径、级配和矿物成分

土中孔隙通道大小直接影响到土的渗透性。一般情况下，细粒土的孔隙通道比粗粒土的小，其渗透系数也较小；级配良好的土，粗粒土间的孔隙被细粒土所填充，它的渗透系数比粒径级配均匀的土小；在粘性土中，粘粒表面结合水膜的厚度与颗粒的矿物成分有很大关系，结合水膜的厚度越大，土粒间的孔隙通道越小，其渗透性也就越小。

2）土的孔隙比

同一种土，孔隙比越大，则土中过水断面越大，渗透系数也就越大。渗透系数与孔隙比之间的关系是非线性的，与土的性质有关。

3）土的结构和构造

当孔隙比相同时，絮凝结构的粘性土，其渗透系数比分散结构的大；宏观构造上的成层土及扁平粘粒土在水平方向的渗透系数远大于垂直方向的。

4）土的饱和度

土中的封闭气泡不仅减小了土的过水断面，而且可以堵塞一些孔隙通道，使土的渗透系数降低，同时可能会使流速与水力坡降之间的关系不符合达西定律。

5）渗流水的性质

水的流速与其动力粘滞度有关，动力粘滞度越大流速越小；动力粘滞度随温度的增加面减小，因此温度升高一般会使土的渗透系数增加。

6）水的温度

试验表明，渗透系数 k 与渗流液体（水）的重度 γ_w 以及粘滞度 $\eta(P_a \cdot s \times 10^{-3})$ 有关，水温不同时，γ_w 相差较小，但 η 变化较大，水温愈高，η 愈低；k 与 η 基本上呈线性关系。因此，在 $T℃$ 测得的 k_T 值应加温度修正，使其成为标准温度下的渗透系数值。在标准温度 $20℃$ 下的渗透系数修正系数应按下式计算：

$$k = \frac{\eta_T}{\eta_{20}} k_T \qquad (2-18)$$

 特别提示

（1）土的颗粒级配直接决定土中孔隙的大小，对土的渗透系数影响最大。

（2）同一种土，不同孔隙比时具有不同的渗透系数。

2.2 渗透力与渗透变形

2.2.1 渗透力

水在土体中流动时，将会引起水头损失，而这种水头损失是由于水在土体孔隙中流动时力图拖曳土粒而消耗能量的结果。根据牛顿第三定律可知，水在土体中流动时受到土骨架阻力的同时，水必然对土骨架产生一个相等的反作用力。人们将渗流时水作用在单位土体上的作用力称为单位渗透力，简称渗透力，以 j 表示。

如图 2.9 所示中沿渗流方向取一个长度为 L，横截面积为 A 的柱体来研究。因 $h_1 > h_2$，水从截面 1 流向截面 2，水头差为 h。由于土中渗流速度一般很小，其流动水流惯性力可以忽略不计。现假设所取土柱孔隙中完全充满水，并考虑土柱中的土颗粒对渗流阻力的影响，则作用于土柱中水体上的力有。如下几个

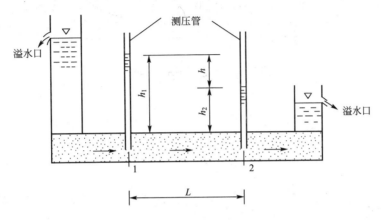

图 2.9　渗透力计算示意图

截面 1 上的总水压力 $P_1 = \gamma_w h_1 A$，其方向与渗流方向一致。

截面 2 上的总水压力 $P_2 = \gamma_w h_2 A$，其方向与渗流方向相反。

土柱中的土颗粒对渗流水的总阻力 F，其大小应和总渗透力 J 相等，即 $F = J = jLA$，方向与渗流方向相反。

根据渗流方向力的平衡条件得

$$J = P_1 - P_2 \tag{2-19}$$

或

$$jLA = \gamma_w(h_1 - h_2)A \tag{2-20}$$

则渗透力

$$j = \gamma_w \frac{h_1 - h_2}{L} = \gamma_w \frac{h}{L} = \gamma_w i \tag{2-21}$$

因此渗透力是一种体积力，单位为 kN/m^3，其大小与水力坡降成正比，方向与渗流方向一致。

由于渗透力的方向与渗流方向一致，因此它对土体稳定性有着很大的影响。如图 2.10 所示的水闸地基，渗流的进口处 A 点受到向下渗流的作用，渗透力与土的有效重力方向一致，渗透力增大了土有效重力的作用，对土体稳定有利；在渗流近似水平部位的 B 点处，渗透力与土的有效重力近似正交，它使土粒产生向下游移动的趋势，对土体稳定不利；在渗流的出逸处 C 点，受向上的渗流作用，渗透力与土的有效重力方向相反，渗透力起到了减轻土有效重力的作用，对土体的稳定不利，渗透力愈大，渗流对土体稳定性的影响就愈大，在渗流出口处，当向上的渗透力大于土的有效重力时，则土粒将会被渗流挟带向上涌

出，土体失去稳定，发生渗透破坏。因此，在对闸坝地基、土坝、基坑开挖等情况进行土体稳定分析时，应考虑渗透力的影响。

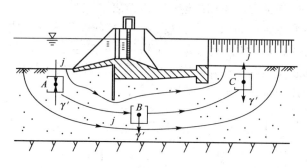

图 2.10　渗流对闸基土的作用

特别提示

由渗流作用于单位体积土体骨架上的力称为渗透力。在渗透力的作用下导致土体变形或破坏的现象称为渗透变形。

2.2.2　渗透变形

土工建筑物或地基在渗流作用下，土体中的细颗粒被冲走或局部土体同时浮起而流失，导致土体变形或破坏的现象称为渗透变形(也称为渗透破坏)。土体的渗透变形实质上是由于渗透力的作用而引起的。大量的研究和实践证明，单一土层的渗透变形通常有流土和管涌两种基本形式。

1. 流土

流土是指在渗流作用下，局部土体隆起、浮动或颗粒群同时发生移动而流失的现象。流土一般发生在无保护的渗流出口处，而不会发生在土体内部。开挖基坑或渠道时出现的所谓"流砂"现象，就是流土的常见形式。如图 2.11 所示，河堤覆盖层下流砂涌出的现象是由于覆盖层下有一强透水砂层，而堤内、外水头差大，从而弱透水层的薄弱处被冲溃，大量砂土涌出，危及河堤的安全；在图 2.12 中，由于细砂层的承压水作用，当基坑开挖至细砂层时，在渗透力的作用下，细砂向上涌出，出现大量流土，引起房屋地基不均匀变形，上部结构开裂，影响房屋的正常使用。流土的发生一般是突发性的，对工程危害较大。

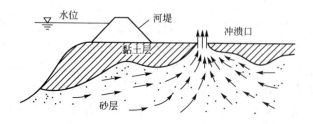

图 2.11　河堤覆盖层下流砂涌出的现象

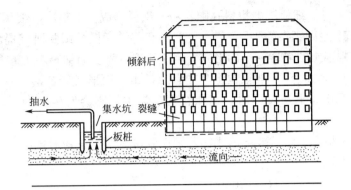

图 2.12 流砂涌向基坑引起房屋不均匀下沉的现象

2. 管涌

管涌是指在渗流作用下，土中的细颗粒通过粗颗粒的孔隙被带出土体以外的现象。管涌可以发生在土体的所有部位。如图 2.13 所示为坝基发生管涌的现象。首先细颗粒在粗颗粒的孔隙中移动；随着土中孔隙的逐渐扩大，渗流速度不断增大，较粗的颗粒也被水流逐渐冲走；最后导致土体内部形成贯通的渗流通道，酿成溃坝（堤）的严重后果。由此可见，管涌的发生要有一定的发展过程，因而是一种渐进性的破坏。

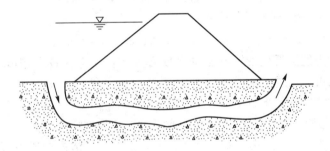

图 2.13 坝基发生管涌的现象

 **特别提示**

单一土层的渗透变形通常有流土和管涌两种基本形式。

渗透变形的两种基本形式是水力坡降较大的情况下，土体表现出来的两种不同的破坏现象。渗透变形的形式与土的性质有关。一般来说，粘性土细颗粒呈粒团存在，颗粒间具有较大的粘聚力，且孔隙直径极小，细颗粒不会在孔隙中随渗流移动并带出，所以，不会发生管涌破坏，而多在渗透坡降大时以流土形式出现。无粘性土的渗透变形形式主要决定于颗粒组成。研究表明，不均匀系数 $C_u \leq 10$ 的匀粒砂土，只可能出现流土破坏形式；$C_u > 10$ 的砂砾土，既可能发生管涌，也可能产生流土，主要取决于土的级配情况与细料含量。对于缺乏中间粒径的不连续级配土，其渗透变形形式主要决定于细料含量（细料含量是指级配曲线水平段下限的粒径所对应的纵坐标）。细料含量小于 25％时，不能充满粗料所形成的孔隙，细颗粒可以很容易地在孔隙中移动，渗透变形常以管涌形式出现；若细料含量在 35％以上时，细料填满粗料孔隙，粗、细料形成一个整体，细颗粒移动困难，多发生流土破坏。对于级配连续的不均匀土，我国有些学者根据试验研究提出，用土的孔隙直径比较法，以判别土的渗透变形的形式，当土中有 5％以上细颗粒的粒径小于孔隙平均直径时，在较小的水力坡降下细颗粒将会被渗流带走，而形成管涌破坏；当土中对应 3％细颗粒的粒径大于孔隙平均直径时，细颗粒很少流失，不会发生管涌，渗透变形呈流土形式。

综上所述，无粘性土渗透破坏形式的判别准则可概括为下列形式：

天然无粘性土：

较均匀的土：流土型，（$C_u \leqslant 10$）

不均匀的土：（$C_u > 10$）

级配不连续：$P > 35\%$ 流土

                $P < 25\%$ 管涌

                $P = (25 \sim 35)\%$ 过渡

级配连续：$D_0 < d_3$ 流土

                $D_0 > d_5$ 管涌

                $D_0 = d_3 \sim d_5$ 过渡

其中 P——级配曲线上断点以下对应颗粒含量，即细料含量；

           D_0——孔隙平均直径，可用 $D_0 = 0.25 d_2$ 计算；

d_3、d_5、d_{20}——小于该粒径土粒含量为 3％、5％、20％对应的粒径。

另外，无粘性土的渗透变形还与土的密度有关，有些土在较大密度下可能发生流土，而在较小密度下则可能出现管涌。

渗透破坏的防治措施如下。

（1）减小水力坡降，可以采取降低水头或增加渗径的办法。

（2）在向上渗流逸出处用透水材料覆盖压重，以防止土体被渗透力所悬浮。

（3）在渗流溢出处部位铺设层间关系满足要求的反滤层，以保护土体不被细颗粒带走，同时具有较大的透水性，使渗流可以畅通。

（4）堤坝下游挖减压沟或打减压井，贯穿渗透性较小的粘性土层，以降低作用在粘性土层底面的渗透压力。

项 目 小 结

     在水头差作用下，水透过土体孔隙的现象称渗透或渗流。而土体被水透过的性能称为土的渗透性。当渗流为层流时，水的渗透速度与水力坡降呈线性关系（达西定律 $v = ki$），其中线性系数 k 为渗透系数，可由现场和室内实验测定，室内渗透试验方法按其原理不同可分为常水头试验法和变水头试验法两种。

     由渗流作用于单位体积土体骨架上的力称为渗透力。在渗透力的作用下导致土体变形或破坏的现象称为渗透变形。按照渗透水流所引起的局部破坏特征，渗透变形包括流土和管涌两种基本形式。

习 题

一、简答题

1. 影响土的渗透性的因素主要有哪些?

2. 流砂与管涌现象有什么区别和联系?

3. 渗透力都会引起哪些破坏?

二、填空题

1. 土体具有被液体透过的性质称为土的_____。

2. 影响渗透系数的主要因素有_____、_____、_____、_____、_____和_____。

3. 一般来讲,室内渗透试验有两种:_____和_____。

4. 渗流破坏主要有_____和_____两种基本形式。

5. 达西定律只适用于_____的情况,而反映土的透水性的比例系数,称之为土的_____。

三、选择题

1. 反映土透水性质的指标是( )。

   A. 不均匀系数　　　　B. 相对密实度　　　　C. 压缩系数　　　　D. 渗透系数

2. 下列有关流土与管涌的概念,正确的说法是( )。

   A. 发生流土时,水流向上渗流;发生管涌时,水流向下渗流

   B. 流土多发生在黏性土中,而管涌多发生在无黏性土中

   C. 流土属突发性破坏,管涌属渐进式破坏

   D. 流土属渗流破坏,管涌不属渗流破坏

3. 土透水性的强弱可用土的( )指标来反映。

   A. 压缩系数　　　　B. 固结系数　　　　C. 压缩模量　　　　D. 渗透系数

4. 下列( )土样更容易发生流砂。

   A. 砂砾或粗砂　　　　B. 细砂或粉砂　　　　C. 粉质黏土　　　　D. 黏土

四、计算题

1. 对某细砂进行常水头渗透试验。土样的长度为 10cm,土样的横截面积为 86cm^2,水位差为 8.0cm,经测试在 120s 内渗透的水量为 300cm^3,试验时水温 15℃。试求水温为 20℃时该土样的渗透系数 k_{20} 和渗透速度 v。

2. 对某原状土样进行变水头试验,试样高为 4cm,横截面积为 30cm^2,变水头管的内截面面积为 1cm^2,试验开始时总水头差为 195cm,20min 后降至 185cm,水的温度为 15℃。求该土样的渗透系数 k_{20}。

3. 某工程基坑中,因抽水引起水流由下而上流动,水头差为 50cm,水流路径为 40cm,试求渗透力 j 的大小。

项目3

土中应力计算

教学内容

　　土中应力按其起因分为自重应力和附加应力。土的自重应力是指土体由自身重力作用所产生的应力,成土年代悠久的土体在自重作用下已经压缩稳定或完全固结,自重应力不再引起地基的变形;若成土年代不久,如新近沉积土或近期人工填土,在自重作用下尚未压缩稳定或未完成固结,自重应力将使土体进一步产生变形。土中的附加应力是指受外荷载(建筑物荷载、堤坝荷载、交通荷载等)作用前、后土体中应力变化的增量。它是引起地基变形和导致土体破坏而失去稳定的外因,因而研究地基变形与稳定问题,必须明确地基中附加应力的大小和分布。

　　本章将主要介绍土中自重应力及附加应力的分布规律和计算方法。

教学要求

知识要点	能力要求	权重
土的自重应力	掌握土的自重应力的分布规律及计算	40%
基底压力、基底附加压力	理解基底压力的分布,掌握基底压力、基底附加压力计算	20%
土中附加应力	掌握土中附加应力的分布规律及计算	40%

章节导读

大多数建筑物例如房屋建筑、道路、桥梁等都是造建在地基上的，而地基是由土组成的。地基受到荷载如自身重力、建筑物和车辆荷载，以及其他因素（如土中水的渗流、地震等）作用以后将产生应力和变形，对于给建筑物可能会带来以下工程问题，即土体的强度问题、变形问题和稳定问题。如果地基内部所产生的应力在土的强度所允许的范围内，那么土体是稳定的，反之，土体就要发生破坏，并能引起整个地基产生滑动而失去稳定，从而导致建筑物倾倒。同时，地基中的应力变化将引起地基的变形，建筑物沉降、倾斜及水平位移，影响建筑物的正常使用。所以地基土中的应力研究对建筑物的安全有重要的意义。因此，在研究土的变形、强度及稳定性问题时，都必须先掌握土中应力状态，而研究土小应力分布是土力学的重要内容之一。

土中的应力主要包括：土体本身的重量产生的自重应力；建筑物荷载引起的附加应力。其中，由土体重力引起的应力称为自重应力。自重应力一般是自土体形成之日起就产生于土中。土体在自重作用下，在漫长的地质历史时期，固结压缩已经完成，比较稳定，因此，土的自重应力不再引起土的变形。但对于新沉积土层或近期人工充填土应考虑自重应力引起的变形。那为什么地基还会产生变形呢？这主要是由附加应力引起的。土中的附加应力是由外荷载(如建筑物荷载、交通荷载、地下水的渗透力、地震力等)的作用下地基内所引起的应力增量。附加应力的大小，除了与计算点的位置有关外，还决定于基底压力的大小和分布状况。由此可见，不同的应力形成原因不同，对地基和建筑物的影响也不同。

3.1　土中自重应力

3.1.1　均质土中的自重应力

在计算土体自重应力时，通常把土体（或地基）视为均质、连续、各向同性的半无限体。在半无限土体中，任意竖直面和水平面上剪应力均为零，土体内相同深度处各点的自重应力相等。如图 3.1(a)所示为均质天然地基，重度为 γ，在任意深度 z 处的水平面 $a-a$ 上任取一单位面积的土柱进行分析。由土柱的静力平衡条件可知，z 深度处的竖向有效自重应力（简称自重应力）应等于单位面积上的上覆土柱的有效重力，即

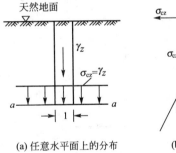
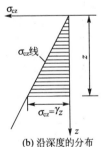

(a) 任意水平面上的分布　　(b) 沿深度的分布

图 3.1　均质土中竖向自重应力

$$\sigma_{cz} = \gamma z \qquad (3-1)$$

σ_{cz} 沿水平面均匀分布，且与 z 成正比，所以 σ_{cz} 随深度 z 线性增加，呈三角分布，如图 3.1(b) 所示。

3.1.2　成层土或有地下水时的自重应力

地基土往往是成层的，不同土层具有不同的重度，因此，自重应力需分层计算，即

$$\sigma_{cz} = \sum_{i=1}^{n} \gamma_i h_i \qquad (3-2)$$

式中　σ_{cz}——天然地面下任意深度处的自重应力，kPa；

n——深度 z 范围内的土层总数；

h_i——第 i 层土的厚度，m；

γ_i——第 i 层土的天然重度，对地下水位以下的土层取浮重度 γ'_i，kN/m³。

同时地基中往往又存在有地下水，在地下水位以下的透水层，因土粒受到水的浮力作用，应以浮重度计算自重应力；在地下水位以下的不透水层，例如，岩层或密实粘土，由于不透水层不存在水的浮力，因此，在其层面及层面以下的自重应力应按上覆土层的水、土总重计算，如图 3.2 所示。

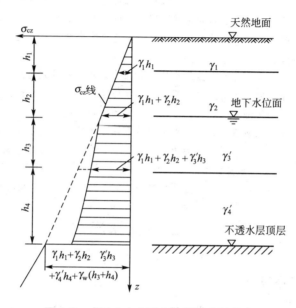

图 3.2 成层土中自重应力沿深度的分布

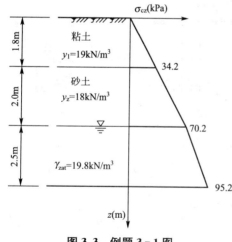

图 3.3 例题 3-1 图

[例题 3-1] 试绘制图 3.3 所示地基剖面土的自重应力沿深度的分布图。

解：（1）在地面处

$$\sigma_{cz}=0$$

（2）$z=1.8$m 处

$$\sigma_{cz}=\gamma_1 h_1=19\times1.8=34.2\text{(kPa)}$$

（3）$z=3.8$m 处

$$\sigma_{cz}=\gamma_1 h_1+\gamma_2 h_2=34.2+18\times2=70.2\text{(kPa)}$$

（4）$z=6.3$m

$$\sigma_{cz}=\gamma_1 h_1+\gamma_2 h_2+\gamma'_2 h_3=70.2+(19.8-9.8)\times2.5$$
$$=95.2\text{(kPa)}$$

据此绘制自重应力分布曲线（图 3.3）。

3.1.3 地下水位升降时的土中自重应力

地下水升降，使地基土中自重应力也相应发生变化。如图 3.4(a) 所示为地下水位下降的情况，如在软土地区，因大量抽取地下水，以致地下水位长期大幅度下降，使地基中自重应力增加，而引起地面大面积沉降的严重后果。

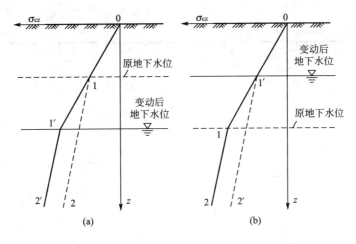

图 3.4　地下水位升降对土中自重应力的影响

0-1-2线为原来自重应力的分布；0-1'-2'线为地下水位变动后自重应力的分布

图 3.4(b)所示为地下水位长期上升的情况，如在人工抬高蓄水水位地区(如筑坝蓄水)或工业废水大量渗入地下的地区。由于地下水位上升使原来未受浮力作用的土颗粒受到了浮力作用，致使土中的自重应力减小。地下水位上升除引起自重应力减小外，还将引起地基承载力降低、自重湿陷性黄土产生湿陷、挡土墙的侧压力增大等问题，必须引起足够的重视。

3.2　基底压力

建筑物的荷载是通过基础传给地基的。由基础底面传至地基单位面积上的压力，称为基底压力(或称为接触压力)，地基对基础的作用力称为地基反力。在计算地基附加应力以及设计基础结构时，必须首先确定基底压力的大小和分布情况。

3.2.1　基底压力的分布

试验和理论都已证明，基底压力分布是比较复杂的问题，它不仅与基础的形状、尺寸、刚度和埋深等因素有关，而且也与土的性质、种类、荷载的大小和分布等因素有关。

柔性基础刚度很小，在荷载作用下，基础的变形与地基土表面的变形协调一致，如土坝、土堤、路基等土工建筑物，其基底压力分布和大小与作用在基底面上的荷载分布和大小相同。当基底面上的荷载为均匀分布时，基底压力也是均匀分布，如图 3.5 所示。

刚性基础的刚度很大，在荷载作用下，基础本身几乎不变形，基底始终保持为平面，不能适应地基变形，如混凝土基础和砖石基础。这类基础基底压力分布与作用在基底面上的荷载大小、土的性质及基础埋深等因素有关。试验表明，中心受压的刚性基础随荷载的增大，基底压力分别为马鞍形、抛物线形、钟形等3种分布形态，如图 3.6 所示。

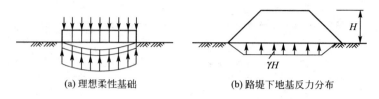

(a) 理想柔性基础　　　　　　　　(b) 路堤下地基反力分布

图 3.5　柔性基础下的基底压力分布

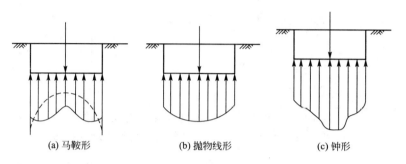

(a) 马鞍形　　　　　　(b) 抛物线形　　　　　　(c) 钟形

图 3.6　刚性基础下压力分布

实际工程中作用在基础上的荷载，由于受地基承载力的限制，一般不会很大，且基础都有一定的埋深，其基底压力分布接近马鞍形，并趋向于直线分布，因此，常假定基底压力为直线变化，按材料力学公式计算基底压力。

3.2.2　基底压力的简化计算

1. 中心荷载下的基底压力

承受竖向中心荷载作用的基础，其荷载的合力通过基底形心，基底压力为均匀分布。

$$p = \frac{F+G}{A} \tag{3-3}$$

式中　p——基底压力，kPa；

F——上部结构传至基础顶面的竖向力，kN；

A——基础底面积，m^2；

G——基础自重及其上回填土重，kN，$G = \gamma_G A d$，其中 γ_G 为基础及回填土的平均重度，一般取 $20kN/m^3$，地下水位以下应取有效重度，d 必须从设计地面或室内、外平均地面算起。

对于条形基础可沿长度方向取一单位长度进行基底压力计算。

2. 偏心荷载下的基底压力

基础承受单向偏心竖向荷载作用，如图 3.7 所示的矩形基础，为了抵抗荷载的偏心作用，通常取基础长边 l 与偏心方向一致。假定基底压力为直线分布，基底两端最大压力 p_{max} 与最小压力 p_{min}，对于工程中常见的，偏心距 $e \leqslant l/6$ 时，其值可按下式计算，即

$$P_{\substack{max \\ min}} = \frac{F+G}{A}\left(1 \pm \frac{6e}{l}\right) \tag{3-4}$$

式中　$e = M/(F + G)$；

　　M——用于基础底面的力矩，$kN \cdot m$。

　　由式（3-4）可知，当 $e < l/6$ 时，$p_{min} > 0$，基底压力为梯形分布，如图 3.7（a）所示；当 $e = l/6$ 时，$p_{min} = 0$，基底压力为三角形分布，如图 3.7（b）所示。当 $e > l/6$ 时，$p_{min} < 0$，基底出现拉应力，而基础与地基之间是不能承受拉力，此时基础与地基之间发生局部脱开，使其基底压力重新分布，p_{max} 将增加很多，所以在工程设计中一般不允许 $e > l/6$，以便充分发挥地基承载力。

　　对于条形基础，仍沿长边方向取 1m 进行计算，偏心方向与基础宽度一致，基底压力分别为

$$p_{min}^{max} = \frac{F + G}{b} \left(1 \pm \frac{6e}{b} \right) \qquad (3-5)$$

　　在水利工程设计中常有斜向偏心荷载情况，此时可将其分解成竖直和水平荷载分量，按上述方法计算由竖直荷载引起的基底压力。对于水平荷载 P_H 引起的水平基底压力 p_h，常简化为均匀分布，即

$$p_h = \frac{P_H}{A} \qquad (3-6)$$

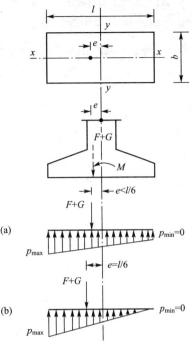

图 3.7　单向偏心荷载下矩形基础基底压力分布

3.2.3　基底附加压力

　　建筑物修建前地基土的自重应力早已存在，并且一般地基在自重作用下的变形已经完成，只有建筑物荷载引起的地基应力，才能导致地基产生新的变形。建筑物基础一般都有一定的埋深，建筑物修建时进行的基坑开挖，减小了地基原有的自重应力，相当于加了一个负荷载。因此，在计算地基附加应力时，应该在基底压力中扣除基底处原有的自重应力，剩余的部分称为基底附加压力。显然，在基底压力相同时，基础埋深越大，其附加压力越小，越有利于减小地基的沉降。根据该原理可以进行地基基础的补偿性设计。

　　对于基底压力为均布的情况，其基底附加压力为

$$p_0 = p - \gamma_m d \qquad (3-7)$$

　　对于偏心荷载作用下梯形分布的基底压力，其基底附加压力为

$$p_{0min}^{0max} = p_{max}_{min} - \gamma_m d \qquad (3-8)$$

式中　γ_m——基础底面以上土的加权平均重度，kN/m^3；

　　　d——基础埋深，m，从天然地面算起，对于新填土地区则从原地面算起。

3.3　地基中的附加应力

　　地基中的附加应力是指受外荷载作用下附加产生的应力增量。目前附加应力的计算，

通常是假定地基土体为均匀、连续、各向同性的半无限空间弹性体，按照弹性理论计算，其结果可满足工程精度要求。

3.3.1 竖向集中力作用下地基中的附加应力

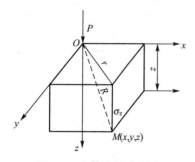

图 3.8 竖向集中下的 σ_z

在半无限空间土体上作用有一竖向集中力 P，如图 3.8 所示，该力在土体内任一点 $M(x，y，z)$ 引起的竖向附加应力 σ_z(kPa)可用下式计算，即

$$\sigma_z = K \frac{P}{z^2} \qquad (3-9)$$

式中 K——竖向集中力作用下的地基竖向附加应力数，可由 r/z 的值查表 3-1。

由公式(3-9)计算所得的附加应力 σ_z 的分布，如图 3.9 所示。

表 3-1 竖向集中力作用下的地基竖向附加应力系数 K

r/z	K	r/z	K	r/z	K	r/z	K	r/z	K
0	0.4775	0.5	0.2733	1.0	0.0844	1.5	0.0251	2.0	0.0085
0.1	0.4657	0.6	0.2214	1.1	0.0658	1.6	0.0200	2.5	0.0035
0.2	0.4329	0.7	0.1762	1.2	0.0513	1.7	0.0160	3.0	0.0015
0.3	0.3849	0.8	0.1386	1.3	0.0402	1.8	0.0129	4.0	0.0004
0.4	0.3294	0.9	0.1083	1.4	0.0317	1.9	0.0105	5.0	0.0001

从图中可以看出，在某深度的水平面上，距集中力的作用线越远，σ_z 越小，σ_z 沿水平面向外衰减；在集中力作用线上深度越大，σ_z 越小，σ_z 沿深度向下衰减，这是因为应力分布面积随深度而增大所所致。这种现象称为附加应力的扩散现象。

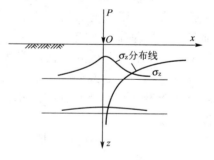

图 3.9 竖向集中力下的 σ_z 分布

如果地基上有多个相邻竖向集中力 P_1、P_2、P_3…作用时，如图 3.10 所示。它们在地基中任一点 M 产生的附加应力，可根据叠加原理，利用公式(3-9)计算，即

$$\sigma_z = K_1 \frac{P_1}{z^2} + K_2 \frac{P_2}{z^2} + K_3 \frac{P_3}{z^2} + \cdots \qquad (3-10)$$

在相邻多个集中力作用下，各个集中力都向土中产生应力扩散，结果将使地基中的 σ_z 增大，这种现象称为附加应力积聚现象，如图 3.11 所示。

在工程中，由于附加应力的扩散与积聚作用，邻近基础将互相影响，引起附加沉降，这在软土地基中尤为明显。例如，新建筑物可能使旧建筑物发生倾斜或产生裂缝；水闸岸墙建成后，往往引起闸底板开裂等。

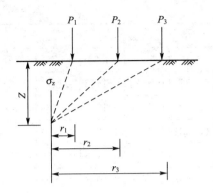

图 3.10 多个集中力引起的 σ_{cz}

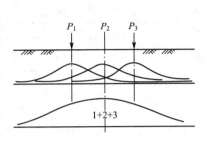

图 3.11 σ_{cz} 的积聚现象

3.3.2 矩形基础地基中的附加应力

矩形基础通常是指 $l/b<10$（水利工程 $l/b<5$）的基础，矩形基础下地基中任一点的附加应力与该点对 x、y、z 三轴的位置有关，故属空间问题。

1. 均布竖向荷载情况

设矩形基础的长度为 l，宽度为 b，作用于地基上的均布竖向荷载为 p_0，如图 3.12 所示。在基础角点下任意深度处产生的竖向附加应力 σ_z(kPa)，可用下式求得，即

$$\sigma_z = K_c p_0 \qquad (3-11)$$

式中 K_c——矩形基础受均布竖向荷载作用时角点下的附加应力系数，可由 l/b 与 z/b 的值查表3-2。

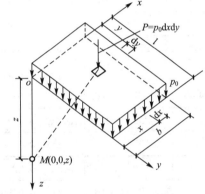

图 3.12 均布竖向荷载角点下的 σ_z

表 3-2 矩形基础均布竖向荷载作用时角点下附加应力系数 K_c 值

z/b	l/b										
	1.0	1.2	1.4	1.6	1.8	2.0	3.0	4.0	5.0	6.0	10.0
0	0.2500	0.2500	0.2500	0.2500	0.2500	0.2500	0.2500	0.2500	0.2500	0.2500	0.2500
0.2	0.2486	0.2489	0.2490	0.2491	0.2491	0.2491	0.2492	0.2490	0.2492	0.2492	0.2492
0.4	0.2401	0.2420	0.2429	0.2434	0.2437	0.2439	0.2442	0.2443	0.2443	0.2443	0.2443
0.6	0.2229	0.2275	0.2300	0.2315	0.2324	0.2329	0.2339	0.2341	0.2342	0.2342	0.2342
0.8	0.1999	0.2075	0.2120	0.2147	0.2165	0.2176	0.2196	0.2200	0.2202	0.2202	0.2202
1.0	0.1752	0.1851	0.1911	0.1955	0.1981	0.1999	0.2034	0.2042	0.2044	0.2045	0.2046
1.2	0.1516	0.1626	0.1705	0.1758	0.1793	0.1818	0.1870	0.1882	0.1885	0.1887	0.1888
1.4	0.1308	0.1423	0.1508	0.1569	0.1613	0.1644	0.1712	0.1730	0.1735	0.1738	0.1740
1.6	0.1123	0.1241	0.1329	0.1436	0.1445	0.1482	0.1567	0.1590	0.1598	0.1601	0.1604

（续）

z/b	l/b										
	1.0	1.2	1.4	1.6	1.8	2.0	3.0	4.0	5.0	6.0	10.0
1.8	0.0969	0.1083	0.1172	0.1241	0.1294	0.1334	0.1434	0.1463	0.1474	0.1478	0.1482
2.0	0.0840	0.0947	0.1034	0.1103	0.1158	0.1202	0.1314	0.1350	0.1363	0.1368	0.1374
2.2	0.0732	0.0832	0.0917	0.0984	0.1039	0.1084	0.1205	0.1248	0.1264	0.1271	0.1277
2.4	0.0642	0.0734	0.0812	0.0879	0.0934	0.0979	0.1108	0.1156	0.1175	0.1184	0.1192
2.6	0.0566	0.0651	0.0725	0.0788	0.0842	0.0887	0.1020	0.1073	0.1095	0.1106	0.1116
2.8	0.0502	0.0580	0.0649	0.0709	0.0761	0.0805	0.0942	0.0999	0.1024	0.1036	0.1048
3.0	0.0447	0.0519	0.0583	0.0640	0.0690	0.0732	0.0870	0.0931	0.0959	0.0973	0.0987
3.2	0.0401	0.0467	0.0526	0.0580	0.0627	0.0668	0.0806	0.0870	0.0900	0.0916	0.0933
3.4	0.0361	0.0421	0.0477	0.0527	0.0571	0.0611	0.0747	0.0814	0.0847	0.0864	0.0882
3.6	0.0326	0.0382	0.0433	0.0480	0.0523	0.0561	0.0694	0.0763	0.0799	0.0816	0.0837
3.8	0.0296	0.0348	0.0395	0.0439	0.0479	0.0516	0.0645	0.0717	0.0753	0.0773	0.0796
4.0	0.0270	0.0318	0.0362	0.0403	0.0441	0.0474	0.0603	0.0674	0.0712	0.0733	0.0758
4.2	0.0247	0.0291	0.0333	0.0371	0.0407	0.0439	0.0563	0.0634	0.0674	0.0696	0.0724
4.4	0.0227	0.0268	0.0306	0.0343	0.0376	0.0407	0.0527	0.0597	0.0639	0.0662	0.0692
4.6	0.0209	0.0247	0.0283	0.0317	0.0348	0.0378	0.0493	0.0564	0.0606	0.0630	0.0663
4.8	0.0193	0.0229	0.0262	0.0294	0.0324	0.0352	0.0463	0.0533	0.0576	0.0601	0.0635
5.0	0.0179	0.0212	0.0243	0.0274	0.0302	0.0328	0.0435	0.0504	0.0547	0.0573	0.0610
6.0	0.0127	0.0151	0.0174	0.0196	0.0218	0.0238	0.0325	0.0388	0.0431	0.0460	0.0506
7.0	0.0094	0.0112	0.0130	0.0147	0.0164	0.0180	0.0251	0.0306	0.0346	0.0376	0.0428
8.0	0.0073	0.0087	0.0101	0.0114	0.0127	0.0140	0.0198	0.0246	0.0283	0.0311	0.0367
9.0	0.0058	0.0069	0.0080	0.0091	0.0102	0.0112	0.0161	0.0202	0.0235	0.0262	0.0319
10.0	0.0047	0.0056	0.0065	0.0074	0.0083	0.0092	0.0132	0.0167	0.0198	0.0222	0.0280

若附加应力计算点不位于角点下，可将荷载作用面积划分为几个部分，每一部分都是矩形，且使要求的应力之点位于划分的几个矩形的公共角点下面，利用公式（3-11）分别计算各部分荷载产生的 σ_z，最后利用叠加原理计算出全部的 σ_z，这种方法称为角点法，如图 3.13 所示。

（1）计算点 N 在基底面内，如图 3.13(a) 所示，则

$$\sigma_z = (K_{c1} + K_{c2} + K_{c3} + K_{c4}) p_0$$

（2）计算点 N 在基底边缘下，如图 3.13(b) 所示，则

$$\sigma_z = (K_{c1} + K_{c2}) p_0$$

（3）计算点 N 在基底边缘外侧，如图 3.13(c) 所示，则

$$\sigma_z = (K_{c1} + K_{c2} - K_{c3} - K_{c4}) p_0$$

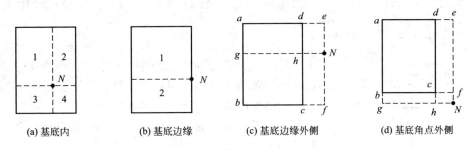

图 3.13　用角点法计算 σ_z

其中，下标 1、2、3、4 分别为矩形 $Neag$、$Ngbf$、$Nedh$ 和 $Nhcf$ 的编号。

（4）计算点 N 在基底角点外侧，如图 3.13(d) 所示，则

$$\sigma_z = (K_{c1} - K_{c2} - K_{c3} + K_{c4}) p_0$$

其中，下标 1、2、3、4 分别为矩形 $Neag$、$Nfbg$、$Nedh$ 和 $Nfch$ 的编号。

特别提示

矩形基础受竖向均布竖向荷载作用情况下，在应用角点法计算附加应力，确定每个矩形荷载的 K_c 值时，l 始终为矩形基底的长度，b 始终为基底的短边。

［例题 3-2］　某矩形基础，基底面积为 $4m \times 6m$，如图 3.14 所示，其上作用有均布荷载 $p_0 = 200kPa$，求 B、C、D、E 各点下处的竖向附加应力。

解：（1）B 点。通过 B 点将基础底面划分成 4 个相等矩形，由 $l_1/b_1 = 3/2 = 1.5$，$z/b_1 = 2/2 = 1.0$ 查表 3-2 得 $K_{c1} = 0.1933$，则

$$\sigma_z = 4K_{c1}p_0 = 4 \times 0.1933 \times 200 = 154.6(kPa)$$

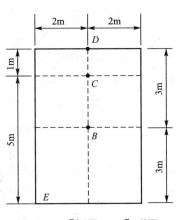

图 3.14　［例题 3-2］附图

（2）C 点。通过 C 点将基础底面划分成 4 个小矩形。$l_1 = l_2 = 2m$，$b_1 = b_2 = 1m$，$l_3 = l_4 = 5m$，$b_3 = b_4 = 2m$。由 $l_1/b_1 = 2/1 = 2.0$，$z/b_1 = 2/1 = 2.0$，查得 $K_{c1} = 0.1202$；由 $l_3/b_3 = 5/2 = 2.5$，$z/b_3 = 2/2 = 1.0$，查得 $K_{c3} = 0.2017$，则

$$\sigma_z = 2(K_{c1} + K_{c3})p_0 = 2 \times (0.1202 + 0.2017) \times 200 = 128.8(kPa)$$

（3）D 点。通过 D 点将基础底面划分成左右二个小矩形，$l_1 = l_2 = 6m$，$b_1 = b_2 = 2m$，由 $l_1/b_1 = 6/2 = 3.0$，$z/b_1 = 2/2 = 1.0$，查得 $K_{c1} = 0.2034$，则

$$\sigma_z = 2K_{c1}p_0 = 2 \times 0.2034 \times 200 = 81.4(kPa)$$

（4）D 点。由 $l/b = 6/4 = 1.5$，$z/b = 2/4 = 0.5$，查得 $K_c = 0.2370$，则

$$\sigma_z = K_c p_0 = 0.2370 \times 200 = 47.4(kPa)$$

2. 三角形分布竖向荷载情况

设矩形基础上作用的竖向荷载沿宽度 b 方向呈三角形分布(沿 l 方向的荷载不变)，最大荷载强度为 p_t，如图 3.15 所示。

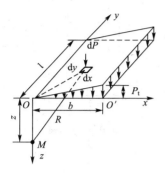

图 3.15　三角形竖向荷载角点下的 σ_z

对于零角点下任意深度处的 σ_z（kPa），可用下式求得，即

$$\sigma_z = K_t p_t \tag{3-12}$$

式中　K_t——矩形基础受三角形分布竖向荷载作用时零荷载角点下的附加应力系数，可由 l/b 与 z/b 的值查表 3-3。查表时 b 始终为沿荷载变化方向的基底边长，另一边为 l。

对于荷载最大值角点下的 σ_z，可利用均布荷载和三角形荷载叠加而得，即

$$\sigma_z = (K_c - K_t) p_t$$

对于矩形基底内、外各点下任意深度处的附加应力，仍可用角点法进行计算。

表 3-3　矩形基础受三角形分布竖向荷载作用零角点下附加就力系数 K_t 值

z/b	l/b										
	0.2	0.4	0.6	0.8	1.0	1.2	1.4	1.6	1.8	2.0	4.0
0.2	0.0223	0.0280	0.0296	0.0301	0.0304	0.0305	0.0305	0.0306	0.0306	0.0306	0.0306
0.4	0.0269	0.0420	0.0487	0.0517	0.0531	0.0539	0.0543	0.0545	0.0546	0.0547	0.0549
0.6	0.0259	0.0448	0.0560	0.0621	0.0654	0.0673	0.0684	0.0690	0.0694	0.0696	0.0702
0.8	0.0232	0.0421	0.0553	0.0637	0.0688	0.0720	0.0739	0.0751	0.0759	0.0764	0.0776
1.0	0.0201	0.0375	0.0508	0.0602	0.0666	0.0708	0.0735	0.0753	0.0766	0.0774	0.0794
1.2	0.0171	0.0324	0.0450	0.0546	0.0615	0.0664	0.0698	0.0721	0.0738	0.0749	0.0779
1.4	0.0145	0.0278	0.0392	0.0483	0.0554	0.0606	0.0644	0.0672	0.0692	0.0707	0.0748
1.6	0.0123	0.0238	0.0339	0.0424	0.0492	0.0545	0.0586	0.0616	0.0639	0.0656	0.0708
1.8	0.0105	0.0204	0.0294	0.0371	0.0435	0.0487	0.0528	0.0560	0.0585	0.0604	0.0666
2.0	0.0090	0.0176	0.0255	0.0324	0.0384	0.0434	0.0474	0.0507	0.0533	0.0553	0.0624
2.5	0.0063	0.0125	0.0183	0.0236	0.0284	0.0326	0.0362	0.0393	0.0419	0.0440	0.0529
3.0	0.0046	0.0092	0.0135	0.0176	0.0214	0.0249	0.0280	0.0307	0.0331	0.0352	0.0449
5.0	0.0018	0.0036	0.0054	0.0071	0.0088	0.0104	0.0120	0.0135	0.0148	0.0161	0.0248
7.0	0.0009	0.0019	0.0028	0.0038	0.0047	0.0056	0.0064	0.0073	0.0081	0.0089	0.0152
10.0	0.0005	0.0009	0.0014	0.0019	0.0023	0.0028	0.0033	0.0037	0.0041	0.0046	0.0084

3. 均布水平荷载情况

矩形基础受水平均布荷载作用，如图 3.16 所示。在基础角点下的 σ_z，可用下式计算，即

$$\sigma_z = \mp K_h p_h \tag{3-13}$$

式中　K_h——矩形基础受水平均布荷载作用时角点下的附加应力系数，可由 l/b 与的值 z/b 的值查表 3-4。查表时 b 始终为平行于水平荷载方向的基底边长，另一边为 l。

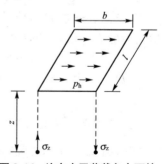

图 3.16　均布水平荷载角点下的 σ_z

表3-4　矩形基础受水平均布荷载作用角点下附加应力系数 K_h 值

z/b	l/b										
	1.0	1.2	1.4	1.6	1.8	2.0	3.0	4.0	6.0	8.0	10.0
0.0	0.1592	0.1592	0.1592	0.1592	0.1592	0.1592	0.1592	0.1592	0.1592	0.1592	0.1592
0.2	0.1518	0.1523	0.1526	0.1528	0.1529	0.1529	0.1530	0.1530	0.1530	0.1530	0.1530
0.4	0.1328	0.1347	0.1356	0.1362	0.1365	0.1367	0.1371	0.1372	0.1372	0.1372	0.1372
0.6	0.1091	0.1121	0.1139	0.1150	0.1156	0.1160	0.1168	0.1169	0.1170	0.1170	0.1170
0.8	0.0861	0.0900	0.0924	0.0939	0.0948	0.0955	0.0967	0.0969	0.0970	0.0970	0.0970
1.0	0.0666	0.0708	0.0735	0.0753	0.0766	0.0774	0.0790	0.0794	0.0795	0.0796	0.0796
1.2	0.0512	0.0553	0.0582	0.0601	0.0615	0.0624	0.0645	0.0650	0.0652	0.0652	0.0652
1.4	0.0395	0.0433	0.0460	0.0480	0.0494	0.0505	0.0528	0.0534	0.0537	0.0537	0.0538
1.6	0.0308	0.0341	0.0366	0.0385	0.0400	0.0410	0.0436	0.0443	0.0446	0.0447	0.0447
1.8	0.0242	0.0270	0.0293	0.0311	0.0325	0.0336	0.0362	0.0370	0.0374	0.0375	0.0375
2.0	0.0192	0.0217	0.0237	0.0253	0.0266	0.0277	0.0303	0.0312	0.0317	0.0318	0.0318
2.5	0.0113	0.0130	0.0154	0.0157	0.0167	0.0176	0.0202	0.0211	0.0217	0.0219	0.0219
3.0	0.0070	0.0083	0.0093	0.0102	0.0110	0.0117	0.0140	0.0150	0.0156	0.0158	0.0159
5.0	0.0018	0.0021	0.0024	0.0027	0.0030	0.0030	0.0043	0.0050	0.0157	0.0059	0.0060
7.0	0.0007	0.0008	0.0009	0.0010	0.0012	0.0013	0.0018	0.0022	0.0027	0.0029	0.0030
10.0	0.0002	0.0003	0.0003	0.0004	0.0004	0.0005	0.0007	0.0008	0.0011	0.0013	0.0014

4. 梯形竖向荷载及均布水平荷载情况

矩形基础受梯形竖向荷载及均布水平荷载作用，这种情况在水利工程中经常遇到。可将荷载分为均布竖向荷载、三角形分布竖向荷载及均布水平荷载，分别按前述的3种情况计算附加应力，然后叠加，即可得出地基内任意点的附加应力。

3.3.3　条形基础地基中的附加应力

当基础的长宽比 $l/b=\infty$ 时，其上作用的荷载沿长度方向分布相同，则地基中在垂直于长度方向，各个截面的附加应力分布规律均相同，与长度无关，此种情况地基中的应力状态属于平面问题。在实际工程中，当基础的长宽比 $l/b\geqslant10$（水利工程中 $l/b\geqslant5$）时，可按条形基础计算地基中的附加应力。

1. 均布竖向荷载情况

如图3.17所示宽度为 b 的条形基础底面上，作用有均布竖向荷载 p_0。将坐标原点 O 取在基础一侧的端点上，荷载作用的一侧为 x 正方向，则地基中

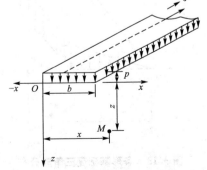

图3.17　条形基础受均布竖向荷载下的 σ_z

任意点 M 的竖向附加应力 σ_z ，可用下式求得，即

$$\sigma_z = K_z^s p_0 \tag{3-14}$$

式中　　K_z^s——条形基础受均布竖向荷载作用下的竖向附加应力系数，可由 x/b 与 z/b 的值查表 3-5。

表 3-5　条形基础受均布竖向荷载作用下的竖向附加应力系数 K_z^s 值

z/b	x/b								
	-0.5	-0.25	0	0.25	0.50	0.75	1.00	1.25	1.50
0.01	0.001	0.000	0.500	0.999	0.999	0.999	0.500	0.000	0.001
0.1	0.002	0.011	0.499	0.988	0.997	0.988	0.499	0.011	0.002
0.2	0.011	0.091	0.498	0.936	0.978	0.936	0.498	0.091	0.011
0.4	0.056	0.174	0.489	0.797	0.881	0.797	0.489	0.174	0.056
0.6	0.111	0.243	0.468	0.679	0.756	0.679	0.468	0.243	0.111
0.8	0.156	0.276	0.440	0.586	0.642	0.586	0.440	0.276	0.156
1.0	0.186	0.288	0.409	0.511	0.549	0.511	0.409	0.288	0.186
1.2	0.202	0.287	0.375	0.450	0.478	0.450	0.375	0.287	0.202
1.4	0.210	0.279	0.348	0.400	0.420	0.400	0.348	0.279	0.210
1.6	0.212	0.268	0.321	0.360	0.374	0.360	0.321	0.268	0.212
1.8	0.209	0.255	0.297	0.326	0.337	0.326	0.297	0.255	0.209
2.0	0.205	0.242	0.275	0.298	0.306	0.298	0.275	0.242	0.205
2.5	0.188	0.212	0.231	0.244	0.248	0.244	0.231	0.212	0.188
3.0	0.171	0.186	0.198	0.206	0.208	0.206	0.198	0.186	0.171
3.5	0.154	0.165	0.173	0.178	0.179	0.178	0.173	0.165	0.154
4.0	0.140	0.147	0.153	0.156	0.158	0.156	0.153	0.147	0.140
4.5	0.128	0.133	0.137	0.139	0.140	0.139	0.137	0.133	0.128
5.0	0.117	0.121	0.124	0.126	0.126	0.126	0.124	0.121	0.117

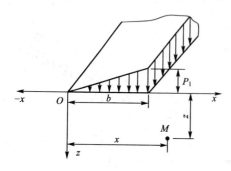

图 3.18　条形基础受三角形分布竖向荷载下的 σ_z

2. 三角形分布竖向荷载情况

如图 3.18 所示宽度为 b 的条形基础底面上，作用有三角形分布的竖向荷载，其荷载最大值为 p_t。现将坐标原点 O 取在荷载强度为零侧的端点上，以荷载强度增大方向为 x 正方向，则地基中任意点 M 的竖向附加应力 σ_z，可用下式求得，即

$$\sigma_z = K_z^t p_t \tag{3-15}$$

式中　　K_z^t——条形基础受三角形分布竖向荷载作用下的竖向附加应力系数，可由 x/b 与 z/b 的值查表 3-6。

表 3-6 条形基础受三角形分布竖向荷载作用下的竖向附加应力系数 K_z^t 值

z/b	x/b								
	-0.5	-0.25	0	0.25	0.50	0.75	1.00	1.25	1.50
0.01	0.000	0.000	0.003	0.249	0.500	0.750	0.497	0.000	0.000
0.1	0.000	0.002	0.032	0.251	0.498	0.737	0.468	0.010	0.002
0.2	0.003	0.009	0.061	0.255	0.489	0.682	0.437	0.050	0.009
0.4	0.010	0.036	0.110	0.263	0.441	0.534	0.379	0.137	0.043
0.6	0.030	0.066	0.140	0.258	0.378	0.421	0.328	0.177	0.080
0.8	0.050	0.089	0.155	0.243	0.321	0.343	0.285	0.188	0.106
1.0	0.065	0.104	0.159	0.224	0.275	0.286	0.250	0.184	0.121
1.2	0.070	0.111	0.154	0.204	0.239	0.246	0.221	0.176	0.126
1.4	0.083	0.114	0.151	0.186	0.210	0.215	0.198	0.165	0.127
1.6	0.087	0.114	0.143	0.170	0.187	0.190	0.178	0.154	0.124
1.8	0.089	0.112	0.135	0.155	0.168	0.171	0.161	0.143	0.120
2.0	0.090	0.108	0.127	0.143	0.153	0.155	0.147	0.134	0.115
2.5	0.086	0.098	0.110	0.119	0.124	0.125	0.121	0.113	0.103
3.0	0.080	0.088	0.095	0.101	0.104	0.105	0.102	0.098	0.091
3.5	0.073	0.079	0.084	0.088	0.090	0.090	0.089	0.086	0.081
4.0	0.067	0.071	0.075	0.077	0.079	0.079	0.078	0.076	0.073
4.5	0.062	0.065	0.067	0.069	0.070	0.070	0.070	0.068	0.066
5.0	0.057	0.059	0.061	0.063	0.063	0.063	0.063	0.062	0.060

3. 水平均布荷载情况

如图 3.19 所示，宽度为 b 的条形基础底面上，作用有水平均布荷载 p_h。将坐标原点 O 取在水平荷载起始端点侧，以水平荷载作用方向为 x 正方向，则地基中任意点 M 的竖向附加应力 σ_z，可用下式求得，即

$$\sigma_z = K_z^h p_h \qquad (3-16)$$

式中 K_z^h——条形基础受水平均布竖向荷载作用下的竖向附加应力系数，可由 x/b 与 z/b 的值查表 3-7。

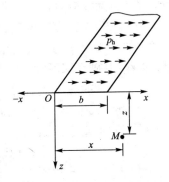

图 3.19 条形基础受水平均布荷载下的 σ_z

表3-7　条形基础受水平均布荷载作用下的竖向附加应力系数 K_z^h 值

z/b	x/b							
	-0.25	0	0.25	0.50	0.75	1.00	1.25	1.50
0.01	-0.001	-0.318	-0.001	0	0.001	0.318	0.001	0.001
0.1	-0.042	-0.315	-0.039	0	0.039	0.315	0.042	0.011
0.2	-0.116	-0.306	-0.103	0	0.103	0.306	0.116	0.038
0.4	-0.199	-0.274	-0.159	0	0.159	0.274	0.199	0.103
0.6	-0.212	-0.234	-0.147	0	0.147	0.234	0.212	0.144
0.8	-0.197	-0.194	-0.121	0	0.121	0.194	0.197	0.158
1.0	-0.175	-0.159	-0.096	0	0.096	0.159	0.175	0.157
1.2	-0.153	-0.131	-0.078	0	0.078	0.131	0.153	0.147
1.4	-0.132	-0.108	-0.061	0	0.061	0.108	0.132	0.133
1.6	-0.113	-0.089	-0.050	0	0.050	0.089	0.113	0.121
1.8	-0.098	-0.075	-0.041	0	0.041	0.075	0.098	0.108
2.0	-0.085	-0.064	-0.034	0	0.034	0.064	0.085	0.096
2.5	-0.061	-0.044	-0.023	0	0.023	0.044	0.061	0.076
3.0	-0.045	-0.032	-0.017	0	0.017	0.032	0.045	0.055
3.5	-0.034	-0.024	-0.012	0	0.012	0.024	0.034	0.043
4.0	-0.027	-0.019	-0.010	0	0.010	0.019	0.027	0.034
4.5	-0.022	-0.015	-0.008	0	0.008	0.015	0.022	0.028
5.0	-0.018	-0.012	-0.006	0	0.006	0.012	0.018	0.023

4. 梯形竖向荷载及均布水平荷载情况

条形基础受梯形竖向荷载及均布水平荷载作用，这种情况在水利工程中经常遇到。此时，可将荷载分为均布竖向荷载、三角形分布竖向荷载及均布水平荷载，分别按前述的3种情况计算附加应力，然后进行叠加即可。

[例题3-3]　某水闸基础 $b=15\text{m}$、长度 $l=150\text{m}$，其上作用有偏心竖向荷载与水平荷载，如图3.20所示。试绘出基底中心点 O 以及 A 点以下30m深度范围内的附加应力的分布曲线（基础埋深不大，可不计埋深的影响）。

解：1）基底压力的计算

因 $l/b=150/15=10$，故属条形基础。

（1）竖向基底压力：

$$p_{\min}^{\max}=\frac{F+G}{b}\left(1\pm\frac{6e}{b}\right)=\frac{1500}{15}\times\left(1\pm\frac{6\times0.5}{15}\right)=\frac{120}{80}(\text{kPa})$$

（2）水平基底压力：

$$p_\text{h}=\frac{P_\text{H}}{b}=\frac{600}{15}=40(\text{kPa})$$

2）基础中心 O 点下的竖向附加应力

在计算时，应用叠加原理，将梯形分布的竖向荷载分解成两部分，即均布竖向荷载 $p_0=80\text{kPa}$ 和三角形分布竖向荷载 $p_t=40\text{kPa}$，另有水平均布荷载 $p_h=40\text{kPa}$，即

$$\sigma_z=p_0K_z^S+p_tK_z^t+p_hK_z^h$$

O 点下不同深度的附加应力计算结果见表 3-8。根据计算结果绘出 O 点下的 σ_z 沿深度分布曲线，如图 3.20 所示。

表 3-8 基础中心 O 点下的附加应力计算

基底以下深度 z/m	z/b	均布荷载 $p_0=80\text{kPa}$		三角形荷载 $p_t=40\text{kPa}$		水平均布荷载 $p_h=40\text{kPa}$		总附加应力 σ_z/kPa
		$x/b=7.5/15=0.5$		$x/b=7.5/15=0.5$		$x/b=7.5/15=0.5$		
		K_z^S	σ_{z1}	K_z^t	σ_{z2}	K_z^h	σ_{z3}	
0.15	0.01	0.999	79.92	0.500	20.00	0	0	99.9
1.5	0.1	0.997	79.76	0.498	19.92	0	0	99.7
3.0	0.2	0.978	78.24	0.489	19.56	0	0	97.8
6.0	0.4	0.881	70.48	0.441	17.64	0	0	88.1
9.0	0.6	0.756	60.48	0.378	15.12	0	0	75.6
12.0	0.8	0.642	51.36	0.321	12.84	0	0	64.2
15.0	1.0	0.549	43.92	0.275	11.00	0	0	54.9
18.0	1.2	0.478	38.24	0.239	9.56	0	0	47.8
21.0	1.4	0.420	33.60	0.210	8.40	0	0	42.0
30.0	2.0	0.306	24.48	0.153	6.12	0	0	30.6

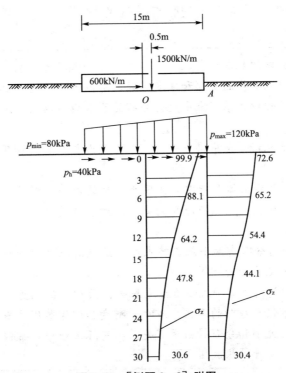

图 3.20 ［例题 3-3］附图

3) 基底 A 点下的竖向附加应力

计算过程同上，σ_z 的计算结果见表 3-9，σ_z 分布曲线如图 3.20 所示。

表 3-9　基底 A 点下的附加应力计算

基底以下深度 z/m	z/b	均布荷载 $p_0=80$kPa		三角形荷载 $p_t=40$kPa		水平均布荷载 $p_h=40$kPa		总附加应力 σ_z/kPa
		$x/b=15/15=1.0$		$x/b=15/15=1.0$		$x/b=15/15=1.0$		
		K_z^S	σ_{z1}	K_z^t	σ_{z2}	K_z^h	σ_{z3}	
0.15	0.01	0.500	40.00	0.497	19.88	0.318	12.72	72.6
1.5	0.1	0.499	39.92	0.468	18.72	0.315	12.60	71.2
3.0	0.2	0.498	39.84	0.437	17.48	0.306	12.24	69.6
6.0	0.4	0.489	39.12	0.379	15.16	0.274	10.96	65.2
9.0	0.6	0.468	37.44	0.328	13.12	0.234	9.36	59.9
12.0	0.8	0.440	35.20	0.285	11.40	0.194	7.76	54.4
15.0	1.0	0.409	32.72	0.250	10.00	0.159	6.36	49.1
18.0	1.2	0.375	30.00	0.221	8.84	0.131	5.24	44.1
21.0	1.4	0.348	27.84	0.198	7.92	0.108	4.36	40.1
30.0	2.0	0.275	22.00	0.147	5.88	0.064	2.56	30.4

项　目　小　结

　　土中应力是土力学的基本内容之一，因为只有知道了土中应力的大小及其分布规律，才可以进一步研究地基的变形和强度问题，所以土中应力计算是地基基础设计计算的基础。在实际工作中，掌握土中应力分布的基本规律在设计或施工中可避免许多不必要的失误。

　　本项目内容主要包括：土中自重应力、基底压力与基底附加压力以及地基中的附加应力。

　　(1) 自重应力：是指土体自身重力作用所产生的应力。对于均质土，土中任意一点的自重应力等于土的重度与该点深度的乘积；对于成层土(或有地下水位时)，土中自重应力应分层计算。

　　(2) 土中自重应力分布有两个基本特点：一是随着深度的增加而加大；二是在相同深度的平面上自重应力处处相等。

　　(3) 基底压力：是指由基础底面传至地基单位面积上的压力。基底压力分布是比较复杂的问题，它不仅与基础的形状、尺寸、刚度和埋深等因素有关，而且也与土的性质、种类、荷载的大小和分布等因素有关。在实际工程中，常假定基底压力为直线变化，按材料力学公式计算基底压力。

（4）基底附加压力：是指基础底面处在建筑物施工以后所增加的压力，在计算地基附加应力时应采用基底附加压力进行计算。

（5）附加应力：是指受外荷载作用下附加产生的应力增量。目前通常假定地基土体为均匀、连续、各向同性的半无限空间弹性体，按照弹性理论进行附加应力计算。附加应力计算分成空间问题（矩形基础）和平面问题（条形基础）两种情况，应重点掌握其计算方法。

（6）地基中的附加应力分布也有两个基本特点：一是在基础底面范围内随着深度的增加而减小；二是在相同深度的平面上随着远离基础而不断减小。

习　题

一、简答题

1. 什么是土中应力？它有哪些分类和用途？

2. 地下水位的升降对土中自重应力有何影响？在工程实践中，有哪些问题应充分考虑其影响？

3. 基底压力分布的影响因素有哪些？简化直线分布的假设条件是什么？

4. 如何计算基底压力 P 和基底附加压力 P_0？两者概念有何不同？

5. 土中附加应力的产生原因有哪些？在工程实用中应如何考虑？

二、填空题

1. 土中应力按成因可分为＿＿＿＿＿＿＿和＿＿＿＿＿＿＿。

2. 土中应力按土骨架和土中孔隙的分担作用可分为＿＿＿＿＿＿＿和＿＿＿＿＿＿＿。

3. 地下水位下降则原水位出处的有效自重应力＿＿＿＿＿＿＿。

4. 计算土的自重应力应从＿＿＿＿＿＿＿算起。

5. 计算土的自重应力时，地下水位以下的重度应取＿＿＿＿＿＿＿。

三、选择题

1. 建筑物基础作用于地基表面的压力，称为（　　）。
   A. 基底压力　　　　　B. 基底附加压力　　　　C. 基底净反力　　　　D. 附加应力

2. 在隔水层中计算土的自重应力 σ_c 时，存在如下关系（　　）。
   A. σ_c＝静水压力　　　　　　　　　　B. σ_c＝总应力，且静水压力为零
   C. σ_c＝总应力，但静水压力大于零　　D. σ_c＝总应力—静水压力，且静水压力大于零

3. 通过土粒承受和传递的应力称为（　　）。
   A. 有效应力　　　　　B. 总应力　　　　　　　C. 附加应力　　　　　D. 孔隙水压力

4. 由建筑物的荷载在地基内产生的应力称为（　　）。
   A. 自重应力　　　　　B. 附加应力　　　　　　C. 有效应力　　　　　D. 附加压力

5. 由于建筑物的建造而在基础底面处产生的压力增量称为（　　）。
   A. 基底压力　　　　　B. 基底反力　　　　　　C. 基底附加应力　　　D. 基底净反力

6. 计算土中自重应力时，地下水位以下的土层应采用（　　）。
   A. 湿重度　　　　　　B. 饱和重度　　　　　　C. 浮重度　　　　　　D. 天然重度

四、计算题

1. 某地基土层的剖面图和资料如图 3.21 所示。试计算并绘制竖向自重应力沿深度的分布曲线。

2. 有两相邻的矩形基础 A 和 B，其尺寸、相对位置及荷载分布如图 3.22 所示。考虑相邻基础的影

响，试求基础 A 中心点下 $z=2$m 处的竖向附加应力。

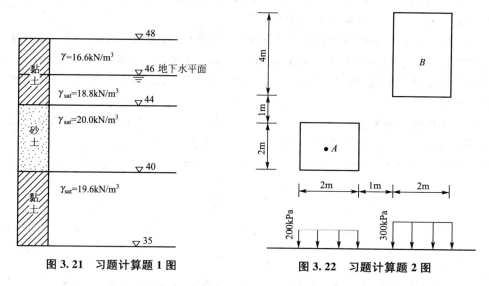

图 3.21　习题计算题 1 图　　　　图 3.22　习题计算题 2 图

3. 如图 3.23 所示中的柱下独立基础底面尺寸为 5m×2.5m，试根据图中所给资料计算基底压力 σ，σ_{max}，σ_{min} 及基底中心点下 2.7m 深处的竖向附加应力 σ_z。

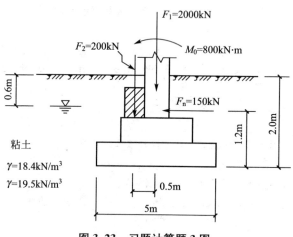

图 3.23　习题计算题 3 图

项目4

地基变形计算

教学内容

地基土体在荷载作用下的变形问题是土力学研究的重要问题之一，本章将重点介绍荷载作用下土的压缩性，地基最终沉降量计算以及地基变形与时间的关系。

本章重点是土的压缩性与压缩性指标的确定，地基最终沉降量计算的分层总和法和规范法。关于地基变形与时间的关系只要求作一般性的了解。

教学要求

知识要点	能力要求	权重
土的压缩性	掌握土的压缩试验原理、压缩指标、压缩模量的基本的概念及应用这些指标评价土的压缩性	40%
地基最终沉降量计算	理解分层总和法、规范法、弹性力学公式法，能够计算地基的最终沉降量 理解地基变形特征，进行地基变形验算	40%
地基沉降与时间的关系	了解饱和土的单向渗透固结理论，了解地基变形与时间的关系	20%

章节导读

地基土层在建筑物荷载作用下产生变形，建筑物基础也随之沉降，尤其是当荷载差异较大，或者地基土层软弱不均时，往往会导致建筑物基础出现较大的不均匀沉降，过大的不均匀沉降将会导致建筑物的某些部位开裂、倾斜，甚至倒塌。因此，对于软弱的、不均匀的地基，对于使用要求上只能允许很小的沉降、不均匀沉降的建筑物，以及对于重要的、特殊的建筑物，通常需要进行地基变形计算和对地基变形加以控制，在地基基础的设计中，要求地基变形的计算值不超过地基变形的允许值。

4.1 土的压缩性

4.1.1 基本概念

地基土在压力作用下体积减小的特性称为土的压缩性。土体产生压缩变形的原因有以下3个方面：一是土粒本身的压缩变形；二是孔隙中水和空气的压缩变形；三是孔隙中部分水和空气被挤出，土粒互相靠拢，孔隙体积变小。试验研究表明，在工程实践中所遇到的压力(常小于600kPa)作用下，土粒和水的压缩量很小，可以忽略不计。因此，土的压缩变形主要是由于孔隙减小的缘故，可以用压力与孔隙体积之间的变化来说明土的压缩性，并用于计算地基沉降量。

对于饱和土，土的压缩主要是孔隙水逐渐向外排出，孔隙体积减小所引起的。饱和砂土，由于透水性强，在一定压力作用下土中水易于排出，压缩过程能较快地完成。而饱和粘性土，由于透水性弱，土中水不能迅速排出，压缩过程常需相当长的时间才能完成。这种土的压缩随时间而增长的过程，称为土的固结。

4.1.2 侧限压缩试验与压缩性指标

1. 侧限压缩试验

室内压缩试验是用压缩仪(或称固结仪)进行的，如图4.1所示。试验时用环刀切取土样，装在刚性护环内，通过加压活塞逐级施加压力。在每级压力下，待土样压缩稳定后，由百分表测出变形量，然后再加下一级压力。土样中的孔隙水通过透水石排出。土样由于受到环刀和刚性护环的限制，只能在竖直方向产生压缩变形，不能产生侧向膨胀，故称为侧限压缩实验。

在压缩试验中，土粒体积可认为不变，因此，土样在各级压力 p_i 作用下的变形，常用孔隙比 e 的变化来表示，如图4.2所示。设土样的截面积为 A，令 $V_s=1$。在加压前，则

$$V_v=e_0 \qquad V=1+e_0$$

$$\frac{V_s}{V}=\frac{1}{1+e_o} \qquad V_s=\frac{V}{1+e_o}=\frac{AH_0}{1+e_o}$$

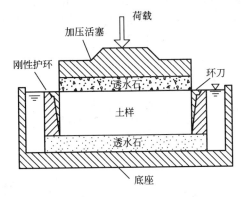

图4.1 侧限压缩试验示意图   图4.2 压缩试验土样变形示意图

在压力 p_i 作用下，土样的稳定变形量为 s_i，土样的高度 $H_i=H_0-s_i$，此时土样的孔隙比为 e_i，则

$$V_s=\frac{AH_i}{1+e_i}=\frac{A(H_0-s_i)}{1+e_i}$$ 由于加前后土样的截面积 A 和土粒体积 V_s 均不变，化简可得

$$e_i=e_0-(1+e_0)\frac{s_i}{H_0} \qquad\qquad (4-1)$$

式中 e_0——土的初始孔隙比，可由土的3个实测物理指标求得

$$e_0=\frac{G_s\rho_w(1+\omega)}{\rho}-1$$

这样，只要测定了土样在各级压力 p_i 作用下的稳定变形量 s_i 后，就可根据公式(4-1)算出相应的孔隙比 e_i。然后以横坐标表示压力 p，纵坐标表示孔隙比 e，可绘制出 $e\sim p$ 曲线，如图4.3所示；或以横坐标表示压力的常用对数 $\lg p$，纵坐标表示孔隙比 e，绘出 $e\sim\lg p$ 曲线，如图4.4所示。

2. 压缩性指标

1) 压缩系数 a

$e\sim p$ 曲线可反映土的压缩性的高低，压缩曲线越陡，说明随着压力的增加，土的孔隙比减小越多，则土的压缩性越高；若曲线越平缓，则土的压缩性越低。在工程上，当压力 p 的变化范围不大时，从图4.3中 $p_1\sim p_2$，压缩曲线上相应的 M_1M_2 段可近似地看作直线，即用割线 M_1M_2 代替曲线，土在此段的压缩性可用该割线的斜率来反映，则直线 M_1M_2 的斜率称为土体在该段的压缩系数，即

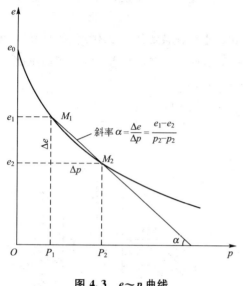

图 4.3 $e \sim p$ 曲线

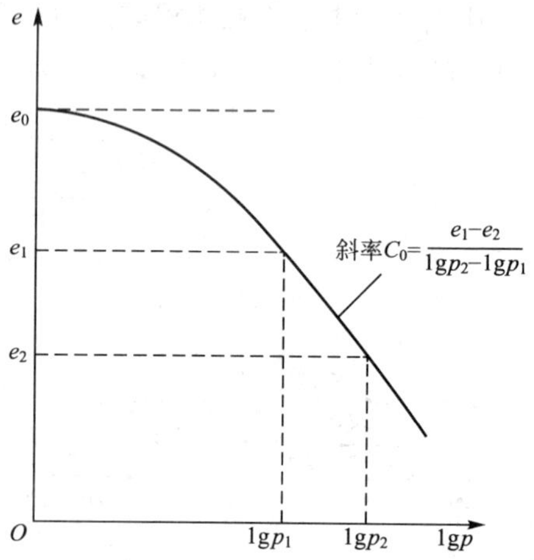

图 4.4 $e \sim \lg p$ 曲线

$$a = \frac{e_1 - e_2}{p_2 - p_1} \qquad (4-2)$$

式中　　a——土的压缩系数，kPa^{-1}或 MPa^{-1}；

　　　　p_1——增压前的压力，kPa；

　　　　p_2——增压后的压力，kPa；

　　e_1、e_2——增压前、后土体在 p_1 和 p_2 作用下压缩稳定后的孔隙比。

由公式(4-2)可知，a 越大，说明压缩曲线越陡，表明土的压缩性越高；a 越小，则曲线越平缓，表明土的压缩性越低。但必须注意，由于压缩曲线并非直线，故同一种土的压缩系数并非常数，它取决于压力间隔($p_2 - p_1$)及起始压力 p_1 的大小。从对土评价的一致性出发，《建筑地基基础设计规范》(GB 50007—2002)中规定，取压力 $p_1 = 100kPa$、$p_2 = 200kPa$ 对应的压缩系数 a_{1-2} 作为判别土压缩性的标准。按照 a_{1-2} 的大小将土的压缩性划分如下。

$$a_{1-2} < 0.1MPa^{-1} \qquad 属低压缩性土$$

$$0.1MPa^{-1} \leqslant a_{1-2} < 0.5MPa^{-1} \qquad 属中压缩性土$$

$$a_{1-2} \geqslant 0.5MPa^{-1} \qquad 属高压缩性土$$

2) 压缩模量 E_s

根据 $e \sim p$ 曲线可求出另一个压缩性指标，即压缩模量。它是指土在侧限压缩的条件下，竖向压力增量 $\Delta p(p_2 - p_1)$ 与相应的应变变化量的比值，其单位为 kPa 或 MPa，表达式为

$$E_s = \frac{\Delta p}{\Delta \varepsilon} = \frac{p_2 - p_1}{(e_1 - e_2)/(1 + e_1)} = \frac{1 + e_1}{a} \qquad (4-3)$$

E_s 越大，表示土的压缩性越低；反之 E_s 越小，则表示土的压缩性越高。同样可以用 $p_1 = 100kPa$，$p_2 = 200kPa$ 对应的压缩模量 E_{s1-2}，按下面的标准划分土的压缩性：

$$E_{s1-2} < 4\text{MPa} \qquad 属高压缩性土$$

$$4\text{MPa} \leqslant E_{s1-2} \leqslant 15\text{MPa} \qquad 属中压缩性土$$

$$E_{s1-2} > 15\text{MPa} \qquad 属低压缩性土$$

3）压缩指数 C_c

由图 4.4 中的 $e \sim \lg p$ 曲线可以看出，此曲线开始一段呈曲线，其后很长一段为直线，此直线段的斜率称为土的压缩指数 C_c，即

$$C_c = \frac{e_1 - e_2}{\lg p_2 - \lg p_1} \tag{4-4}$$

压缩指数 C_c 也可以表示土的压缩性的高低，其值越大，压缩曲线也越陡，土的压缩性越高；反之，土的压缩性越低。

特别提示

（1）地基土在压力作用下体积减小的特性称为土的压缩性。

（2）地基沉降的计算需要取得土的压缩性指标。

4.1.3 土的受荷历史对压缩性的影响

在做压缩试验时，如加压到某一级荷载达到压缩稳定后，逐级卸荷，可以看到土的一部分变形可以恢复（即弹性变形），而另一部分变形不能恢复（即残余变形）。如果卸荷后又逐级加荷便可得到再加压曲线，再加压曲线比原压缩曲线平缓得多，如图 4.5 所示。这说明，土在历史上若受过大于现在所受的压力，其压缩性将大大降低。为了考虑受荷历史对地基土压缩性的影响，需知道土的前期固结压力 p_c。

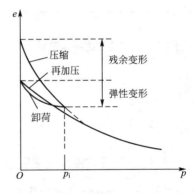

图 4.5　土的压缩、卸荷、再加压曲线

土的前期固结压力是指土层形成后的历史上所经受过的最大固结压力。将土层所受的前期固结压力 p_c 与土层现在所受的自重应力 σ_{cz} 的比值称为超固结比，以 OCR 表示。根据 OCR 可将天然土层分为 3 种固结状态。

1. 正常固结土（$OCR = 1$）

一般土体的固结是在自重应力的作用下伴随土的沉积过程逐渐达到的。当土体达到固结稳定后，土层的应力未发生明显变化，即前期固结压力等于目前土层的自重应力，这种状态的土称为正常固结土，如图 4.6（a）所示。工程中多数建筑物地基均为正常固结土。

2. 超固结土（$OCR > 1$）

当土层在历史上经受过较大的固结压力作用而达到固结稳定后，由于受到强烈的侵蚀、冲刷等原因，使其目前的自重应力小于前期固结压力，这种状态的土称为超固结土，

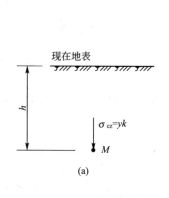
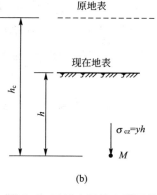
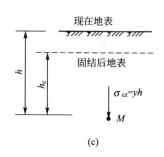

图 4.6　天然土层的 3 种固结状态

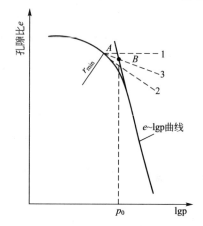

图 4.7　卡萨格兰德法确定 p_c

如图 4.6(b)所示。

3. 欠固结土($OCR<1$)

土层沉积历史短，在自重应力作用下尚未达到固结稳定，这种状态的土称为欠固结土，如图 4.6(c)所示。

前期固结压力 p_c 可用卡萨格兰德的经验作图法确定，如图 4.7 所示。在 $e\sim\lg p$ 曲线上找出曲率半径最小的一点 A，过 A 点作水平线 $A1$ 和切线 $A2$，作 $\angle 1A2$ 的平分线 $A3$ 并与 $e\sim\lg p$ 曲线中直线段的延长线相交于 B 点，B 点所对应的压力就是前期固结压力。

　**特别提示**

土的前期固结压力 p_c 是指土层形成后的历史上所经受过的最大固结压力。

4.1.4　现场静载荷试验及变形模量

土的压缩性指标除从室内压缩试验得到外，也可通过现场原位得到。例如在浅层土中进行静载荷试验，通过试验结果确定地基土的变形模量。

1. 静载荷试验

静载荷试验是通过承压板，对地基土分级施加压力 p，并测量在每一级压力作用下承压板的沉降达到相对稳定时的沉降量 s，最后绘制 $p\sim s$ 曲线，由弹性力学公式求得土的变形模量和地基承载力。

试验一般是在试坑内进行，试坑宽度不应小于 3 倍承压板的宽度或直径，深度依所需测试土层的深度而定。承压板面积一般为 $0.25\sim0.50\text{m}^2$，对于软土及人工填土则不应小于 0.50m^2（正方形边长 0.707m 或圆形直径 0.798m）。试验装置如图 4.8 所示，一般由加荷稳压装置、反力装置及观测装置 3 部分组成。加荷稳压装置包括承压板、千斤顶及稳压器等；反力装置包括平台堆重系统或地锚系统等；观测装置包括百分表及固定支架等。

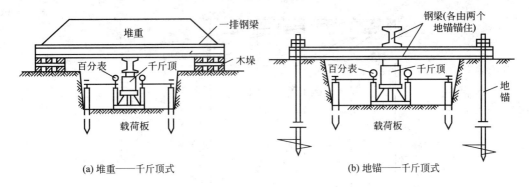

(a) 堆重——千斤顶式 (b) 地锚——千斤顶式

图 4.8　地基静载荷试验示意图

试验时必须注意保持土层的原状结构和天然湿度，在试坑底面宜铺设不大于 20mm 厚的粗、中砂层找平。最大加载量不应小于荷载设计值的两倍，且应尽量接近预估的地基极限承载力 p_u。第一级荷载(包括设备重)宜接近开挖试坑所卸除的土重，与其相应的沉降量不计；其后每级荷载增量，对于较松软的土可采用 10～20kPa，对于较硬密的土则用 50～100kPa；加荷等级不应少于 8 级。

地基静载荷试验的观测标准如下。

(1) 每级加载后，按间隔 10min、10min、10min、15min、15min，以后每隔 30min 测读一次沉降量，当连续两小时内，每小时的沉降量小于 0.1mm 时，则认为已趋稳定，可加下一级荷载。

(2) 当出现下列情况之一时，即可终止加载：①承压板周围的土有明显的侧向挤出(砂土)或发生裂纹(粘性土和粉土)；②沉降 s 急剧增大，荷载～沉降($p \sim s$)曲线出现陡降段；③在某一级荷载下，24h 内沉降速率不能达到稳定标准；④$s/b \geqslant 0.06$(b 为承压板的宽度或直径)。

2. 静载荷试验成果与土的变形模量

根据试验结果绘制荷载 p 与稳定沉降量 s 的关系曲线，即 $p \sim s$ 曲线。如图 4.9 所示为一些代表性土类的 $p \sim s$ 曲线，其中曲线的开始部分往往接近于直线，与直线段终点 1 对应的荷载 p_1，称为地基的比例界限荷载或称为地基的临塑荷载 p_{cr}。

土的变形模量是指在无侧限条件下竖向压应力与竖向总应变的比值，用 E_0 表示，其大小可由地基静载荷试验结果按弹性力学公式求得，即

$$E_0 = \omega(1 - \mu^2) \frac{p_1 b}{s_1} \qquad (4-5)$$

式中　ω——沉降影响系数，方形承压板取 0.88，圆形承压板取 0.79；

μ——地基土的泊松比，可由表 4-1 查取；

b——承压板边长或直径，mm；

s_1——与所取的比例界限荷载 p_1 相对应的沉降，mm；如果 $p \sim s$ 曲线无起始直线段，可取 $s_1 = (0.010～0.015)b$(低压缩性土取低值，高压缩性土取高值)及其所对应的荷载为 p_1 代入公式中。

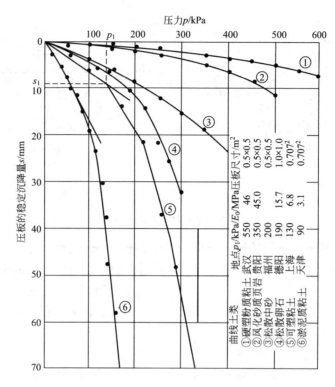

图 4.9　不同土的 $p \sim s$ 曲线

表 4－1　侧压力系数 K_0 和泊松比 μ 的经验值

土的的种类和状态		K_0	μ
碎石土		0.18～0.33	0.15～0.25
砂土		0.33～0.43	0.25～0.30
粉土		0.43	0.30
粉质粘土	坚硬状态	0.33	0.25
	可塑状态	0.43	0.30
	软塑及流塑状态	0.53	0.35
粘土	坚硬状态	0.33	0.25
	可塑状态	0.53	0.35
	软塑及流塑状态	0.72	0.42

 特别提示

表中侧压力系数 K_0 也称为静止土压力系数，$K_0 = \mu/(1-\mu)$。

3. 土的变形模量与压缩模量的关系

土的变形模量 E_0 与压缩模量 E_s 虽然都是竖向应力与应变的比值，但是在概念上它们是有所区别的，E_0是由现场静载荷试验获得，土体在压缩过程中无侧限；E_s是由室内压缩试验求得，土体在压缩过程中是有侧面限制的。

理论上，变形模量 E_0 与压缩模量 E_s 的关系如下：

$$E_0 = \left(1 - \frac{2\mu^2}{1-\mu}\right)E_s \tag{4-6}$$

4.2 地基最终沉降量计算

地基最终沉降量是指在荷载作用下地基土层被压缩达到相对稳定时的沉降量。其计算方法很多，目前在国内常用的计算方法有：分层总和法、《建筑地基基础设计规范》推荐的方法和弹性力学公式，本节将介绍这3种最终沉降的计算方法。

4.2.1 分层总和法计算地基最终沉降量

1. 基本假设与公式

分层总和法通常假设地基压缩时不允许侧向变形，即采用侧限条件下的压缩试验成果进行计算。为了弥补这样的沉降量偏小的缺点，通常采用基础中心点下的附加应力 σ_z 进行计算。假定地基土层的厚度为 H；地基土层在建筑物施工前的初始应力（即土的自重应力 σ_{cz}）为 p_1，其相应的孔隙比为 e_1；建筑物施工后在地基中引起了附加应力 σ_z，则总应力 $p_2 = p_1 + \sigma_z$，其相应的孔隙比为 e_2。即单一土层的地基最终沉降量 S 则由公式（4-7）可得

$$s = \frac{e_1 - e_2}{1 + e_1}H \tag{4-7}$$

若以压缩系数 a 表示，则

$$s = \frac{a}{1 + e_1}\sigma_z H \tag{4-8}$$

若以压缩模量表示，则

$$s = \frac{1}{E_s}\sigma_z H \tag{4-9}$$

2. 计算所需的资料

计算地基最终沉降量所需的资料包括：基础的平面布置型式、尺寸及埋深，荷载的大小与分布，工程地质剖面图，地下水位，土的重度及压缩曲线等。

3. 计算步骤

首先根据地基的土质条件、基础类型、基底面积、荷载大小及分布等情况，在基底范围内选定几个沉降计算点，分别按下列步骤计算出各点的沉降量。

（1）将地基分层。一般按每层厚度 $H_i \leqslant 0.4b$（b 为基础宽度），水闸地基 $H_i \leqslant 0.25b$ 确定。将土层划分为若干水平土层，但当有不同性质土层的界面和地下水位时，则必须作为分层界面。

（2）计算基底压力和基底附加压力。

（3）计算各分层界面处的自重应力 σ_{cz} 和附加应力 σ_z，并绘出它们的分布曲线。

（4）确定压缩层计算深度。考虑到基底下一定深度处，附加应力对地基的压缩变形影

响甚微，以至其下土层的沉降量可以忽略不计。因此，工程中常以基底至这个深度作为压缩层的计算深度，用 Z_n 表示。压缩层计算深度的下限，一般取 $\sigma_z \leqslant 0.2\sigma_{cz}$ 处，在该深度以下若有软粘土，则应取 $\sigma_z \leqslant 0.1\sigma_{cz}$ 处。

（5）计算各分层的平均自重应力 $\bar{\sigma}_{czi}$ 和平均附加应力 $\bar{\sigma}_{zi}$。平均应力取上、下分层面应力的算术平均值，即：$\bar{\sigma}_{czi} = (\sigma_{czi-1} + \sigma_{czi})/2$，$\bar{\sigma}_{zi} = (\sigma_{zi-1} + \sigma_{zi})/2$。

（6）在 $e \sim p$ 曲线上由 $p_{1i} = \bar{\sigma}_{czi}$ 和 $p_{2i} = (\bar{\sigma}_{czi} + \bar{\sigma}_{zi})$ 查出相应的孔隙比 e_{1i} 和 e_{2i}。

（7）计算各土层的沉降量 s_i 及总沉降 s。

$$s_i = \frac{e_{1i} - e_{2i}}{1 + e_{1i}} H_i \quad s = \sum_{i=1}^{n} s_i$$

[例题 4-1] 一水闸基础宽度 $b = 20\text{m}$，长度 $l = 200\text{m}$，作用在基底上的荷载如图 4.10（a）所示，沿宽度方向的竖向偏心荷载 $P = 360000\text{kN}$（偏心距 $e = 0.5\text{m}$），水平荷载 $P_H = 30000\text{kN}$。地基分二层：上层为软粘土，湿重度 $\gamma = 19.62\text{kN/m}^3$，浮重度 $\gamma' = 9.81\text{kN/m}^3$，下层为中密砂，地下水位在基底以下 3m 处。在基底以下 $0 \sim 3\text{m}$、$3 \sim 8\text{m}$、$8 \sim 15\text{m}$ 范围内软粘土的压缩曲线如图 4.11 所示中的 Ⅰ、Ⅱ、Ⅲ 所示，试计算基础中心点（点 2）和两侧边点（点 1、点 3）的最终沉降量。

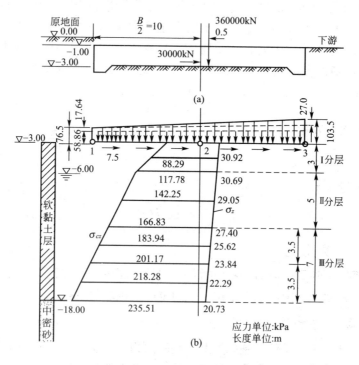

图 4.10 [例题 4-1] 附图 1

解：1. 地基分层

共分 4 层，其中：$H_1 = 3\text{m}$，$H_2 = 5\text{m}$，$H_3 = 3.5\text{m}$、$H_4 = 3.5\text{m}$，最大分层厚度为 $5\text{m} = 0.25b$，符合水闸地基分层要求，如图 4.10（b）所示。

2. 计算基底压力和基底附加压力

因 $l/b = 200/20 = 10 > 5$，可按条形基础计算。基础每米长度上所受的竖向荷载（$F + $

G)$=360000/200=1800$kN/m，所受水平荷载

$P_H=30000/200=150$kN/m，即

竖向基底压力为

$$p_{min}^{max}=\frac{F+G}{b}\left(1\pm\frac{6e}{b}\right)=\frac{1800}{20}\times\left(1\pm\frac{6\times0.5}{20}\right)$$

$$=\frac{103.5}{76.5}(\text{kPa})$$

基底附加压力为

$$p_{0min}^{0max}=p_{min}^{max}-\gamma_0 d=\frac{103.5}{76.5}-19.62\times3$$

$$=\frac{44.64}{17.64}(\text{kPa})$$

水平基底压力为

$$p_h=\frac{P_H}{b}=\frac{150}{20}=7.5(\text{kPa})$$

基底压力及基底附加压力分布如图 4.10(b)所示。

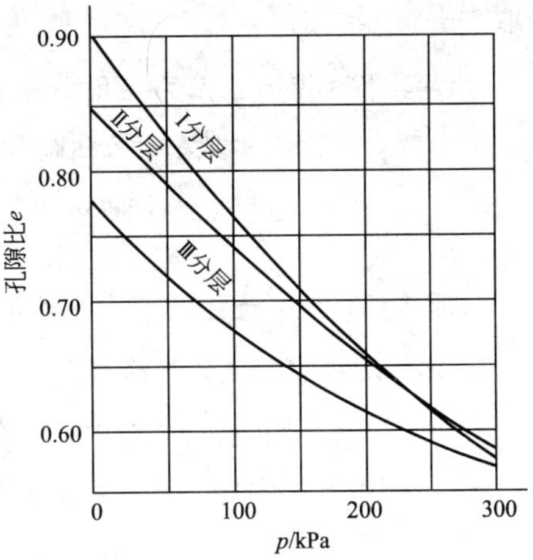

图 4.11 ［例题 4-1］附图 2

3. 计算各分层面处的自重应力

基底处($z=0$)　　　　　$\sigma_{c0}=\gamma_0 d=19.62\times3=58.86(\text{kPa})$

地下水位处($z=3$m)　　　$\sigma_{c3}=19.63\times(3+3)=117.78(\text{kPa})$

基底以下 8m 处($z=8$m)　$\sigma_{c8}=117.78+9.81\times5=166.83(\text{kPa})$

基底以下 11.5m 处($z=11.5$m)　$\sigma_{c11.5}=166.83+9.81\times3.5=201.17(\text{kPa})$

中密砂层顶面处($z=15$m)　$\sigma_{c15}=201.17+9.81\times3.5=235.51(\text{kPa})$

自重应力 σ_{cz} 分布如图 4.10(b)所示。

4. 各分层面处的附加应力计算

以基础中心点为例，将竖向基底附加压力分为均布荷载和三角形荷载，其中均布竖向荷载 $p_0=17.64$kPa，三角形竖向荷载 $p_t=44.64-17.64=27$kPa。此外，水平荷载 $p_h=7.5$kPa，各荷载在地基中引起的附加应力计算见表 4-2，附加应力分布如图 4.10(b)所示。

表 4-2　基础中心点(点 2)下的附加应力计算

$b=20$m		$x/b=0.5$m					$\sum\sigma_z$ /kPa
		$p_0=17.64$kPa		$P_t=27.0$kPa		$p_h=7.5$kPa	
z/m	z/b	K_z^s	σ_z/kPa	K_z^t	σ_z/kPa	K_z^h	σ_z/kPa	
0	0	1.00	17.64	0.50	13.50	0	0	31.14
3	0.15	0.99	17.46	0.49	13.23	0	0	30.69
8	0.40	0.88	15.52	0.44	11.88	0	0	27.40
11.5	0.58	0.77	13.58	0.38	10.26	0	0	23.84
15	0.75	0.67	11.82	0.33	8.91	0	0	20.73

5. 确定压缩层计算深度

当深度 $z=15$m 处，附加应力 $\sigma_z=20.73$kPa$<0.1\sigma_{cz}=23.5$kPa，故压缩层计算深度 Z_n

可取 15m。

6. 计算各土层自重应力与附加应力的平均值

第一层自重应力平均值 $\bar{\sigma}_{czi}$ 与附加应力平均值 $\bar{\sigma}_{z1}$ 为

$$\bar{\sigma}_{cz1}=(58.85+117.78)/2=88.32(\text{kPa})$$

$$\bar{\sigma}_{z1}=(31.14+30.69)/2=30.92(\text{kPa})$$

同理计算其他各土层的应力平均值，见表 4-3。

7. 计算基础中心点的沉降量

由初始应力平均值 ($\bar{\sigma}_{czi}$) 查出初始孔隙比 e_{1i}，由最终应力平均值 ($\bar{\sigma}_{czi}+\bar{\sigma}_{zi}$) 查出最终孔隙比 e_{2i}，求出各土层的沉降量 s_i，然后求和得到基础中心点的沉降量 s，见表 4-3。

表 4-3　基础中心点的沉降量计算

分层编号	分层厚 H_i/cm	$\bar{\sigma}_{czi}$/kPa	$\bar{\sigma}_{zi}$/kPa	$\bar{\sigma}_{czi}+\bar{\sigma}_{zi}$/kPa	e_{1i}	e_{2i}	s_i/cm	s/cm
Ⅰ	300	88.29	30.92	119.21	0.783	0.745	6.4	
Ⅱ	500	142.25	29.05	171.30	0.695	0.665	8.9	21.1
Ⅲ₁	350	183.94	25.62	209.56	0.619	0.604	3.2	
Ⅲ₂	350	218.28	22.29	240.57	0.602	0.590	2.6	

按上述同样方法可以计算出点 1 和点 3 的沉降量分别为 4.3cm 和 7.2cm。

4.2.2　"规范法"计算地基最终沉降量

现行《建筑地基基础设计规范》(GB 50007—2002) 所推荐的地基最终沉降量计算方法是修正形式的分层总和法。它也采用侧限条件的压缩性指标，但运用了地基平均附加应力系数计算；还规定了地基沉降计算深度的新标准以及提出地基沉降计算经验系数，使得计算成果接近于实测值。

地基平均附加应力系数 $\bar{\alpha}$ 的定义：从基底至地基任意深度 z 范围内的附加应力分布图面积 A 对基底附加压力与地基深度的乘积 p_0z 之比值，$\bar{\sigma}=A/p_0z$，也就是 $A=p_0z\bar{\alpha}$。假设地基土是均质的，在侧限条件下的压缩量 E_s 不随深度而变，则从基底至任意深度 z 范围内的压缩量 s' 为

$$s'=\int_0^z\varepsilon\mathrm{d}z=\frac{1}{E_s}\int_0^z\sigma_z\mathrm{d}z=\frac{p_0}{E_s}\int_0^zK\mathrm{d}z=\frac{A}{E_s}=\frac{p_0z\bar{\sigma}}{E_s} \qquad (4-10)$$

成层土地基中第 i 层的沉降量 s_i 为

$$s_i'=p_0(z_i\bar{\sigma}_t-z_{i-1}\bar{\sigma}_{i-1})/E_{si} \qquad (4-11)$$

则按分层总和法计算地基沉降量的公式为

$$s'=\sum s_i'=\sum p_0(z_i\bar{\sigma}_i-z_{i-1}\bar{\sigma}_{i-1})/E_{si} \qquad (4-12)$$

式中　　　z_{i-1}、z_i——分别为第 i 层的上层面与下层面至基础底面的距离，m；

$\bar{\sigma}_{i-1}$、$\bar{\sigma}_i$——z_{i-1} 和 z_i 范围内竖向平均附加应力系数，可查表 4-4；

E_{si}——第 i 层土的压缩模量，MPa 或 kPa；

$p_0z_{i-1}\bar{\sigma}_{i-1}$、$p_0z_i\bar{\sigma}_i$——$z_{i-1}$ 和 z_i 范围内竖向附加应力面积 A_{i-1} 和 A_i，kPa·m。

表4-4 矩形基础受均布荷载作用下基础中心点下地基平均附加应力系数值 $\bar{\alpha}_i$

z/b	l/b											
	1.0	1.2	1.4	1.6	1.8	2.0	2.4	2.8	3.2	3.6	4.0	5.0
0	1.000	1.000	1.000	1.000	1.000	1.000	1.000	1.000	1.000	1.000	1.000	1.000
0.2	0.987	0.990	0.991	0.992	0.992	0.992	0.993	0.993	0.993	0.993	0.993	0.993
0.4	0.936	0.947	0.953	0.956	0.958	0.960	0.961	0.962	0.962	0.963	0.963	0.963
0.6	0.858	0.878	0.890	0.898	0.903	0.906	0.910	0.912	0.913	0.914	0.914	0.915
0.8	0.775	0.801	0.810	0.831	0.839	0.844	0.851	0.855	0.857	0.858	0.859	0.860
1.0	0.689	0.738	0.749	0.764	0.775	0.783	0.792	0.798	0.801	0.803	0.804	0.806
1.2	0.631	0.663	0.686	0.703	0.715	0.725	0.737	0.744	0.749	0.752	0.754	0.756
1.4	0.573	0.605	0.629	0.648	0.661	0.672	0.687	0.696	0.701	0.705	0.708	0.711
1.6	0.524	0.556	0.590	0.599	0.613	0.625	0.614	0.651	0.658	0.663	0.666	0.670
1.8	0.482	0.513	0.537	0.556	0.571	0.583	0.600	0.611	0.619	0.624	0.629	0.633
2.0	0.446	0.475	0.499	0.518	0.533	0.545	0.563	0.575	0.284	0.590	0.594	0.600
2.2	0.414	0.443	0.466	0.484	0.499	0.511	0.530	0.543	0.552	0.558	0.563	0.570
2.4	0.387	0.414	0.436	0.454	0.469	0.481	0.500	0.513	0.523	0.530	0.535	0.543
2.6	0.362	0.389	0.410	0.428	0.442	0.455	0.473	0.487	0.496	0.504	0.509	0.518
2.8	0.341	0.366	0.387	0.404	0.418	0.430	0.449	0.463	0.472	0.480	0.486	0.495
3.0	0.322	0.346	0.366	0.383	0.397	0.409	0.427	0.441	0.451	0.459	0.465	0.477
3.2	0.305	0.328	0.348	0.364	0.377	0.389	0.407	0.420	0.431	0.439	0.445	0.455
3.4	0.289	0.312	0.331	0.346	0.359	0.371	0.388	0.402	0.412	0.420	0.427	0.437
3.6	0.276	0.297	0.315	0.330	0.343	0.353	0.372	0.385	0.395	0.403	0.410	0.421
3.8	0.263	0.284	0.301	0.316	0.328	0.339	0.356	0.369	0.379	0.388	0.394	0.405
4.0	0.251	0.271	0.288	0.302	0.314	0.325	0.342	0.355	0.365	0.373	0.379	0.391
4.2	0.241	0.260	0.276	0.290	0.300	0.312	0.328	0.341	0.352	0.359	0.366	0.377
4.4	0.231	0.250	0.265	0.278	0.290	0.300	0.316	0.329	0.339	0.347	0.353	0.365
4.6	0.222	0.240	0.255	0.268	0.279	0.289	0.305	0.317	0.327	0.335	0.341	0.353
4.8	0.214	0.231	0.245	0.258	0.269	0.279	0.294	0.300	0.316	0.324	0.330	0.342
5.0	0.206	0.223	0.237	0.249	0.260	0.269	0.284	0.296	0.306	0.313	0.320	0.332

 特别提示

b 为矩形基底的长边与短边，z 为基底以下的深度。

地基沉降计算深度 Z_n 应满足下列条件：由该深度处向上取按表4-5规定的计算厚度

Δz(图 4.12)所得的计算沉降量 s'_n 应满足下式要求(包括考虑相邻荷载的影响):

$$s'_n \leqslant 0.025 s' \tag{4-13}$$

表 4 - 5 计算厚度 Δz 值

b/m	$b \leqslant 2$	$2 < b \leqslant 4$	$4 < b \leqslant 8$	$8 < b \leqslant 15$	$15 < b \leqslant 30$	$b > 30$
$\Delta z/\mathrm{m}$	0.3	0.6	0.8	1.0	1.2	1.5

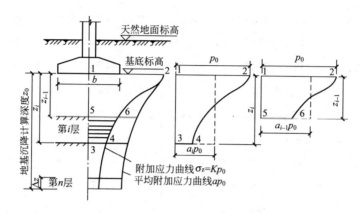

图 4.12 应力面积法计算分层沉降量

按上式所确定的沉降计算深度下如有较软弱土层时,尚应向下继续计算,直至软弱土层中所取规定厚度 Δz 的计算沉降量满足上式为止。

当无相邻荷载影响,基础宽度 b 在 1~30m 范围内时,基础中心点的地基沉降计算深度,也可按下式简化计算,即

$$Z_n = b(2.5 - 0.4\ln b) \tag{4-14}$$

为了提高计算的准确度,地基沉降计算深度范围内的计算沉降量 s' 尚须乘以一个沉降计算经验系数 ψ_s,即

$$s = \psi_s s' = \psi_s \sum \frac{p_0}{E_{si}}(z_i \bar{\alpha}_i - z_{i-1} \bar{\alpha}_{i-1}) \tag{4-15}$$

式中 ψ_s——沉降计算经验系数,根据地区沉降观测资料及经验确定,也可采用表 4 - 6 的数值(表中 f_{ak} 为地基承载力特征值);

E_{si}——基础底面下第 i 层土的压缩模量,按实际应力段取值,kPa。

表 4 - 6 沉降计算经验系数 ψ_s

基底附加压力	$\bar{E}_s/\mathrm{MPa}$				
	2.5	4.0	7.0	15.0	20.0
$p_0 \geqslant f_{ak}$	1.4	1.3	1.0	0.4	0.2
$p_0 \leqslant 0.75 f_{ak}$	1.1	1.0	0.7	0.4	0.2

表中 $\bar{E}_s$ 为沉降计算深度范围内压缩模量当量值,应按下式计算:

$$E_s = \sum \Delta A_i / \sum (\Delta A_i / E_{si}) \tag{4-16}$$

式中 ΔA_i——第 i 层土附加应力系数沿土层厚度的积分值,$\Delta A_i = A_i - A_{i-1} = p_0(z_i \bar{\alpha}_i - $

$z_{i-1}\bar{\alpha}_{i-1}$）。

表 4-4 为矩形基础受竖向均布荷载作用下基础中心点下地基平均附加应力系数 $\bar{\alpha}_i$。对于其他情况的平均附加应力系数，可由《建筑地基基础设计规范》（GB 50007—2011）中查得，这里从略。

[例题 4-2]　某柱基础，基础埋深 $d=1\text{m}$，基础底面尺寸为 $4\text{m}\times2\text{m}$，上部结构传至基础顶面的荷载 $F=1190\text{kN}$，地基土层如图 4.13 所示。试用"规范法"计算该柱基的最终沉降量。

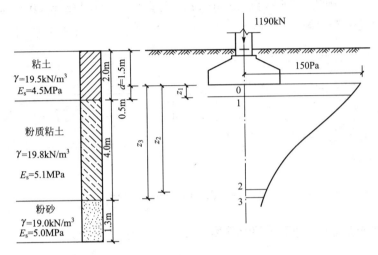

图 4.13　[例题 4-2] 图

解： 计算基底附加压力 p_0

基底压力 p
$$p=(F+G)/A=(1190+20\times4\times2\times1.5)/(4\times2)=178.75\approx179(\text{kPa})$$

基底附加压力 p_0
$$p_0=p-\gamma_m d=179-19.5\times1.5=150(\text{kPa})=0.15(\text{MPa})$$

1. 确定地基沉降计算深度 Z_n

因为不存在相邻荷载影响，故可公式（4-14）估算：
$$Z_n=b(2.5-0.4\ln b)=2\times(2.5-0.4\ln2)=4.445(\text{m})\approx4.5(\text{m})$$

按该深度，最终沉降量计算至粉质粘土层底面。

2. 确定基础最终沉降计算值 s'，见表 4-7

表 4-7　[例题 4-2] 计算结果

点号	z_i/m	l/b	z_i/b	$\bar{\alpha}_i$/mm	$z_i\bar{\alpha}_i$/mm	$z_i\bar{\alpha}_i-z_{i-1}$ $\bar{\alpha}_{i-1}$/mm	E_{si}/MPa	s_i'/mm	s'/mm
0	0		0	1.000	0				
1	0.50	4/2=2	0.25	0.984	492.0	492.0	4.5	16.4	
2	4.20		2.10	0.528	2217.6	1725.6	5.1	50.8	
3	4.50		2.25	0.504	2268.0	50.4	5.1	1.48	68.9

1) 求平均附加应力系数 $\bar{\alpha}_i$

由 $l/b = 4/2 = 2$，z_i/b 分别查表 4-4 得 $\bar{\alpha}_i$，见表 4-7。

2) 某一层的最终沉降计算值 s_i' 及最终沉降计算值 s'

$$s_i' = p_0(z_i\bar{\alpha}_i - z_{i-1}\bar{\alpha}_{i-1})/E_{si} \quad s' = \sum s_i'$$

计算结果见 4-7。

3) 校核地基沉降计算深度 Z_n

根据规范规定，由表 4-5 查得 $\Delta z = 0.3\text{m}$，计算出 $s_n' = 1.48\text{mm} < 0.025s' = 1.72\text{mm}$，表明所取 $z_n = 4.5\text{m}$ 符合要求。

3. 确定沉降计算经验系数 ψ_s

$$\overline{E}_s = \frac{p_0 \sum (z_i\bar{\alpha}_i - z_{i-1}\bar{\alpha}_{i-1})}{p_0 \sum [(z_i\bar{\alpha}_i - z_{i-1}\bar{\alpha}_{i-1})/E_{si}]} = \frac{492 + 1725.6 + 50.4}{\dfrac{492}{4.5} + \dfrac{1725.6}{5.1} + \dfrac{50.4}{5.1}} = 5(\text{MPa})$$

设 $p_0 = f_{ak}$ 由表 4-7 内查得：$\psi_s = 1.2$。

4. 计算柱基的最终沉降量 s

$$s = \psi_s s' = 1.2 \times 68.9 = 82.7(\text{m})$$

4.2.3 弹性力学公式计算地基最终沉降量

假设地基是均质、连续和各向同性的半无限空间线性变形体，根据弹性力学，在半无限空间土体上作用有一竖向集中力 P，如图 4.14 所示，该力在半无限空间内任意点 $M(x, y, 0)$ 的沉降为

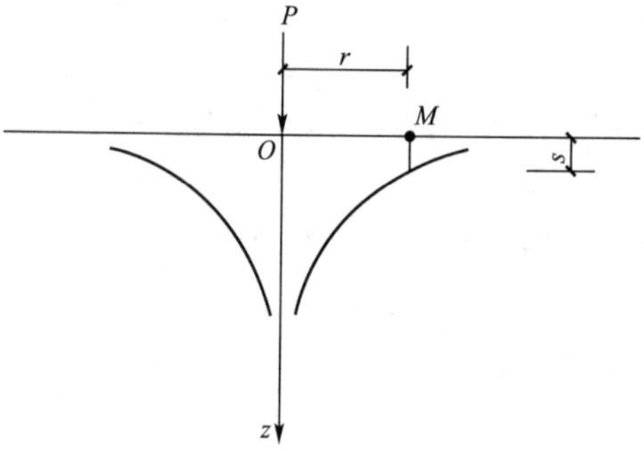

图 4.14　集中力作用下地基表面的沉降

$$s = \frac{P(1-\mu^2)}{\pi E_0 r} \quad (4-17)$$

式中　s——竖向集中力 P 作用下地基表面任意点沉降；

　　　　r——地基表面任意点到集中力作用点的距离。

由于局部柔性荷载作用下的地基沉降，则可利用公式(4-17)，根据叠加原理求得。

（1）矩形均布荷载基础角点的沉降量为：

$$s = \omega_c \frac{1-\mu^2}{E_0} bp_0 \quad (4-18)$$

式中　ω_c——角点沉降影响系数，由表 4-8 查取。

（2）矩形均布荷载基础中心点的沉降量为：

$$s = \omega_0 \frac{1-\mu^2}{E_0} bp_0 \quad (4-19)$$

式中　ω_0——中心点沉降影响系数，由表 4-8 查取。

表4-8　沉降影响系数 ω 值

基础类型		圆形	方形	矩形(l/b)										
				1.5	2.0	3.0	4.0	5.0	6.0	7.0	8.0	9.0	10.0	100
柔性	ω_c	0.64	0.56	0.68	0.77	0.89	0.98	1.05	1.12	1.17	1.21	1.25	1.27	2.00
	ω_0	1.00	1.12	1.36	1.53	1.78	1.96	2.10	2.23	2.33	2.42	2.49	2.53	4.00
	ω_m	0.85	0.95	1.15	1.30	1.52	1.70	1.83	1.96	2.04	2.12	2.19	2.25	3.69
刚性	ω_r	0.79	0.88	1.08	1.22	1.44	1.61	1.72					2.12	3.40

（3）矩形均布荷载基础底面的平均沉降量为：

$$s=\omega_m\frac{1-\mu^2}{E_0}bp_0 \tag{4-20}$$

式中　ω_m——平均沉降影响系数，由表4-8查取。

通常为了便于查表计算，把式（4-18）、式（4-19）及式（4-20）统一表达为地基沉降的弹性力学公式的一般形式：

$$s=\omega\frac{1-\mu^2}{E_0}bp_0 \tag{4-21}$$

式中　b——矩形荷载（基础）的宽度或圆形荷载（基础）的直径；

　　　ω——沉降影响系数，按基础的刚度、底面形状及计算点位置而定，由表4-8查取。

对于中心荷载下的刚性基础，由于它具有无限大的抗弯刚度，受荷沉降后基础不发生挠曲，因而基底范围内各点的沉降量相等，其计算公式也可用公式（4-21），式中ω取刚性基础的沉降影响系数ω_r，由表4-8查取。

刚性基础承受偏心荷载时，沉降后基底为一倾斜平面，基底形心处的沉降（即平均沉降）可按公式（4-21）取$\omega=\omega_r$计算；基底倾斜的弹性力学公式如下：

圆形基础

$$\theta\approx\tan\theta=6\times\frac{1-\mu^2}{E_0}\times\frac{Pe}{b^3} \tag{4-22}$$

矩形基础

$$\theta\approx\tan\theta=8K\times\frac{1-\mu^2}{E_0}\times\frac{Pe}{b^3} \tag{4-23}$$

式中　θ——基础倾斜角；

　　　P——基底竖向偏心荷载合力；

　　　e——偏心距；

　　　b——荷载偏心方向矩形基底的边长或圆形基础直径；

　　　K——矩形刚性基础倾斜的无量纲系数，按l/b（l为矩形基底另一边长）值由图4.15查取。

当地基土质均匀时，利用上述公式估算地基的最终沉降量和倾斜是很简便的。但按这种方法计算的结果往往是偏大的，这是因为弹性力学公式假设地基是均质的半无限空

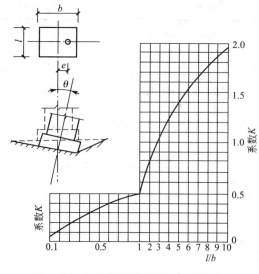

图 4.15　矩形刚性基础的无量纲系数 K

间线性变形体得到的，而实际上地基常常是非均质的成层土（包括下卧基岩的存在），即使是均质土，其变形模量 E_0 一般随深度而增大。因此，利用弹性力学公式计算沉降的问题，在于所用的 E_0 值是否能反映地基变形的真实情况。地基土层的 E_0 值，如能已有建筑物的沉降观测资料，以弹性力学公式反算求得，这种数据是很有价值的。通常在整理地基静载荷试验资料时，就是利用公式（4-21）反算 E_0 的。对于成层土地基，应取地基沉降计算深度 Z_n 范围内变形模量 E_0 和泊松比 μ 的加权平均值，即近似地按各土层厚度的加权平均取值。

4.2.4　地基变形验算

1. 地基变形特征

按地基承载力选定了适当的基础底面尺寸，一般已保证建筑物在防止地基剪切破坏方面具有足够的安全度，但是，在荷载作用下，地基土总是要产生压缩变形，使建筑物产生沉降。由于不同建筑物的结构类型、整体刚度、使用要求的差异，对地基变形的敏感程度、危害、变形要求也不同。因此，对于各类建筑结构，如何控制对其不利的沉降形式称"地基变形特征"，使之不会影响建筑物的正常使用甚至破坏，也是地基基础设计必须予以充分考虑的一个基本问题。

地基变形特征一般分为：沉降量、沉降差、倾斜和局部倾斜。

（1）沉降量。见指独立基础中心点的沉降值或整幢建筑物基础的平均沉降值。关于单层排架结构，在低压缩性的地基上一般不会因沉降而损坏，但在中高压缩性的地基上，应该限制柱基沉降量，尤其是要限制多跨排架中受荷较大的中排柱基的沉降量不宜过大，以免支承于其上的相邻屋架发生对倾而使端部相碰。

（2）沉降差。一般指相邻柱基中心点的沉降量之差。

框架结构主要因柱基的不均匀沉降而使结构受剪扭曲而损坏，因此其地基变形由沉降差控制。

（3）倾斜。是指基础倾斜方向两端点的沉降差与其距离的比值。

高耸结构和高层建筑的整体刚度很大，可近似看成刚性结构，其地基变形应由建筑物的整体倾斜控制，必要时应控制平均沉降量。

对于有吊车的工业厂房，还应验算桥式吊车轨面沿纵向或横向的倾斜，以免因倾斜而导致吊车自动滑行或卡轨。

（4）局部倾斜。是指砌体承重结构沿纵向 $6\sim10m$ 内基础两点的沉降差与其距离的比值。

砌体承重结构对地基的不均匀沉降是很敏感的，其损坏主要是由于墙体挠曲引起局部出现斜裂缝，故砌体承重结构的地基变形由局部倾斜控制。

建筑物的地基变形允许值，见表4－9。

表4－9　建筑物的地基变形允许值

变形特征	地基土类别	
	中、低压缩性土	高压缩性土
砌体承重结构基础的局部倾斜	0.002	0.003
工业与民用建筑相邻柱基的沉降差 (1) 框架结构 (2) 砌石墙填充的边排柱 (3) 当基础不均匀沉降时，不产生附加应力的结构	$0.002l$ $0.0007l$ $0.005l$	$0.003l$ $0.001l$ $0.005l$
单层排架结构(柱距为6m)柱基的沉降量/mm	(120)	200
桥式吊车轨面的倾斜(按不调整轨道考虑) 纵向 横向	0.004 0.003	
多层和高层建筑的整体倾斜　　$H_g \leqslant 24$ 　　　　$24 < H_g \leqslant 60$ 　　　　$60 < H_g \leqslant 100$ 　　　　$H_g > 100$	0.004 0.003 0.025 0.002	
体型简单的高层建筑基础的平均沉降量/mm	200	
高耸结构基础的倾斜　　$H_g \leqslant 20$ 　　　$20 < H_g \leqslant 50$ 　　　$50 < H_g \leqslant 100$ 　　　$100 < H_g \leqslant 150$ 　　　$150 < H_g \leqslant 200$ 　　　$200 < H_g \leqslant 250$	0.008 0.006 0.005 0.004 0.003 0.002	
高耸结构基础的沉降量/mm　　$H_g \leqslant 100$ 　　　$100 < H_g \leqslant 200$ 　　　$200 < H_g \leqslant 250$	400 300 200	

特别提示

(1) 本表数值为建筑物地基实际最终变形允许值。

(2) 有括号者仅适用于中压缩性土。

(3) l为相邻柱基的中心距离(mm)；H_g为自室外地面起算的建筑物高度(m)。

2. 地基变形验算

在地基基础的设计中，一般的步骤是先确定持力层的承载力特征值，然后按要求选定基础底面尺寸，最后(必要时)验算地基变形。地基变形验算的要求是：建筑物的地基变形

计算值 Δ 应不大于地基变形允许值 $[\Delta]$，即

$$\Delta \leqslant [\Delta] \qquad\qquad (4-24)$$

地基变形允许值的确定涉及很多因素，如建筑物的结构特点和具体使用要求、对地基不均匀沉降的敏感程度以及结构强度贮备等等。我国《建筑地基基础设计规范》（GB 50007—2011)综合分析了国内外各类建筑物的有关资料，提出了表 4-9 所列的建筑物地基变形允许值。对表中未包括的其他建筑物的地基变形允许值，可根据上部结构对地基变形特征的适应能力和使用上的要求确定。

按"地基规范"要求，地基基础设计等级为甲、乙级的建筑物，均应进行地基变形验算。但进行地基变形验算必须具备比较详细的勘察资料和土工试验成果，这对于地基基础设计等级为丙级的大量中、小型工程来说，往往不易办到，而且也没有必要。为此，"地基规范"在确定各类土的地基承载力特征值时，已经考虑了一般中、小型建筑物在地质条件比较简单的情况下对地基变形的要求。所以，对满足"地基规范"要求，地基基础设计等级为丙级的建筑物，在按承载力特征值确定基础底面尺寸之后，可不进行地基变形验算。

4.3   地基沉降与时间的关系

从 4.1 节知道，土的压缩随时间而增长的过程称为土的固结。对于饱和土在荷载作用下，土粒互相挤紧，孔隙水逐渐排出，引起孔隙体积减小直到压缩稳定，需要一定的时间过程，这一过程的快慢，取决于土的渗透性，故称饱和土体的固结为渗透固结。地基的固结，也就是地基沉降的过程。对于无粘性土地基，由于渗透性强，压缩性低，地基沉降的过程时间短，一般在施工完成时，地基沉降可基本完成。而粘性土地基，特别是饱和粘土地基，由于渗透性弱，压缩性高，地基沉降的时间过程长，地基沉降往往延续至完工后数年，甚至数十年才能达到稳定。因此，对于建造在粘土地基上的重要建筑物，常常需要了解地基沉降与时间的关系，以便考虑建筑物有关部分的净空、连接方式、施工顺序和速度。关于地基沉降与时间的关系常以饱和土体单向渗透固结理论为基础。下面介绍饱和土体单向渗透固结理论，根据此理论分析地基沉降与时间关系的计算方法及应用。

4.3.1   饱和土的单向渗透固结模型

对于饱和土来说，如果在荷载作用下，孔隙水只朝一个方向向外排出，土体的压缩也只在一个方向发生(一般均指竖直方向)，那么，这种压缩过程就称为单向渗透固结。

饱和土是由土粒构成的土骨架和充满于孔隙中的孔隙水两部分组成，显然，外荷载在土中引起的附加应力 σ_z 是由孔隙水和土骨架来分担的，由孔隙水承担的压力，即附加应力作用在孔隙水中引起的应力称为孔隙水压力，用 u 表示，它高于原来承受的静水压力，故又称超静水压力。孔隙水压力和静水压力一样，是各个方向都相等的中性压力，不会使土骨架发生变形。由土骨架承担的压力，即附加应力在土骨架引起的应力称为有效应力，用 σ' 表示，它能使土粒彼此挤紧，引起土的变形。在固结过程中，这两部分应力的比例不断变化，而这一过程中任一时刻 t，根据平衡条件，有效应力 σ' 和孔隙水压力 u 之和总是等于作用在土中的附加应力 σ_z，即 $\sigma_z = u + \sigma'$。

为了说明饱和土的单向渗透固结过程，可用如图 4.16 所示的弹簧活塞模型来说明。

模型是将饱和土体表示为一个有弹簧、活塞的充满水的容器。弹簧代表土骨架，容器内的水表示土中孔隙水，由容器中水承担的压力相当于孔隙水压力 u，由弹簧承担的压力相当于有效应力 σ'。在荷载刚施加的瞬间 $(t=0)$，孔隙水来不及排出，此时 $u=\sigma_z$，$\sigma'=0$。其后 $(0<t<\infty)$ 水从活塞小孔逐渐排出，u 逐渐降低并转化为 σ'，此时，$\sigma_z=\sigma'+u$。最后 $(t=\infty)$，由于水的停止排出，孔隙水压力 u 等于 0，压力 σ_z 全部转移给弹簧即 $\sigma_z=\sigma'$，渗透固结完成。

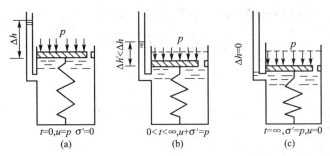

图 4.16 饱和土的单向渗透固结模型（图中 $p=\sigma_z$）

由此可见，饱和土的固结就是孔隙水压力 u 消散和有效应力 σ' 相应增长的过程。

4.3.2 饱和土体的单向渗透固结理论

1. 基本假设

饱和土体单向渗透固结理论的基本假设如下。

（1）地基土为均质、各向同性和完全饱和的。

（2）土的压缩完全是由于孔隙体积的减小而引起，土粒和孔隙水均不可压缩。

（3）土的压缩与排水仅在竖直方向发生，侧向既不变形，也不排水。

（4）孔隙水的向外排出服从达西定律，土的固结快慢取决于渗透系数的大小。

（5）在整个固结过程中，假定孔隙比 e、压缩系数 a 和渗透系数 k 为常量。

（6）荷载是连续均布的，并且是一次瞬时施加的。

2. 公式

饱和土体的固结过程就是孔隙水压力向有效应力转化的过程。如图 4.17 所示一厚度为 H 的饱和粘性土层，顶面透水，底面不透水，孔隙水只能由下向上单向单面排出，土层顶面作用有连续均布荷载 p，属于单向渗透固结情况。

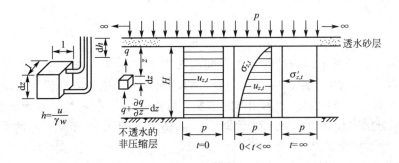

图 4.17 饱和土的固结过程

由于荷载 p 是连续均布，土层中的附加应力 σ_z 将沿深度 H 均匀分布，且 $\sigma_z = p$，当刚加压的瞬间($t=0$)，粘性土层中来不及排水，整个土层中 $u = \sigma_z$，$\sigma' = 0$。经瞬间以后($0 < t < \infty$)，粘性土层顶面的孔隙水先排出，u 下降并转化为 σ'，接着土层深处的孔隙水随着时间的增长而逐渐排出，u 也就逐渐向 σ' 转化，此时土层中 $u + \sigma' = \sigma_z$，直到最后($t=\infty$)，在荷载 p 作用下，应被排出的孔隙水全部排出了，整个土层中 $u=0$，$\sigma' = \sigma_z$，达到固结稳定。

根据公式推导可得到某一时刻 t，深度 z 处的孔隙水压力表达式如下：

$$u = \frac{4}{\pi}\sigma_z \sum_{m=1}^{\infty} \frac{1}{m}\sin\left(\frac{m\pi z}{2H'}\right)e^{\frac{-m^2\pi^2}{4}T_V} \tag{4-25}$$

式中　　m——正整数奇数（1、3、5…）；

$\quad\quad e$——自然对数的底；

$\quad\quad H'$——土层最大排水距离，单面排水为土层厚度 H，双面排水取 $H/2$；

$\quad\quad T_V$——时间因数，$T_V = C_V t / H'^2$；

$\quad\quad C_V$——固结系数，$C_V = k(1+e_1)/(a\gamma_w)$；

$\quad\quad k$——土的渗透系数；

$\quad\quad a$——土的压缩系数；

$\quad\quad e_1$——土层固结前的初始孔隙比；

$\quad\quad \gamma_w$——水的重度。

3. 地基的平均固结度

地基在某一压力作用下，任一时刻的沉降量 s_t 与其最终沉量 s 之比，称为地基在 t 时的平均固结度，用 U_t 表示，即

$$U_t = s_t / s \tag{4-26}$$

由于土体的压缩变形是由有效应力 σ' 引起的，因此，地基中任一深度 z 处，历时 t 后的固结度也可表达为

$$U_t = \frac{\sigma'}{\sigma_z} = \frac{\sigma_z - u}{\sigma} = 1 - \frac{u}{\sigma_z} \tag{4-27}$$

对于图 4.17 所示的单面排水，附加应力均布的情况，地基的平均固结度经过公式推导可得

$$U_t = 1 - \frac{8}{\pi^2}\left(e^{-\frac{\pi^2}{4}T_V} + \frac{1}{9}e^{-\frac{9\pi^2}{4}T_V} + \cdots\right) \tag{4-28}$$

上式括号内的级数收敛很快，实用上取第一项，即

$$U_t = 1 - \frac{8}{\pi^2}e^{-\frac{\pi^2}{4}T_V} \tag{4-29}$$

由上式可知，地基平均固结度 U_t 是时间因数 T_V 的函数，它与土中的附加应力分布情况有关，式(4-29)适用于附加应力均匀分布的情况，也适用于双面排水情况。对于地基为单面排水，且上、下附加应力不相等的情况，可由 $\alpha = \sigma_z'/\sigma_z''$($\sigma_z'$ 为透水面处的附加应力，σ_z'' 为不透水面处的附加应力，对于双面排水 $\alpha=1$)值，如图 4.18 所示相应的曲线，得出平均固结度 U_t。

由时间因数 T_V 与平均固结度 U_t 的关系曲线（图 4.18）可解决以下两个问题。

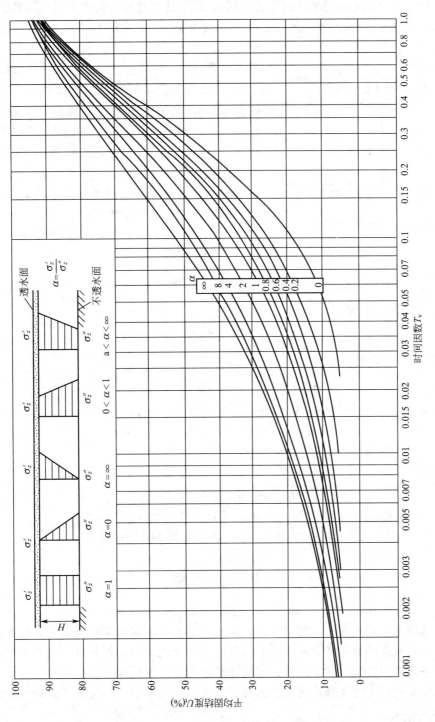

图 4.18　平均固结度 U_t 与时间因数 T_v 的关系

（1）计算加荷后历时 t 的地基沉降量 s_t。对于此类问题，可先求出地基的最终沉降量 s，然后根据已知条件计算出土层的固结系数 C_v 和时间因数 T_v，由 $\alpha=\sigma_z'/\sigma_z''$ 及 T_v 查出平均固结度 U_t，最后用式（4-26）求出 s_t。

（2）计算地基沉降量达 s_t 时所需的时间 t。对于此类问题，也可先求出地基的最终沉降量 s，再由式（4-24）求出平均固结度 U_t，最后由 $\alpha=\sigma_z'/\sigma_z''$ 及 U_t 查出时间因数 T_v 并求出所需时间 t。

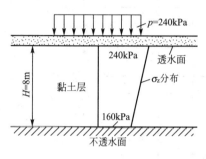

图 4.19　例题 4-3 附图

[例题 4-3]　某地基压缩土层为厚 8m 的饱和软粘土层，上部为透水的砂层，下部为不透水层。软粘土加荷之前的孔隙比 $e_1=0.7$，渗透系数 $k=2.0$cm/a，压缩系数 $a=0.25$Mpa^{-1}，附加应力分布如图 4.19 所示。求：（1）加荷一年后地基沉降量为多少？（2）地基沉降达 10cm 所需的时间？

解：（1）求加荷一年后的地基沉降 S_t：

软粘土层的平均附加应力：

$$\bar{\sigma}_z=(240+160)/2=200(\text{kPa})$$

地基最终沉降量：

$$S=\frac{a}{1+e_1}\bar{\sigma}_z H=\frac{0.25\times10^{-3}}{1+0.7}\times200\times800=23.5(\text{cm})$$

软粘土的固结系数：

$$C_V=\frac{k(1+e_1)}{a\gamma_w}=\frac{2\times10^{-2}\times(1+0.7)}{0.25\times9.8\times10^{-3}}=13.9(\text{m}^2/\text{a})$$

软粘土的时间因数：

$$T_V=C_V t/H'^2=13.9\times1/8^2=0.217$$

由 $\alpha=\sigma_z'/\sigma_z''=240/160=1.5$ 及 $T_V=0.217$ 查图 4.18 得：$U_t=0.55$，故

$$S_t=SU_t=23.5\times0.55=12.9(\text{cm})$$

（2）求地基沉降达 10cm 所需的时间 t：

固结度：

$$U_t=S_t/S=10/23.5=0.43$$

由 $\alpha=1.5$ 及 $U_t=0.43$ 查图 4.15 得：$T_V=0.13$，则：

$$t=T_V H'^2/C_V=0.13\times8^2/13.9=0.60(\text{年})$$

项 目 小 结

　　地基的变形计算是土力学的基本内容之一，也是建筑物基础设计计算的基本内容之一。无论是天然地基还是人工地基，都需要进行地基的变形计算，地基的沉降量或者沉降差等变形特征，常常是建筑物设计或使用的控制指标。

　　本项目内容主要包括：土的压缩性、地基最终沉降量计算与地基沉降与时间的关系计算。

　　（1）土的压缩性是指土体在荷载作用下体积减小的特性。土的压缩性高低可通过

室内压缩试验来测定，表示土的压缩性高低的主要指标有：压缩系数 a、压缩模量 E_s 与压缩指数 C_c。

（2）土的前期固结压力是指土层形成后的历史上所经受过的最大固结压力。将土层所受的前期固结压力 p_c 与土层现在所受的自重应力 σ_{cz} 的比值称为超固结比，以 OCR 表示。根据 OCR 可将天然土层分为正常固结、超固结与欠固结 3 种固结状态。

（3）地基的最终沉降量是指地基土在荷载作用下达到变形稳定时的变形量。最终沉降量可以采用分层总和法、《规范》法或弹性力学公式计算。

（4）建筑物的地基变形特征可分为：沉降量、沉降差、倾斜与局部倾斜。在地基基础的设计中，一般的步骤是先确定持力层的承载力特征值，然后按要求选定基础底面尺寸，最后（必要时）验算地基变形。地基变形验算的要求是：建筑物的地基变形计算值 Δ 应不大于地基变形允许值 $[\Delta]$，即 $\Delta \leqslant [\Delta]$。

（5）土的固结是指土体在荷载作用下被压缩的过程。饱和土是由土粒构成的骨架以及充满于孔隙的水组成，在外荷载作用下将产生两种应力，即：有效应力与孔隙水压力。饱和土的固结是孔隙水压力不断减小，而有效应力不断增加的过程。

（6）地基的变形都有一个时间过程。砂土地基的地基变形时间过程很短，其地基变形在施工期间大部分都已完成；而饱和粘土地基的地基变形时间过程很长，其地基变形可延续至施工后几年甚至几十年，因此对于修建在饱和粘土地基上的重要建筑物往往需要计算地基变形与时间的关系。

习　题

一、简答题

1. 通过固结试验可以得到哪些土的压缩性指标？如何求得？
2. 通过现场（静）载荷试验可以得到哪些土的力学性质指标？
3. 根据应力历史可将土（层）分为哪三类土（层）？试述它们的定义。

二、填空题

1. 压缩系数 $a=$_____，a_{1-2} 表示压力范围 $p_1=$_____，$p_2=$_____的压缩系数，工程上常用 a_{1-2} 评价土的压缩性的高低。

2. 可通过室内试验测定的土体压缩性的指标有_____、_____和_____。

3. 天然土层在历史上所经受过的包括自重应力和其他荷载作用形成的最大竖向有效固结压力称为_____。

4. 在研究沉积土层的应力历史时，通常将_____与_____之比值定义为超固结比。

三、选择题

1. 超固结比 $OCR>1$ 的土属于（　　）。
   A. 正常固结土　　　　　B. 超固结土　　　　　C. 欠固结土　　　　　D. 非正常土

2. 已知两基础形状、面积及基底压力均相同，但埋置深度不同，若忽略坑底回弹的影响，则（　　）。
   A. 两基础沉降相同　　　　　　　　　　　B. 埋深大的基础沉降大
   C. 埋深大的基础沉降小

3. 埋置深度、基底压力均相同但面积不同的两基础，其沉降关系为（　　）。
   A. 两基础沉降相同　　　　　　　　　　　B. 面积大的基础沉降大
   C. 面积大的基础沉降小

4. 土层的固结度与所施加的荷载关系是（　　　）。

   A. 荷载越大，固结度也越大

   B. 荷载越大，固结度越小

   C. 固结度与荷载大小无关

四、计算题

1. 某工程 3 号钻孔土样 3-1 粉质粘土和土样 3-2 淤泥质粘土的压缩试验数据，见表 4-10，试绘制 $e \sim p$ 曲线，并计算 a_{1-2} 和评价其压缩性。

表 4-10　计算题 1 附表

垂直压力/kPa		0	50	100	200	300	400
孔隙比	土样 3-1	0.866	0.799	0.770	0.736	0.721	0.714
	土样 3-2	1.085	0.960	0.890	0.803	0.748	0.707

2. 某矩形基础的底面尺寸为 4m×2.5m，天然地面下基础埋深为 1m，设计地面高出天然地面 0.4m，计算资料如图 4.20（地基土的压缩试验资料见表 4-10 所示）。试分别按分层总和法和"规范法"计算基础中心点的沉降量（已知 $p_0 < 0.75 f_{ak}$）。

3. 某基础压缩层为饱和粘土层，层厚为 10m，上下为砂层。由基底附加压力在粘土层中引起的附加应力 σ_z 分布如图 4.21 所示。已知粘土层的物理力学指标为：$a = 0.25 \text{MPa}^{-1}$，$e_1 = 0.8$，$k = 2 \text{cm/a}$，试求：(1) 加荷一年后地基的沉降量；(2) 地基沉降量达 25cm 时所需的时间。

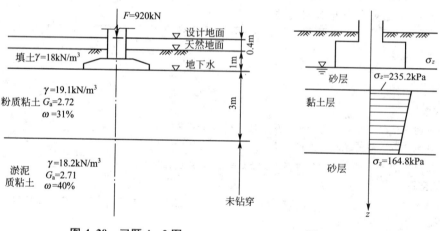

图 4.20　习题 4-2 图　　　　　　　**图 4.21　习题 4-3 图**

项目5

土的抗剪强度与地基承载力

教学内容

本章主要阐述地基的抗剪强度问题。围绕这个问题，将介绍土的抗剪强度及其变化规律、土体应力状态的判定、抗剪强度指标的测定方法、各种地基的破坏形式和地基承载力的确定方法等内容。

教学要求

知识要点	能力要求	权重
土的抗剪强度	掌握土的抗剪强度理论	10%
土的极限平衡条件式	熟悉土的极限平衡条件，分析土的状态	20%
抗剪强度指标的测定	掌握常用的试验方法：室内试验有直接剪切试验、三轴压缩试验、无侧限抗压强度试验等；现场常用的有十字板剪切试验等 理解不同的试验方法、不同的排水条件测得的抗剪强度指标完全不同；在实际应用中，要考虑土体的实际受力情况和排水条件等因素，尽量选用试验条件与实际工程条件相一致的强度指标	30%
地基的破坏类型与变形阶段	了解地基破坏形式与变形阶段	10%
地基承载力	理解地基承载力的概念； 能够利用理论公式法和荷载试验法确定地基承载力	30%

章节导读

在岩土工程中，土的抗剪强度是一个很重要的问题，是土力学中十分重要的内容。它不仅是地基设计计算的重要理论基础，而且是边坡稳定，挡土墙侧压力分析等许多岩土工程的设计的理论基础。为了保证土木工程建设中建（构）筑物的安全和稳定，就必须详细研究土的抗剪强度和土的极限平衡等问题。

5.1 土的抗剪强度与极限平衡条件

5.1.1 土的抗剪强度的基本概念

土是固相、液相和气相组成的散体材料。一般而言，在外部荷载作用下，土体中的应力将发生变化。当外荷载达到一定程度时，土体将沿着其中某一滑裂面产生滑动，而使土体丧失整体稳定性。所以，土体的破坏通常都是剪切破坏（剪坏）。

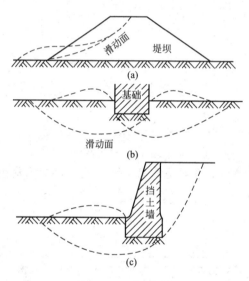

图 5.1 土体强度破坏

在工程建设实践中，道路的边坡、路基、土石坝、建筑物的地基等丧失稳定性的例子是很多的（图 5.1）。所有这些事故均是由于土中某一点或某一部分的应力超过土的抗剪强度造成的。

在实际工程中，与土的抗剪强度有关的问题主要有以下 3 方面。

（1）土坡稳定性问题。包括土坝、路堤等人工填方土坡和山坡、河岸等天然土坡以及挖方边坡等的稳定性问题，如图 5.1(a)所示。

（2）地基的承载力问题。若外荷载很大，基础下地基中的塑性变形区扩展成一个连续的滑动面，使得建筑物整体丧失了稳定性，如图 5.1(b)所示。

（3）土压力问题。包括挡土墙、地下结构物等周围的土体对其产生的侧向压力可能导致这些构造物发生滑动或倾覆，如图 5.1(c)所示。

任何材料都有其极限承载能力，通常称为材料的强度。土体作为一种天然的材料也有其强度，大量的工程实践和实验表明，土的抗剪性能在很大程度上可以决定土体承载能力，所以在土力学中土的强度特指抗剪强度，土体的破坏为剪切破坏。与其他连续介质材料的破坏不同，土是由颗粒组成的，但一般很少考虑颗粒本身的破坏。土体破坏主要是研究土颗粒之间的连接破坏，或土颗粒之间产生过大的相对移动。

土的抗剪强度是指土体抵抗剪切破坏的能力。在外部荷载作用下，土体中便产生应力分布，从材料力学中可以知道，土体的任意斜面一般均会同时出现正应力和剪应力。土体沿该斜面是否被剪应力破坏，不但取决于这个斜面上的剪应力，还和斜面上所受到的正应力有关。这是因为剪应力作用的结果迫使土颗粒相互错动产生破坏；而正应力的作用则对土颗粒有压实、增加土抗剪的能力，有利于土体的稳定和强度的提高。由此可见，土的抗

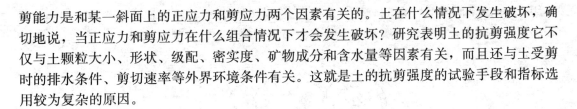
剪能力是和某一斜面上的正应力和剪应力两个因素有关的。土在什么情况下发生破坏，确切地说，当正应力和剪应力在什么组合情况下才会发生破坏？研究表明土的抗剪强度它不仅与土颗粒大小、形状、级配、密实度、矿物成分和含水量等因素有关，而且还与土受剪时的排水条件、剪切速率等外界环境条件有关。这就是土的抗剪强度的试验手段和指标选用较为复杂的原因。

5.1.2 土的抗剪强度规律——库仑定律

1. 土的库仑定律

1776 年，法国学者库仑（C·A·Coulomb），通过对砂土进行大量的试验研究得出，砂土的抗剪强度的表达式为

$$\tau_f = \sigma \tan\varphi \tag{5-1}$$

式中 τ_f——土的抗剪强度，kPa；

σ——剪切面上的正应力，kPa；

φ——土的内摩擦角，度。

后来又通过试验进一步提出了粘性土的抗剪强度表达式为。

$$\tau_f = \sigma \tan\varphi + c \tag{5-2}$$

式中 c——土的粘聚力，kPa。

式(5-1)和式(5-2)分别表示砂土和粘性土的抗剪强度规律，通常统称为库仑定律。根据库仑定律可以绘出如图 5.2 所示的库仑直线，其中库仑直线与横轴的夹角称为土的内摩擦角 φ，库仑直线在纵轴上的截距 c 为粘聚力。

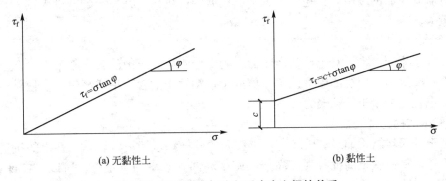

(a) 无黏性土   (b) 黏性土

图 5.2 抗剪强度与法向压应力之间的关系

由库仑定律可以看出，在剪切面上的法向应力 σ 不变时，试验测出的 φ、c 值能反映土的抗剪强度 τ_f 的大小，故称 φ、c 为土的抗剪强度指标。但是抗剪强度指标 φ、c 不仅与土的性质有关，而且与测定方法有关。同一种土体在不同试验条件下测出的强度指标不同，但同一种土在同一方法下测定的强度指标，基本是相同的。因此，谈及强度指标 φ、c 时，应注明它的试验方法。

2. 土的抗剪强度的构成

库仑定律还表明，砂土的抗剪强度由土的内摩擦力（$\sigma \tan\varphi$）构成，而粘性土的抗剪强度则由土的内摩擦力和粘聚力（c）构成。

土的内摩擦力包括剪切面上土粒之间的表面摩擦力和由于土粒之间的相互嵌入、联锁

作用产生的粒间咬合力。粒间咬合力是指当土体相对滑动时，将嵌在其他颗粒之间的土粒拔出所需要的力，如图5.3所示。一般土越密实，颗粒越粗，其φ值越大；反之，φ值就越小。

图 5.3 土的粒间咬合力

土的粘聚力是指由于粘性土颗粒之间的胶结作用、结合水膜以及分子引力作用等形成的内在联结力。土的颗粒越细小，塑性越大、越紧密，其粘聚力也越大。砂土的粘聚力$c=0$，故又称无粘性土。

3. 影响土的抗剪强度的因素

影响土的抗剪强度的因素是多方面的，主要有以下几个方面。

1）土粒的矿物成分、形状、颗粒大小与颗粒级配

土颗粒大，形状不规则，表面粗糙以及颗粒级配良好的土，由于其内摩擦力大，抗剪强度也高。粘土矿物成分中的微晶高岭石含量越多时，粘聚力越大。土中胶结物的成分及含量对土的抗剪强度也有影响。

2）土的密度

土的初始密度越大，土粒间接触比较紧密，土粒间的表面摩擦力和咬合力也越大，剪切试验时需要克服的摩阻力也越大，则土的抗剪强度越大。粘性土的密度大则表现出的粘聚力也较大。

3）含水率

土中含水率的多少，对土抗剪强度的影响十分明显。土中的含水率增大时，会降低土粒表面上的摩擦力，使土的内摩擦角φ值减小；粘性土的含水率增高时，会使结合水膜加厚，因而也就降低了土的粘聚力。

4）土体结构的扰动情况

粘性土的天然结构如果被破坏时，土粒间的胶结物联结被破坏，粘性土的抗剪强度将会显著下降，故原状土的抗剪强度高于同密度和同含水率的重塑土。所以，在现场取样、试验和施工过程中，要注意保持粘性土的天然结构不被破坏，特别是基坑开挖时，更应保持持力层的原状结构不扰动。

5）有效应力

从有效应力原理可知，土中某点所受的总应力等于该点的有效应力与孔隙水应力之和。随着孔隙水应力的消散，有效应力的增加，致使土体受到压缩，土的密度增大，因而土的φ、c值变大，抗剪强度增高。

5.1.3 土中一点的应力状态

在土力学中，常把土体作为半无限体来研究。在半无限土体中任意点M处取一微小单元体，设作用在该单元体上的大、小主应力为σ_1和σ_3，为了简化分析，下面仅研究平面问题，如图5.4(a)所示。在单元体内取一与大主应力σ_1的作用面成任意角α的mn斜平

面，斜面 mn 上作用的法向应力和剪应力分别为 σ、τ，为了建立 σ、τ 和 σ_1、σ_3 之间的关系，取楔形脱离体 abc 如图 5.4(b) 所示。

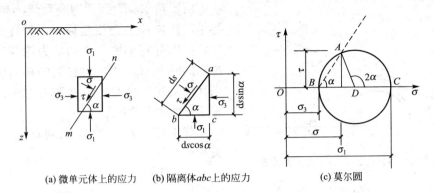

(a) 微单元体上的应力　　(b) 隔离体 abc 上的应力　　(c) 莫尔圆

图 5.4　土体中任意点的应力

根据静力平衡条件可得

$$\sum x = 0：\quad \sigma\sin\alpha\,\mathrm{d}s - \tau\cos\alpha\,\mathrm{d}s - \sigma_3\sin\alpha\,\mathrm{d}s = 0 \tag{5-3}$$

$$\sum y = 0：\quad \sigma\cos\alpha\,\mathrm{d}s + \tau\sin\alpha\,\mathrm{d}s - \sigma_1\cos\alpha\,\mathrm{d}s = 0 \tag{5-4}$$

联立求解以上方程可得 mn 平面上的应力为

$$\sigma = \frac{\sigma_1+\sigma_3}{2} + \frac{\sigma_1-\sigma_3}{2}\cos 2\alpha \tag{5-5}$$

$$\tau = \frac{\sigma_1-\sigma_3}{2}\sin 2\alpha \tag{5-6}$$

若将式 5-5 移项后两端平方，再与式 5-6 的两端平方后分别相加，即得

$$\left[\sigma - \frac{1}{2}(\sigma_1+\sigma_3)\right]^2 + \tau^2 = \left[\frac{1}{2}(\sigma_1-\sigma_3)\right]^2 \tag{5-7}$$

不难看出公式 (5-7) 是一个圆的方程。在 $\tau \sim \sigma$ 直角坐标系中，绘出以圆心坐标为 $\left(\dfrac{\sigma_1+\sigma_3}{2},\ 0\right)$，半径为 $\dfrac{\sigma_1-\sigma_3}{2}$ 的圆，绘出的圆称为莫尔应力圆或莫尔圆，如图 5.4(c) 所示。莫尔应力圆也可以用来求土中任一点的应力状态，具体方法如下。

在莫尔应力圆上，从 DC 开始逆时针方向转 2α 角，得 DA 线与圆周的交点 A，A 点的横坐标即为 mn 斜面上的正应力 σ，A 点的纵坐标即为 mn 斜面上的剪应力 τ。显然当土体中任一点只要已知其大、小主应力 σ_1 与 σ_3 时，便可用莫尔应力圆求出该点不同斜面上的法向应力 σ 与剪应力 τ。

5.1.4　土的极限平衡条件

1. 土的极限平衡状态

如果已知通过土体某点的某一平面上的法向应力与剪应力，又测得该土的抗剪强度指标 φ 和 c 值，就可用库仑定律算出该平面上的抗剪强度 τ_f。当 $\tau_f > \tau$ 时，土体不会沿该平面剪破，称该平面处于弹性平衡状态；当 $\tau_f < \tau$ 时，该平面已剪破，称该平面处于塑性平衡状态；当 $\tau_f = \tau$ 时，该平面处于濒于剪破的极限平衡状态。极限平衡状态下该剪切面上各应力之间的关系式称为极限平衡条件式。由此可知，土中某一剪切面上的极限平衡条件

式为

$$\tau = \tau_f = \sigma \tan\varphi + c \tag{5-8}$$

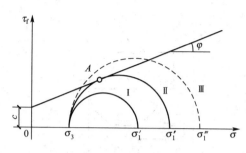

图 5.5　莫尔圆与抗剪强度之间的关系

由于莫尔应力圆和库仑直线的坐标相同，都是以法向应力为横坐标，以剪应力为纵坐标，所以可将土中一点的应力圆与库仑直线画在同一坐标系中，由它们的相对关系来判别其所处的应力状态，故称莫尔—库仑强度理论，如图 5.5 所示。

莫尔圆与库仑直线之间存在如下 3 种关系。

（1）莫尔圆与库仑直线相离。如图 5.5 中圆Ⅰ与库仑直线相离位于库仑直线的下方，表示土中某点任何截面上的剪应力都小于该点的抗剪强度（$\tau_f > \tau$），该点不会发生剪切破坏，该点处于弹性平衡状态。

（2）莫尔圆与库仑直线相割。如图 5.5 中圆Ⅲ与库仑直线相割，表示过该点的某些截面上的剪应力大于土的抗剪强度（$\tau_f < \tau$），该点已经破坏。因为该点土体已经破坏，实际上圆Ⅲ是不可能画出的，而是理想的情况。

（3）莫尔圆与库仑直线相切。如图 5.5 中圆Ⅱ与库仑直线在 A 点相切，说明在 A 点所代表的截面上，剪应力正好等于土的抗剪强度（$\tau_f = \tau$），该点处于极限平衡状态。

2．土的极限平衡条件式

土体中某一点达到极限平衡状态时，其微单元土体上作用的大、小主应力 σ_1、σ_3 之间的关系式，称为该点土的极限平衡条件式，可用莫尔应力圆与库仑直线相切时的几何关系推得。

当土中某一点处于极限平衡状态时，莫尔应力圆与库仑直线的切点 D 所代表的截面即为剪切破坏面，如图 5.6 所示，由几何条件可以得出下列关系式：

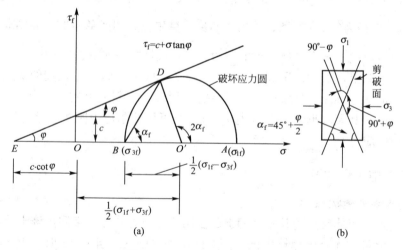

图 5.6　极限平衡的几何条件

$$\sin\varphi = \frac{\sigma_1 - \sigma_3}{\sigma_1 + \sigma_3 + 2c \cdot \cot\varphi} \tag{5-9}$$

上式经三角函数变换后，可得土的极限平衡条件式为

$$\sigma_{1f} = \sigma_3 \tan^2\left(45° + \frac{\varphi}{2}\right) + 2c\tan\left(45° + \frac{\varphi}{2}\right) \tag{5-10}$$

或

$$\sigma_{3f} = \sigma_1 \tan^2\left(45° - \frac{\varphi}{2}\right) - 2c\tan\left(45° - \frac{\varphi}{2}\right) \tag{5-11}$$

对于 $c=0$ 的无粘性土，极限平衡条件式可以简化。

土体中某点处于极限平衡状态时，其破裂面与大主应力作用面的夹角为 α_f，由图 5.6 中的几何关系可得

$$2\alpha_f = 90° + \varphi$$
$$\alpha_f = 45° - \varphi/2 \tag{5-12}$$

由此可知，土体剪切破坏面的位置是发生在与大主应力作用面成 $(45° + \varphi/2)$ 夹角的斜面上，而不是发生在剪应力最大的斜面上，即 $\alpha = 45°$ 的斜面上。

已知土体中一点的实际大、小主应力 σ_1、σ_3 及实测的 φ、c 值，可以用式（5-9）、式（5-10）、式（5-11）中的任何一个公式，判别土中该点的应力状态，其判别结果是一致的。判别方法如下。

（1）用（5-9）公式判别。将实际的 σ_1、σ_3 和 c 值代到该式中，计算出的内摩擦角 φ_f，即为土体处在极限平衡状态时所具有的内摩擦角。将极限平衡状态时的内摩擦角 φ_f 与实际土的内摩擦角 $\varphi_{实}$ 比较，若 $\varphi_{实} > \varphi_f$，说明库仑直线与应力圆相离，该点稳定；若 $\varphi_{实} < \varphi_f$，说明库仑直线与应力圆相割，该点破坏；若 $\varphi_{实} = \varphi_f$，说明库仑直线与应力圆相切，该点处于极限平衡状态。

（2）用（5-10）公式判别。将实际的 σ_3、φ、c 值代到该式中，计算出的大主应力 σ_{1f} 即为土体处在极限平衡状态时所承受的大主应力。将极限平衡状态时的大主应力 σ_{1f} 与实际土的大主应力 $\sigma_{1实}$ 比较，若 $\sigma_{1f} > \sigma_{1实}$ 时，库仑直线与应力圆相离，该点不破坏；若 $\sigma_{1f} < \sigma_{1实}$ 时，该点破坏；若 $\sigma_{1f} = \sigma_{1实}$ 时，该点处于极限平衡状态，如图 5.7(a) 所示。

（3）用（5-11）公式判别。将实际的 σ_1、φ、c 值代到该式中，计算出的小主应力 σ_{3f} 即为土体处在极限平衡状态时所承受的小主应力。将极限平衡状态时的小主应力 σ_{3f} 与实际土的小主应力 $\sigma_{3实}$ 比较，若 $\sigma_{3f} < \sigma_{3实}$ 时，该点不破坏；若 $\sigma_{3f} > \sigma_{3实}$ 时，该点破坏；若 $\sigma_{3f} = \sigma_{3实}$ 时，该点处于极限平衡状态，如图 5.7(b) 所示。

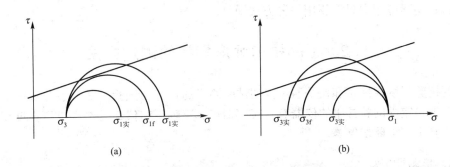

图 5.7 根据 σ_1、σ_3 与 φ、c 值判别点的应力状态

[**例题 5-1**] 某土层的抗剪强度指标 $\varphi = 20°$，$c = 20\text{kPa}$，其中某一点的 $\sigma_1 = 300\text{kPa}$，$\sigma_3 = 120\text{kPa}$，（1）问该点是否破坏？（2）若保持 σ_3 不变，该点不破坏的 σ_1 最大为多少？

解：（1）判别该点所处的状态。

① 利用 φ 判别。

$$\sin\varphi_f = \frac{\sigma_1 - \sigma_3}{\sigma_1 + \sigma_3 + 2c \cdot \cot\varphi_{实}} = \frac{300 - 120}{300 + 120 + 2 \times 20 \times \cot 20°} = 0.34$$

$$\varphi_f = 19.86° < \varphi_{实} = 20°$$

因此该点稳定。

② 用 σ_1 判别。

将 $\sigma_3 = 120$ kPa，$\varphi = 20°$，$c = 20$ kPa 代入式（5-10）得

$$\sigma_{1f} = 120\tan^2\left(45° + \frac{20°}{2}\right) + 2 \times 20\tan\left(45° + \frac{20°}{2}\right) = 301.88(\text{kPa}) > \sigma_{1实} = 300(\text{kPa})$$

因此该点稳定。

③ 用 σ_3 判别。

将 $\sigma_1 = 300$ kPa，$\varphi = 20°$，$c = 20$ kPa 代入式（5-11）得

$$\sigma_{3f} = 300\tan^2\left(45° - \frac{20°}{2}\right) - 2 \times 20\tan\left(45° - \frac{20°}{2}\right) = 119.08(\text{kPa}) < \sigma_{3实} = 120(\text{kPa})$$

因此该点稳定。

④ 用库仑定律判别。

由前述可知破坏角 $\alpha_f = 45° + 20°/2 = 55°$，土体若破坏则应沿与最大主平面成 55°夹角的平面破坏，该面上的应力如下：

$$\sigma_\alpha = \frac{\sigma_1 + \sigma_3}{2} + \frac{\sigma_1 - \sigma_3}{2}\cos 2\alpha = \frac{300 + 120}{2} + \frac{300 - 120}{2}\cos 110° = 179.22(\text{kPa})$$

$$\tau_\alpha = \frac{\sigma_1 - \sigma_3}{2}\sin 2\alpha = \frac{300 - 120}{2}\sin 110° = 84.57(\text{kPa})$$

破坏面的抗剪强度 τ_f 可以由库仑定律计算得到：

$$\tau_f = \sigma\tan\varphi + c = 179.22\tan 20° + 20 = 85.23(\text{kPa}) > \tau_\alpha = 84.57(\text{kPa})$$

故最危险面不破坏，所以该点稳定。

（2）若 σ_3 不变，由上述计算可知，保持该点不破坏时 σ_1 的最大值为 301.88kPa。

由[例题 5-1]可知，判别土体一点的应力状态可以有不同的方法，但其判别的结果是一致的，在实际应用中只需要用一种方法即可。

5.2　土的抗剪强度指标的测定方法

土的抗剪强度指标 φ 和 c 是通过剪切试验测定的，剪切试验方法一般分室内试验和现场试验两类。室内试验常用的仪器有直接剪切仪、三轴压缩仪、无侧限抗压强度仪等；现场常用的有十字板剪切仪等。

5.2.1　直接剪切试验

1. 直剪仪及试验原理

直接剪切试验，通常简称直剪试验，它是测定土体抗剪强度指标最简单的试验方法。

直剪试验所用的主要仪器为直剪仪，直剪仪可分为应力控制式和应变控制式两种。试验中通常采用应变控制式直剪仪，其结构如图5.8所示，主要由可相互错动的上、下剪力盒、垂直和水平加载系统及测量系统等部分组成。

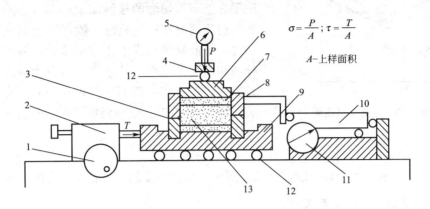

$$\sigma = \frac{P}{A}; \tau = \frac{T}{A}$$

A—上样面积

图5.8　直剪仪结构示意图

1—旋转手轮；2—推动器；3—下盒；4—垂直加压框架；5—垂直位移量表；6—传压板；
7—透水板；8—上盒；9—储水盒；10—测力计；11—水平位移量表；12—滚珠；13—试样

试验时先用环刀切取原状土样，将上、下剪切盒对齐，把土样放在上、下剪切盒中间，通过传压板和滚珠对土样施加法向应力σ，然后通过均匀旋转手轮对下剪切盒施加水平剪切力τ，使土样沿上、下剪切盒的接触面发生剪切位移，随着上、下剪切盒的相对位移不断增加，剪切面上的剪应力也不断增加，剪应力与剪位移的关系曲线，如图5.9(a)所示。当土样将要剪破坏时，剪切面上的剪应力达到最大(即峰值点)，此时的剪应力即为土的抗剪强度τ_f；如果剪应力不出现峰值，则取规定的剪位移(如面积$30cm^2$的土样，《土工试验规程》规定取剪位移4mm)相对应的剪应力作为土的抗剪强度，如图5.9(b)所示。通过对同一种土3～4个土样在不同的法向应力σ作用下进行剪切试验，测出相应的抗剪强度τ_f，然后根据3～4组相应的试验数据可以点绘出库仑直线，由此求出土的抗剪强度指标φ、c，如图5.10所示。

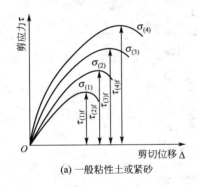
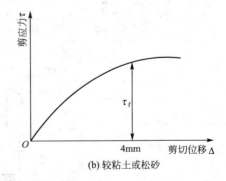

(a) 一般粘性土或紧砂　　(b) 较粘土或松砂

图5.9　剪应力与剪切位移关系曲线

2. 直剪试验的优缺点

直剪仪构造简单，土样制备安装方便，操作方法便于掌握，至今仍为一般工程单位广

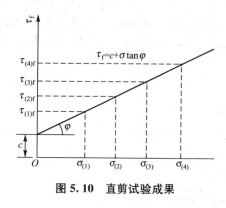

图 5.10　直剪试验成果

泛采用。但该试验存在着如下缺点：剪切过程中试样内的剪应变分布不均匀，应力条件复杂，但仍按均匀分布计算，其结果有误差；剪切面只能人为地限制在上下剪切盒的接触面上，而不是沿土样最薄弱的剪切面剪坏；试验时不能严格控制土样的排水条件；不能量测土样中孔隙水压力；剪切过程中土样剪切面逐渐减小，且垂直荷载发生偏心，而分析计算时仍按受剪面积不变考虑。因此，直剪试验不宜用来对土的抗剪强度特性作深入研究。

5.2.2　三轴剪切试验

三轴剪切试验也称三轴压缩试验，是测定土抗剪强度的一种较为完善的试验方法。

1. 三轴剪切仪及试验原理

三轴剪切试验使用的仪器为三轴剪切仪（又称三轴压缩仪），其构造如图 5.11 所示。主要工作部分是放置试样的压力室，它是由金属顶盖、底座和透明有机玻璃筒组装起来的密闭容器；轴压系统，用以对试样施加轴向压力；侧压系统，通过液体（通常是水）对试样施加周围压力；孔隙水压力测试系统，可以量测孔隙水压力及其在试验过程中的变化情况，还可以量测试样的排水量。

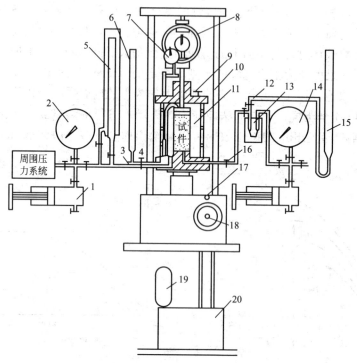

图 5.11　三轴仪构造示意图

1—调压筒；2—周围压力表；3—周围压力阀；4—排水阀；5—体变管；6—排水管；7—变形量表；
8—量力环；9—排气孔；10—轴向加压设备；11—压力室；12—量管阀；13—零位指示器；
14—孔隙压力表；15—量管；16—孔隙压力阀；17—离合器；18—手轮；19—马达；20—变速箱

试验时将切削成正圆柱形的试样套在乳胶膜内，置于试样帽和压力室底座之间，必要时在试样两端安放滤纸和透水石，如图 5.12 所示。然后在试样周围通过液体施加围压力 σ_3，此时试样在径向和轴向均受到同样的压力 σ_3 作用，因此试样不会受剪应力作用。再由轴向加压设备不断加大轴向力 $\Delta\sigma$ 使试样剪坏。此时试样在径向受 σ_3 作用，轴向受 $\sigma_3+\Delta\sigma=\sigma_1$ 作用。根据破坏时的 σ_3 和 σ_1 可绘出极限莫尔应力图。若同一种土的 3～4 个试样，在不同的 σ_3 作用下使试样剪坏，就可得出几个不同的极限莫尔应力圆。这些极限莫尔应力圆的公切线即为库仑直线，如图 5.13 所示，在库仑直线上便可确定抗剪强度指标 φ 和 c。

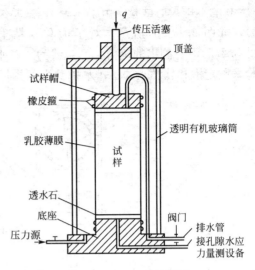

图 5.12　压力室构造图

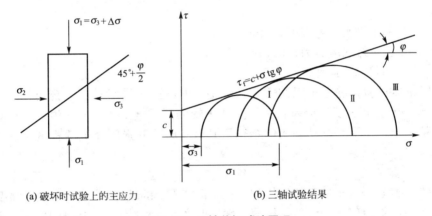

(a) 破坏时试验上的主应力　　　(b) 三轴试验结果

图 5.13　三轴剪切试验原理

2. 三轴剪切试验的优缺点

与直剪试验比较，三轴剪切试验的优点是：试样中的应力分布比较均匀；试样破坏时剪切破坏面就发生在土样的最薄弱处，应力状态比较明确；试验时还可根据工程需要，严格控制孔隙水的排出，并能准确地测定土样在剪切过程中孔隙水压力的变化，从而可以定量地获得土中有效应力的变化情况。三轴试验可供在复杂应力条件下研究土的抗剪强度特性之用。

但是，三轴仪设备复杂，试样制备比较麻烦，土样易受扰动；另外试样中模拟的主应力为 $\sigma_2=\sigma_3$ 的轴对称情况，而实际土体的受力状态并非都是这类轴对称情况，故其应力状态不能与实际情况完全一致。

5.2.3　无侧限抗压强度试验

无侧限抗压强度试验是将正圆柱形土样放在如图 5.14(a) 所示的无侧限压力仪中，在无侧向压力和不排水的情况下，对它施加垂直的轴向压力，当土样剪切破坏时所承受的最大轴向压力称为土的无侧限抗压强度 q_u。无侧限抗压强度试验相当于在三轴剪切仪上进行

$\sigma_3 = 0$ 的不排水剪试验。由于 $\sigma_3 = 0$，试验结果只能作出一个莫尔极限应力圆($\sigma_1 = q_u$，$\sigma_3 = 0$)，如图 5.14(b)所示。对于饱和软粘土，在三轴不固结不排水的剪切条件(此概念见 5.2.5)下，测出的抗剪强度包线为一条水平线，即 $\varphi_u = 0$，故可利用无侧限抗压强度试验来测定饱和软粘土的不排水抗剪强度指标 c_u 值，即：

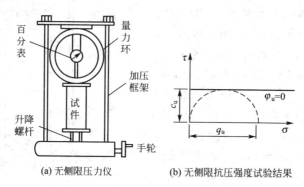

(a) 无侧限压力仪　　　　(b) 无侧限抗压强度试验结果

图 5.14　无侧限抗压强度试验

$$\tau_f = c_u = q_u/2 \tag{5-13}$$

式中　τ_f——土的不排水抗剪强度，kPa；

　　　c_u——土的不排水凝聚力，kPa；

　　　q_u——无侧限抗压强度，kPa。

无侧限抗压试验仪除了可以测定饱和软粘土的不排水强度 c_u 外，还可以用来测定土的灵敏度 S_t。土的灵敏度是指原状土与重塑土的无侧限抗压强度的比值。它可反映天然状态下的粘性土，当受到扰动，土的结构遭到破坏时，其强度降低的程度，它的计算公式为

$$S_t = q_u/q_0 \tag{5-14}$$

式中　q_u——原状土样(土的天然结构和含水率保持不变的试样)的无侧限抗压强度，kPa；

　　　q_0——扰动土样(土的天然结构遭到破坏但含水率保持不变的试样)的无侧限抗压强度，kPa。

根据灵敏度可将饱和粘性土分为：低灵敏度($1 < S_t \leqslant 2$)、中灵敏度($2 < S_t \leqslant 4$)和高灵敏度($S_t > 4$)3 类。土的灵敏度越高，称土的结构性越强，受扰动后其强度降低就越多。所以在基础施工时，应保护基槽，减少对基底土的扰动。

5.2.4　十字板剪切试验

十字板剪切试验是一种原位测定土的抗剪强度的试验方法，它与室内无侧限抗压强度试验一样，所测得的成果相当于不排水抗剪强度。

十字板剪切仪的主要工作部分如图 5.15 所示。试验时在钻孔中放入十字板，并压入土中 75cm，通过地面上的扭力设备对钻杆施加扭矩，带动十字板旋转，直至土体剪切破坏，记录土体破坏时的最大扭转力矩 M_{max}，据此算出土的抗剪强度。

从图 5.15 中可以看出土的抗扭力矩由两部分组成。

1. 圆柱形土体侧面上的抗扭力矩

$$M_1 = \tau_f \left(\pi D H \frac{D}{2} \right) \tag{5-15}$$

式中　D、H——分别为十字板的宽度（即圆柱体直径）和高度；

　　　　　τ_f——土的抗剪强度（公式推导中假设土的强度为各向相同的）。

2. 圆柱形土体上下两个剪切面上的抗扭力矩

$$M_2 = 2\tau_f\left(\frac{\pi D^2}{4} \times \frac{2}{3} \times \frac{D}{2}\right) \qquad (5-16)$$

根据扭力矩等于抗扭力矩得

$$M_{\max} = M_1 + M_2 = \tau_f\left(\pi DH\frac{D}{2}\right) + 2\tau_f\left(\frac{\pi D^2}{4} \times \frac{2}{3} \times \frac{D}{2}\right)$$

所以

$$\tau_f = \frac{2M_{\max}}{\pi D^2\left(H + \dfrac{D}{3}\right)} \qquad (5-17)$$

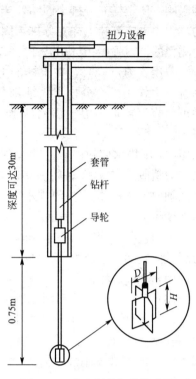

对于饱和软粘土，与前同理，十字板剪切试验所得成果也属于不排水抗剪强度 c_u。它具有无需钻孔取样试验和使土少受扰动的优点。但所得 c_u 主要反映垂直面上的强度，一般易得偏高的成果。且这种原位测试方法中剪切面上的应力条件十分复杂，排水条件又不能控制得很严格。因此，十字板试验的 c_u 值与原状土室内的不排水剪试验成果有一定差别。

图 5.15　十字板剪切仪构造图

5.2.5　总应力强度指标和有效应力强度指标

在第四章中已指出，饱和土的固结是孔隙水压力 u 消散和有效应力 σ' 增长的过程。而饱和土的剪切过程也是伴随着孔隙水逐渐排出，有效应力逐渐增长，土体逐渐固结的过程，从而必然使得土的抗剪强度随着土体固结压密程度的增大而不断增长。这也说明，孔隙水压力消散的过程，就是土的抗剪强度增大的过程。土中孔隙水压力的消散程度不同，则土的抗剪强度大小也就不同。因此，在剪切试验中，为了考虑孔隙水压力对抗剪强度的影响，将抗剪强度的分析表达方法分为总应力法和有效应力法。

1. 总应力法

总应力法是指用剪切面上的总应力来表示土的抗剪强度的方法，其表达式为公式(5-2)，即

$$\tau_f = \sigma\tan\varphi + c$$

式中　c、φ——以总应力法表示的粘聚力和内摩擦角，统称为总应力抗剪强度指标。

在总应力法中，孔隙水压力对抗剪强度的影响，是通过在试验中控制土样的排水条件来体现的。根据排水条件的不同，在三轴剪切试验中分为排水剪(CD)、不排水剪(UU)和固结不排水剪(CU)3 种；相应地在直剪试验中分为慢剪(s)、快剪(q)和固结快剪(cq)3 种。

(1)排水剪和慢剪。是指在整个试验过程中，使土样保持充分排水固结(即在孔隙水压力始终为零)的条件下进行剪切试验的方法。如用三轴试验时，在围压 σ_3 作用下，打开

排水阀，使土样充分排水固结，当孔隙水应力降为零时才施加轴向力 $\Delta\sigma$，在施加轴向力的过程中也应该让土样充分排水固结，所以轴向力应缓慢增加直至土样剪切破坏。由排水剪测得的抗剪强度指标用 c_d 和 φ_d 表示。

若用直剪试验时，在土样的上、下面与透水石之间放上滤纸，便于排水，等土样在垂直压力作用下充分排水固结稳定后，再缓慢施加水平剪力，且在土样充分排水固结条件下，直至剪坏。由于需时很长，故称慢剪。由慢剪测得的抗剪强度指标用 c_s 和 φ_s 表示。

（2）不排水剪和快剪。是指在整个试验过程中，均不让土样排水固结（即在不使孔隙水应力消散）的条件下进行剪切试验的方法。如用三轴试验时，无论是施加围压 σ_3，还是施加轴向力 $\Delta\sigma$，始终关闭排水阀，使土样在不排水的条件下剪坏。由不排水剪测得的抗剪强度指标用 c_u 和 φ_u 表示。

若用直剪试验时，在土样的上、下面与透水石之间用不透水薄膜隔开，在施加垂直压力后随即施加水平剪力，使试样在 3~5min 内剪坏，故称为快剪。由快剪测得的抗剪强度指标用 c_q 和 φ_q 表示。

（3）固结不排水剪和固结快剪。是指土样在围压或竖向压力作用下，充分排水固结，但在剪切过程中不让土样排水固结的条件下进行剪切试验的方法。如采用三轴试验，在施加围压 σ_3 时，打开排水阀，让土样充分排水固结后，再关闭排水阀，使土样在不排水的条件下施加轴向力 $\Delta\sigma$ 直至剪坏。由固结不排水剪测定的强度指标用 c_{cu} 和 φ_{cu} 表示。

若用直接试验时，在土样的上、下面与透水石之间放上滤纸，先施加竖向压力，待土样排水固结稳定后，再施加水平剪力，将土样在 3~5min 内剪坏，故称固结快剪。由固结快剪测得的抗剪强度指标用 c_{cq} 和 φ_{cq} 表示。

上述 3 种剪切试验方法，对于同一种土，施加相同的总应力时，由于试验时土样的排水条件和固结程度不同，故测得的抗剪强度指标也不相同，一般情况下，3 种试验方法测得的内摩擦角有如下关系：$\varphi_s > \varphi_{cq} > \varphi_q$（$\varphi_d > \varphi_{cu} > \varphi_u$），测得的内凝聚力 c 值也有差别，如图 5.16 所示。

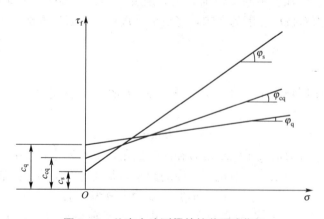

图 5.16　总应力法测得的抗剪强度指标

2. 有效应力法

如前所述，土的抗剪强度与总应力之间并没有唯一对应的关系。实质上土的抗剪强度

是由受剪面上的有效法向应力所决定的。所以库仑定律应该用有效应力来表达才接近于实际，有效应力库仑定律表达式为

$$\tau_{\mathrm{f}} = \sigma'\tan\varphi' + c' = (\sigma - u)\tan\varphi' + c' \qquad (5-18)$$

式中　σ'——剪切破坏面上的法向有效应力，kPa；

φ'、c'——分别为有效内摩擦角和有效粘聚力，两者统称为有效应力强度指标。

有效应力强度指标通常用三轴剪切仪测定。取同一种土的 3～4 个试样，分别在不同周围压力 σ_3 下进行试验，测出剪切破坏时的最大主应力 σ_1 和孔隙水压力 u，则有效大主应力 $\sigma_1' = \sigma_1 - u$，有效小主应力 $\sigma_3' = \sigma_3 - u$。以有效主应力为横坐标，抗剪强度 τ_{f} 为纵坐标，根据试验结果可绘出 3～4 个极限应力圆，并作公切线（强度包线），即可确定 φ' 和 c'，如图 5.17 所示中虚线半圆。在实际应用中，有效应力强度指标用有效应力强度公式（5-18）来分析土体的稳定性。分析时需要知道土体中孔隙水压力实际分布情况。

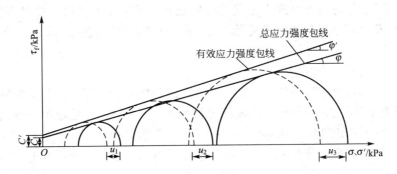

图 5.17　有效应力强度指标的确定

试验表明，用直接剪切仪作慢剪试验测得的慢剪强度指标 φ_{s}、c_{s} 与有效应力强度指标 φ'、c' 基本相同。这是因慢剪时的孔隙水压力为零，此时总应力就等于有效应力。所以，在没有三轴剪切仪时，可以 φ_{s}、c_{s} 代替 φ'、c'。

［例题 5-2］　某饱和粘性土作固结不排水试验，3 个土样所施加的围压和剪坏时的轴向应力及孔隙水应力等试验数据和计算结果见表 5-1。试求该土的固结不排水强度指标和有效应力强度指标。

表 5-1　三轴固结不排水试验结果

试样编号	σ_3/kPa	σ_1/kPa	u/kPa	$\sigma_3' = \sigma_3 - u$/kPa	$\sigma_1' = \sigma_1 - u$/kPa
1	50	142	23	27	119
2	100	220	40	60	180
3	150	314	67	83	247

注：表中划线数据为试验所测得数据。

解：根据表 5-1 中的测试数据，在 $\tau_{\mathrm{f}} \sim \sigma$ 坐标中分别绘出 3 个总应力极限应力圆和极限有效应力圆，如图 5.18 所示，分别作总应力圆和有效应力圆的强度包线，量得总应力强度指标 $c_{\mathrm{cu}} = 10\text{kPa}$、$\varphi_{\mathrm{cu}} = 18°$，有效应力强度指标 $c' = 6\text{kPa}$、$\varphi' = 27°$。

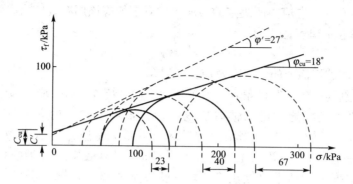

图5.18　总应力强度包线和有效应力强度包线

5.2.6　抗剪强度指标的选用

土的抗剪强度指标对地基或土工建筑物的稳定分析起主要作用，如果指标选择不当，将会使稳定分析计算结果严重偏离实际情况。所以在选择抗剪强度指标这个问题上，要紧密结合工程实际，考虑土体的实际受力情况和排水条件等因素，尽量选用试验条件与实际工程条件相一致的抗剪强度指标。

在实际工程中，有效应力法是一种比较合理的分析方法，其优点在于能够确定任何固结情况下土的抗剪强度，而且指标比较稳定和有规律，能够较好地模拟土体的实际固结情况，可较精确地分析土体中不同部位不同固结程度的稳定性。但在应用时，需要计算或实测土中孔隙水压力的实际分布情况，有时这些不易做到，这在一定程度上限制了有效应力法的使用。

在总应力法的3种试验方法中，究竟选用哪种方法来测定土的抗剪强度指标，主要应根据土的实际受力情况和排水条件而具体分析，具体如下。

（1）如地基为饱和粘性土，且土层厚度较大，渗透性较弱，排水条件不好（无夹砂层），当建筑物施工进度快，估计在施工期间地基来不及固结就可能失去稳定，应考虑采用不排水剪或快剪测定的指标。

（2）如地基为饱和粘土层厚度较薄或有夹砂层时，其渗透性较强，排水条件较好，当施工速度较慢，施工期较长，估计在施工期间地基可能充分固结，则可采用排水剪或慢剪测定的指标。

（3）如建筑物已完工很久或在施工期固结已基本完成，但在运用过程中可能突然施加荷载，如水闸完工后挡水情况，可采用固结不排水剪或固结快剪测定的指标。

（4）若分析土坝坝身的稳定性时，一般地，施工期采用不饱和快剪指标，正常运用期则采用饱和固结快剪指标。当分析水库水位骤然下降的坝体稳定性时，也应采用饱和固结快剪指标。

5.3　地基承载力

所谓地基承载力，是指地基单位面积上所能承受荷载的能力。地基承载力一般可分为地基极限承载力和地基承载力特征值两种。地基极限承载力是指地基发生剪切破坏丧失整体稳定时的地基承载力，是地基所能承受的基底压力极限值（极限荷载），用 p_u 表示；地基承载力特征值(地基容许承载力)则是满足土的强度稳定和变形要求时的地基承载能力，以 f_a 表示。将地基极限承载力除以安全系数 K，即为地基承载力特征值。

要研究地基承载力，首先要研究地基在荷载作用下的破坏类型和破坏过程。

5.3.1　地基的破坏类型与变形阶段

现场载荷试验和室内模型试验表明，在荷载作用下，建筑物地基的破坏通常是由于承载力不足而引起的剪切破坏，地基剪切破坏随着土的性质而不同，一般可分为整体剪切破坏、局部剪切破坏和冲切剪切破坏 3 种类型。3 种不同破坏类型的地基作用荷载 p 和沉降 s 之间的关系，即 $p \sim s$ 曲线如图 5.19 所示。

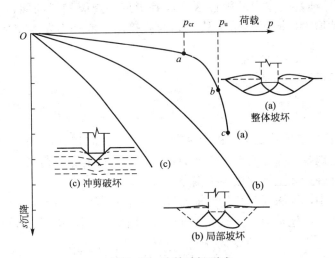

图 5.19　地基破坏型式

1. 整体剪切破坏

对于比较密实的砂土或较坚硬的粘性土，常发生这种破坏类型。其特点是地基中产生连续的滑动面一直延续到地表，基础两侧土体有明显隆起，破坏时基础急剧下沉或向一侧突然倾斜，$p \sim s$ 曲线有明显拐点，如图 5.19(a)所示。

2. 局部剪切破坏

在中等密实砂土或中等强度的粘性土地基中都可能发生这种破坏类型。局部剪切破坏的特点是基底边缘的一定区域内有滑动面，类似于整体剪切破坏，但滑动面没有发展到地表，基础两侧土体微有隆起，基础下沉比较缓慢，一般无明显倾斜，$p \sim s$ 曲线拐点不易确定，如图 5.19(b)所示。

3. 冲切剪切破坏

若地基为压缩性较高的松砂或软粘土时，基础在荷载作用下会连续下沉，破坏时地基无明显滑动面，基础两侧土体无隆起也无明显倾斜，基础只是下陷，就像"切入"土中一样，故称为冲切剪切破坏，或称刺入剪切破坏。该破坏形式的 $p \sim s$ 曲线也无明显的拐点，如图 5.19(c)所示。

4. 地基变形的 3 个阶段

根据地基从加荷到整体剪切破坏的过程，地基的变形一般经过 3 个阶段。

1）弹性变形阶段

当基础上的荷载较小时，地基主要产生压密变形，$p \sim s$ 曲线接近于直线，如图 5.19(a) 曲线的 oa 段，此时地基中任意点的剪应力均小于抗剪强度，土体处于弹性平衡状态。

2）塑性变形阶段

在图 5.19(a) 曲线中，拐点 a 所对应的荷载称临塑荷载，用 p_{cr} 表示。当作用荷载超过临塑荷载 p_{cr} 时，首先在基础边缘地基中开始出现剪切破坏，剪切破坏随着荷载的增大而逐渐形成一定的区域，称为塑性区。$p \sim s$ 呈曲线关系，如图 5.19(a) 曲线的 ab 段。

3）破坏阶段

在图 5.19(a) 曲线中，拐点 b 所对应的荷载称为极限荷载，以 p_u 表示。当作用荷载达到极限荷载 p_u 时，地基土体中的塑性区发展到形成一连续的滑动面，若荷载略有增加，基础变形就会突然增大，同时地基土从基础两侧挤出，地基因发生整体剪切破坏而丧失稳定。

5.3.2　地基的临塑荷载与临界荷载

1. 临塑荷载

临塑荷载 p_{cr}：是指地基土中即将产生塑性区（即基础边缘将要出现剪切破坏）时对应的基底压力，也是地基从弹性变形阶段转为塑性变形阶段的分界荷载。临塑荷载可根据土中应力计算的弹性理论和土体的极限平衡条件导出。

设在均质地基中，埋深 d 处作用一条形均布铅直荷载 p，如图 5.20 所示。

根据弹性理论，在地基中任一深度 M 点处产生的大、小主应力的计算公式

$$\begin{matrix} \sigma_1 \\ \sigma_3 \end{matrix} = \frac{p - \gamma_0 d}{\pi}(\beta_0 \pm \sin\beta_0) + \gamma_0 d + \gamma Z \tag{5-19}$$

式中　β_0——任意点 M 点与基底两侧连线的夹角，弧度；

　　　γ_0——基底以上土的加权平均重度，kN/m^3；

　　　γ——基底以下土的重度，地下水位以下用有效重度，kN/m^3。

当 M 点达到极限平衡状态时，该点的大、小主应力应满足式（5-19）的极限平衡条件。

整理后得

$$z = \frac{(p - \gamma_0 d)}{\gamma \pi}\left(\frac{\sin\beta_0}{\sin\varphi} - \beta_0\right) - \frac{c}{\gamma \tan\varphi} - \frac{\gamma_0}{\gamma}d \tag{5-20}$$

上式为塑性区的边界方程，它表示塑性区边界上任一点的 z 与 β_0 之间的关系。如果基础的埋置深度 d、荷载 p 以及土的性质指标 γ、c、φ 均已知，根据式（5-20）可绘出塑性区的边界线，如图 5.21 所示。

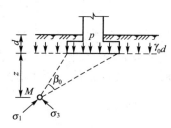

图 5.20　条形均布荷载作用下地基中的主应力

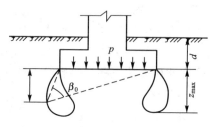

图 5.21　条形基础底面边缘的塑性区

在实际应用时，一般只需要了解在一定的荷载 p 作用下塑性区开展的最大深度 z_{max}。为计算塑性区开展的最大深度 z_{max} 可由 $dz/d\beta_0=0$ 的条件求得，即

$$\frac{dz}{d\beta}=\frac{p-\gamma_0 d}{\gamma\pi}\left(\frac{\cos\beta_0}{\sin\varphi}-1\right)=0 \qquad (5-21)$$

由式 $(5-21)$ 得出 $\cos\beta_0=\sin\varphi$，所以当 $\beta_0=\pi/2-\varphi$ 时式 $(5-20)$ 有极值。将 $\beta_0=\pi/2-\varphi$ 代回原式 $(5-20)$ 中，即可得到塑性变形区开展的最大深度为

$$z_{max}=\frac{(p-\gamma_0 d)}{\gamma\pi}\left[\cot\varphi-\left(\frac{\pi}{2}+\varphi\right)\right]-\frac{c}{\gamma\tan\varphi}-\frac{\gamma_0}{\gamma}d \qquad (5-22)$$

由上式可见，在其他条件不变的情况下，p 增大时，z_{max} 也增大（即塑性区发展）。若 $z_{max}=0$，则表示地基即将产生塑性区，与此相应的基底压力 p 即为临塑荷载 p_{cr}。因此，令 $z_{max}=0$，得临塑荷载的计算式为

$$p_{cr}=\frac{\pi(\gamma_0 d+c\cdot\cot\varphi)}{\cot\varphi-\frac{\pi}{2}+\varphi}+\gamma_0 d=N_c\cdot c+N_q\cdot\gamma_0 d \qquad (5-23)$$

式中　N_c、N_q——承载力系数，是内摩擦角的函数，即

$$N_c=\frac{\pi\cot\varphi}{\cot\varphi-\frac{\pi}{2}+\varphi}$$

$$N_q=\frac{\cot\varphi+\frac{\pi}{2}+\varphi}{\cot\varphi-\frac{\pi}{2}+\varphi}$$

临塑荷载可作为地基承载力特征值，即

$$f_a=p_{cr} \qquad (5-24)$$

2. 临界荷载

一般情况下将临塑荷载 p_{cr} 作为地基承载力特征值（或地基容许承载力）是偏于保守和不经济的。经验表明，在大多数情况下，即使地基中发生局部剪切破坏，存在塑性变形区，但只要塑性区的范围不超过某一容许限度，就不至影响建筑物的安全和正常使用。地基的塑性区的容许界限深度与建筑类型、荷载性质及土的特性等因素有关。一般认为，在中心荷载作用下，塑性区的最大深度 z_{max} 可控制在基础宽度的 $1/4$，即 $z_{max}=b/4$，相应的基底压力用 $p_{1/4}$ 表示。在偏心荷载作用下，令 $z_{max}=b/3$，相应的基底压力用 $p_{1/3}$ 表示。$p_{1/4}$ 和 $p_{1/3}$ 统称临界荷载，临界荷载可作地基承载力特征值。

将 $z_{max}=b/3$ 或 $b/4$ 代入式 $(5-23)$，整理得相应的临界荷载 $p_{1/3}$ 或 $p_{1/4}$ 为

$$p_{1/3}=\frac{\pi\left(\gamma_0 d+c\cdot\cot\varphi+\frac{1}{3}\gamma b\right)}{\cot\varphi-\frac{\pi}{2}+\varphi}=N_{\frac{1}{3}}\cdot\gamma b+N_c\cdot c+N_q\cdot\gamma_0 d \qquad (5-25)$$

$$p_{1/4}=\frac{\pi\left(\gamma_0 d+c\cdot\cot\varphi+\frac{1}{4}\gamma b\right)}{\cot\varphi-\frac{\pi}{2}+\varphi}=N_{\frac{1}{4}}\cdot\gamma b+N_c\cdot c+N_q\cdot\gamma_0 d \qquad (5-26)$$

式中　$N_{1/3}$、$N_{1/4}$——承载力系数，是内摩擦角的函数，即

$$N_{1/3}=\frac{\pi}{3\left(\cot\varphi-\frac{\pi}{2}+\varphi\right)}, \qquad N_{1/4}=\frac{\pi}{4\left(\cot\varphi-\frac{\pi}{2}+\varphi\right)}$$

其余符号意义同前。

临塑荷载 p_{cr}、临界荷载 $p_{1/3}$ 和 $p_{1/4}$ 的计算式是在条形均布荷载作用下导出的，对于矩形和圆形基础，其结果偏于安全。

[例题 5-3] 有一条形基础，宽度 $b=3\mathrm{m}$，埋置深度 $d=1\mathrm{m}$。地基土的重度水上 $\gamma=19\mathrm{kN/m^3}$，水下饱和重度 $\gamma_{sat}=20\mathrm{kN/m^3}$，土的抗剪强度指标 $c=10\mathrm{kPa}$，$\varphi=10°$。试求：(1)无地下水时的临界荷载 $p_{1/4}$，$p_{1/3}$；(2)若地下水位升至基础底面时，地基承载力有何变化呢？

解： (1) 由 $\varphi=10°$，计算得 $N_{1/3}=0.24$，$N_{1/4}=0.18$，$N_q=1.73$，$N_c=4.17$。代入式(5-25)、式(5-26)得到

$$p_{1/3}=N_{1/3}\gamma b+N_q\gamma_0 d+N_c c=0.24\times19\times3+1.73\times19\times1+10\times4.17=88.3(\mathrm{kPa})$$

$$p_{1/4}=N_{1/4}\gamma b+N_q\gamma_0 d+N_c c=0.18\times19\times3+1.73\times19\times1+10\times4.17=84.8(\mathrm{kPa})$$

(2) 当地下水位上升至基础底面时，若假设土的强度指标 c、φ 值不变，因而承载力系数同上。地下水位以下土的重度采用有效重度 $\gamma'=20-9.8=10.2\mathrm{kN/m^3}$。将 γ' 及承载力系数等值代入式(5-25)、式(5-26)中，即可得出地下水位上升后的地基承载力为

$$p_{1/3}=N_{1/3}\gamma' b+N_q\gamma_0 d+N_c c=0.24\times10.2\times3+1.73\times19\times1+10\times4.17=81.9(\mathrm{kPa})$$

$$p_{1/4}=N_{1/4}\gamma' b+N_q\gamma_0 d+N_c c=0.18\times10.2\times3+1.73\times19\times1+10\times4.17=80.1(\mathrm{kPa})$$

从计算可以看出，当有地下水时，会降低地基承载力值。故当地下水位升高较大时，对地基的稳定不利。

5.3.3 地基的极限荷载

地基的极限荷载 p_u（即极限承载力）是指地基濒于发生整体破坏时的最大基底压力，即地基从塑性变形阶段转为破坏阶段的分界荷载。极限荷载的计算理论，根据地基不同的破坏类型有所不同，但目前的计算公式均是按整体剪切破坏模式推导的，只是有的计算公式可根据经验修正后，用于其他破坏模式的计算。下面介绍工程界常用的太沙基公式和汉森公式。

1. 太沙基公式

太沙基(K. Terzaghi)在作极限荷载计算公式推导时，假定条件为：①基础为条形浅基础；②基础两侧埋置深度 d 范围内的土重被视为边荷载 $q=\gamma_0 d$，而不考虑这部分土的抗剪强度；③基础底面是粗糙的；④在极限荷载 p_u 作用下，地基中的滑动面如图 5.22 所示，滑动土体共分为 5 个区(左右对称)。

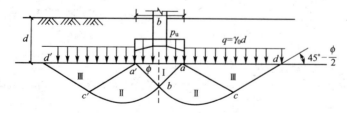

图 5.22 太沙基承载力理论假设的滑动面

Ⅰ区——基底下的楔形压密区($a'ab$)，因基底与土体之间的摩擦力，能阻止基底处土体发生剪切位移，因此直接位于基底下的土不会处于塑性平衡状态，而是处于弹性平衡状态。楔体与基底面的夹角为φ，在地基破坏时该区随基础一同下沉。

Ⅱ区——为辐射受剪区，滑动面bc及bc'是按对数螺旋线变化所形成的曲面。

Ⅲ区——为朗肯被动土压力区，滑动面cd及$c'd'$为直线，它与水平面的夹角为$45-\varphi/2$，作用于ab和$a'b$面上的力是被动土压力。

根据弹性楔形体$a'ab$的静力平衡条件求得的太沙基极限荷载p_u的计算公式为

$$p_u = \frac{1}{2}\gamma b N_r + q N_q + c N_c \tag{5-27}$$

式中　　　　b——基础宽度，m；

　　　　　　γ——基础底面以下土的重度，kN/m^3；

　　　　　　q——基础的旁侧荷载，$q=\gamma_0 d$，kPa；

　　　　　　γ_0——基础底面以上土的重度加权平均值，kN/m^3；

　　　　　　d——基础埋深，m；

N_r、N_q、N_c——承载力系数，仅与土的内摩擦角有关，可由表5-2查得。

表 5-2　太沙基公式承载力系数

$\varphi°$	N_c	N_q	N_r	N_c'	N_q'	N_r'
0	5.7	1.0	0.0	5.7	1.0	0.0
5	7.3	1.6	0.5	6.7	1.4	0.2
10	9.6	2.7	1.2	8.0	1.9	0.5
15	12.9	4.4	2.5	9.7	2.7	0.9
20	17.7	7.4	5.0	11.8	3.9	1.7
25	25.1	12.7	9.7	14.8	5.6	3.2
30	37.2	22.5	19.7	19.0	8.3	5.7
34	52.6	36.5	35.0	23.7	11.7	9.0
35	57.8	41.4	42.4	25.2	12.6	10.1
40	95.7	81.3	100.4	34.9	20.5	18.8

以上公式适用于条形荷载作用下地基土整体剪切破坏情况，即适用于坚硬粘土和密实砂土。对于地基发生局部剪切破坏的情况，太沙基建议对土的抗剪强度指标进行折减，即取$c'=2c/3$，$\tan\varphi'=(2\tan\varphi)/3$。根据调整后的指标并由$\varphi$查得$N_c$、$N_q$、$N_\gamma$，按式(5-27)计算条形基础局部剪切破坏的极限承载力。或者由φ查取表5-2中的N_c'、N_q'、N_γ'，按下式计算极限承载力，即

$$p_u = (2/3)cN_c' + qN_q' + (1/2)\gamma b N_\gamma' \tag{5-28}$$

对于圆形或方形基础，太沙基建议用下列半经验公式计算地基极限承载力。

(1) 对于方形基础(边长为b)：

整体剪切破坏

$$p_u = 1.2cN_c + qN_q + 0.4\gamma b N_\gamma \tag{5-29}$$

局部剪切破坏

$$p_u = 0.8cN'_C + qN'_q + 0.4\gamma bN'_\gamma \qquad (5-30)$$

（2）对于圆形基础（半径为b）：

整体剪切破坏

$$p_u = 1.2cN_c + qN_q + 0.6\gamma bN_\gamma \qquad (5-31)$$

局部剪切破坏

$$p_u = 0.8cN'_C + qN'_q + 0.6\gamma bN'_\gamma \qquad (5-32)$$

按照太沙基公式计算得到的地基极限承载力 p_u 除以安全系数 K，即可得到地基承载力特征值 f_a，一般取安全系数 $F_s = 2\sim3$。

[例题5-4] 有一条形基础，宽度 $b = 6m$，埋置深度 $d = 1.5m$，其上作用中心荷载 $\overline{P} = 1500kN/m$。地基土质均匀，重度 $\gamma = 19kN/m^3$，土的抗剪强度指标 $c = 20kPa$，$\varphi = 20°$，若安全系数 $F_s = 2.5$，试验算：（1）地基的稳定性；（2）当 $\varphi = 15°$ 时地基的稳定性又如何？

解：（1）当 $\varphi = 20°$ 时的稳定性验算：

求基底压力

$$p = \frac{\overline{P}}{b} = 1500/6 = 250(kPa)$$

由 $\varphi = 20°$ 查表5-2得 $N_r = 5.0$、$N_q = 7.4$ 和 $N_c = 17.7$。将以上各值代入式（5-27），得到地基的极限荷载为

$$p_u = \frac{1}{2}\gamma bN_\gamma + qN_q + cN_c = \frac{1}{2}\times19\times6\times5 + 19\times1.5\times7.4 + 20\times17.7 = 849.9(kPa)$$

地基承载力特征值为

$$f_a = \frac{p_u}{F_s} = \frac{849.9}{2.5} = 340.0(kPa)$$

因为基底压力 p 小于地基承载力特征值 f_a，所以地基是稳定的。

（2）验算 $\varphi = 15°$ 时的地基稳定性：

由 $\varphi = 15°$ 查表5-2得 $N_r = 2.5$，$N_q = 4.4$，$N_c = 12.9$。将各值代入式（5-27），得到地基的极限承载力为

$$p_u = \frac{1}{2}\times19\times6\times2.5 + 19\times1.5\times4.4 + 20\times12.9 = 525.9(kPa)$$

$$f_a = \frac{p_u}{F_s} = \frac{525.9}{2.5} = 210.36(kPa)$$

此时因为 p 大于 f_a，所以地基稳定性不满足要求。

通过计算可以看出，当其他条件不变，仅 φ 由 $20°$ 减小为 $15°$ 时，地基承载力特征值几乎减小一半，可见地基土的内摩擦角 φ 值对地基承载力影响极大。

2. 汉森公式

汉森（Hansen. B. J，1961年）公式是半经验公式，由于适用范围较广，对水利工程有实用意义。

汉森公式的基本形式与太沙基公式类似，所不同的是汉森公式中考虑了荷载倾斜、基础形状及基础埋深等影响，但承载力系数与太沙基公式中不同。

汉森公式的普遍形式为

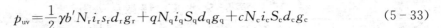

$$p_{uv} = \frac{1}{2}\gamma b' N_r i_r s_r d_r g_r + q N_q i_q S_q d_q g_q + c N_c i_c S_c d_c g_c \tag{5-33}$$

式中　　　γ——基础底面下土的重度，水下用浮重度，kN/m^3；

$\quad\quad\quad b'$——基础的有效宽度，m，$b' = b - 2e_b$；

$\quad\quad\quad e_b$——荷载的偏心距，m；

$\quad\quad\quad b$——基础实际宽度，m；

$\quad\quad\quad q$——基础底面以上的均荷载，kPa；

$\quad\quad\quad c$——地基土的粘聚力，kPa；

N_r、N_q、N_c——汉森承载力系数，可查表5-3；

S_r、S_q、S_c——与基础形状有关的形状系数，其值查表5-4；

d_r、d_q、d_c——与基础埋深有关的深度系数：$d_r = 1$，$d_q \approx d_c \approx 1 + 0.35\dfrac{d}{b'}$，式适用于$d/$

$\quad\quad\quad\quad b' < 1$的情况，当$d/b'$很小时，可不考虑此系数；

$\quad\quad\quad d$——基础埋深；

i_r、i_q、i_c——与荷载倾角有关的荷载倾斜系数。按土的内摩擦角φ与荷载倾角δ（荷载

$\quad\quad\quad\quad$作用线与铅直线的夹角）由表5-5查得；

g_r、g_q、g_c——与基础以外地基表面倾斜有关的倾斜修正系数（图5.23）。

表5-3　汉森承载力系数

$\varphi°$	N_r	N_q	N_c	$\varphi°$	N_r	N_q	N_c
0	0	1.00	5.14	24	6.90	9.61	19.33
2	0.01	1.20	5.69	26	9.53	11.83	22.25
4	0.05	1.43	6.17	28	13.13	14.71	25.80
6	0.14	1.72	6.82	30	18.09	18.40	30.15
8	0.27	2.06	7.52	32	24.95	23.18	35.50
10	0.47	2.47	8.35	34	34.54	29.45	42.18
12	0.76	2.97	9.29	36	48.08	37.77	50.61
14	1.16	3.58	10.37	38	67.43	48.92	61.36
16	1.72	4.34	11.62	40	95.51	64.23	75.36
18	2.49	5.25	13.09	42	136.72	85.36	93.69
20	3.54	6.40	14.83	44	198.77	115.35	118.41
22	4.96	7.82	16.89	45	240.95	134.86	133.86

表5-4　基础形状系数

基础形状	形状系数	
	S_c、S_q	S_r
条形	1.0	1.0
矩形	$1 + 0.3b'/L$	$1 - 0.4b'/L$
方形及圆形	1.2	0.6

表 5-5 汉森倾斜系数 i_r、i_q、i_c

$\varphi°$ \ $\tan\delta$ / i	0.1 i_r	i_q	i_c	0.2 i_r	i_q	i_c	0.3 i_r	i_q	i_c	0.4 i_r	i_q	i_c
6	0.64	0.80	0.53									
10	0.72	0.85	0.75									
12	0.73	0.85	0.78	0.40	0.63	0.44						
16	0.73	0.85	0.81	0.46	0.68	0.58						
18	0.73	0.85	0.82	0.47	0.69	0.61	0.23	0.48	0.36			
20	0.72	0.85	0.82	0.47	0.69	0.63	0.26	0.51	0.42			
22	0.72	0.85	0.82	0.47	0.69	0.64	0.27	0.52	0.45	0.10	0.32	0.22
26	0.70	0.84	0.82	0.46	0.68	0.65	0.28	0.53	0.48	0.15	0.38	0.32
28	0.69	0.83	0.82	0.45	0.67	0.65	0.27	0.52	0.48	0.15	0.39	0.34
30	0.69	0.83	0.82	0.44	0.67	0.65	0.27	0.52	0.49	0.15	0.39	0.35
32	0.68	0.82	0.81	0.43	0.66	0.64	0.26	0.51	0.49	0.15	0.39	0.36
34	0.67	0.82	0.81	0.42	0.65	0.64	0.25	0.50	0.49	0.14	0.38	0.36
36	0.66	0.81	0.81	0.41	0.64	0.63	0.25	0.50	0.47	0.14	0.37	0.36
38	0.65	0.80	0.80	0.40	0.63	0.62	0.24	0.49	0.47	0.13	0.37	0.35
40	0.64	0.80	0.79	0.36	0.62	0.62	0.23	0.48	0.47	0.13	0.36	0.35
44	0.61	0.78	0.78	0.36	0.60	0.59	0.20	0.45	0.47	0.11	0.33	0.32
45	0.61	0.78	0.78	0.35	0.60	0.59	0.19	0.44	0.44	0.11	0.33	0.32

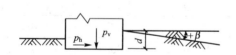

图 5.23 地表倾斜情况

$$g_c = 1 - \frac{\beta}{147°}$$

$$g_q = g_r = (1 - 0.5\tan\beta)^5$$

相应水平极限荷载的汉森公式为

$$p_{uh} = p_{uv}\tan\delta \qquad (5-34)$$

地基承载力特征值（或地基容许承载力）为

$$f_a = p_{uv}/F_S \qquad (5-35)$$

式中：安全系数 F_s，一般取 2～2.5，对于软弱地基或重要建筑物可大于 2.5。

[例题 5-5] 某条形水闸基础，地基土的饱和重度 $\gamma_{sat} = 21.0\text{kN/m}^3$，湿重度 $\gamma = 20\text{kN/m}^3$，地下水位与基底齐平，基土的内摩擦角 $\varphi = 16°$，粘聚力 $c = 18\text{kPa}$，基础宽度 $b = 18\text{m}$，基础埋深 $d = 1.6\text{m}$，闸前后地形平整（即不考虑地面倾斜系数）。水闸刚建成未挡水时，垂直总荷载 $P = 2055\text{kN/m}$，偏心距 $e_b = 0.21\text{m}$。在设计水位时，垂直总荷载 $P = 1530\text{kN/m}$，偏心距 $e_b = 0.78\text{m}$。总水平荷载为 300kN/m。试按汉森公式分别求出水闸刚建成未挡水时及设计水位情况下地基的容许承载力，并验算该水闸是否安全。

解：（1）水闸刚建成未挡水时，由 $\varphi = 16°$，查表 5-3 得 $N_q = 4.34$，$N_c = 11.6$，N_r

1.72。因偏心距 $e_b=0.21m$，故有效宽度 $b'=b-2e_b=18-2\times0.21=17.58(m)$。由于 d/b' 很小，可不作深度修正。对于条形基础，形状系数 $S_r=S_q=S_c=1$。

由式(5-33)得极限荷载

$$p_{uv}=\frac{1}{2}\times(21-10)\times17.58\times1.72+1.6\times20\times4.34+18\times11.6=514(kPa)$$

取安全系数 $F_s=2$，则

$$f_a=\frac{p_{uv}}{F_s}=\frac{514}{2}=257(kPa)$$

而地基实际所受的最大压力为

$$p_{max}=\frac{2055}{18}\left(1+\frac{6\times0.21}{18}\right)=122(kPa)$$

因地基容许承载力 f_a 为257kPa远大于基底最大压应力122kPa，故水闸安全。

(2) 当水闸挡水至设计水位时，各承载力系数 N 值不变，但此时须作偏心荷载及水平荷载两种修正。因 $e_b=0.78$，故 $b'=b-2e_b=18-2\times0.78=16.44(m)$。

这时 $\tan\delta=\frac{300}{1530}=0.2$，根据 $\varphi=16°$ 查表 5-4 得 $i_r=0.46$，$i_q=0.68$，$i_c=0.58$；按式(5-33)得：

$$p_{uv}=\frac{1}{2}\times(21-10)\times16.44\times1.72\times0.46+20\times1.6\times4.34\times0.68+18\times11.6\times0.58$$
$$=287.08(kPa)$$

仍取安全系数 $F_s=2$，得

$$f_a=\frac{p_{uv}}{F_s}=\frac{287.08}{2}=143.54(kPa)$$

而此时地基所受的最大基底压力为

$$p_{max}=\frac{1530}{18}\times\left(1+\frac{6\times0.78}{18}\right)=107.1(kPa)$$

因此时地基容许承载力 f_a 仍大于基底最大压力 p_{max}，故水闸安全。

5.3.4 根据《地基规范》确定地基承载力特征值

《建筑地基基础设计规范》(GB 50007—2011)规定：地基承载力特征值可由载荷试验或其他原位试验、公式计算，并结合工程实践经验等方法确定。

1. 按载荷试验确定地基承载力特征值

对于设计等级为甲级的建筑物或地质条件复杂，土质不均，难以取得原状土样的杂填土、松砂、风化岩石等，采用现场荷载试验法，可以取得较精确可靠的地基承载力数值。

现场载荷试验是用一块承压板代替基础，承压板的面积不应小于 $0.25m^2$，对于软土不应小于 $0.5m^2$。在承压板上施加荷载，观测荷载与承压板的沉降量，根据测试结果绘出荷载与沉降关系曲线，即 $p\sim s$ 曲线，如图5.24所示，并依据下列规定确定地基承载力特征值。

(1) 当 $p\sim s$ 曲线上有比例界限时，取该比例界限所对应的荷载值。

(2) 当极限荷载小于对应比例界限的荷载值的2倍时，取极限荷载值的一半。

(3) 当不能按上述两条要求确定时，当承压板面积为 $0.25\sim0.50m^2$，可取 $s/b=0.01\sim0.015$ 所对应的荷载，但其值不应大于最大加载量的一半。

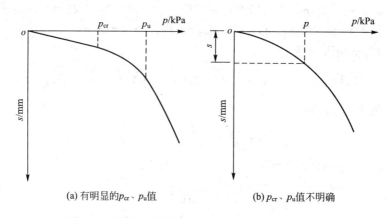

(a) 有明显的p_{cr}、p_u值　　　　　　　(b) p_{cr}、p_u值不明确

图 5.24　按静荷载试验 $p\sim s$ 曲线确定地基承载力

（4）同一土层参加统计的试验点不应少于 3 点，当试验实测值的极差不超过其平均值的 30%时，取此平均值作为该土层的地基承载力特征值 f_{ak}。

2. 按其他原位试验确定地基承载力特征值

1）静力触探试验

静力触探试验是利用机械或油压装置将一个内部装有传感器的探头以一定的匀速压入土中，由于地层中各土层的强度不同，探头在贯入过程中所受到的阻力也不同，用电子量测仪器测出土的比贯入阻力。土越软，探头的比贯入阻力越小，土的强度越低，土越硬，探头的比贯入阻力越大，土的强度越高。根据比贯入阻力与地基承载力之间的关系确定地基承载力特征值。这种方法一般适用于软粘土、一般粘性土、砂土和黄土等，但不适用于含碎石、砾石较多的土层和致密的砂土层。最大贯入深度为 30m。

静力触探试验目前在国内应用较广，我国不少单位通过对比试验，已建立了不少经验公式。不过这类经验公式具有很大的地区性，因此，在使用时要注意所在地区的适用性与土层的相似性。

2）标准贯入试验

标准贯入试验是先用钻机钻孔，再把上端接有钻杆的标准贯入器放置孔底，然后用质量 63.5kg 的穿心锤，以 76cm 的自由落距，将标准贯入器在孔底先预打入土中 15cm，再测记打入土中 30cm 的锤击数，称为标准贯入锤击数 N。标准贯入锤击数 N 越大，说明土越密实，强度越大，承载力越高。利用标准贯入锤击数与地基承载力之间的关系，可以得出相应的地基承载力特征值。标准贯入试验适用于砂土、粉土和一般粘性土。

3）动力触探试验

动力触探试验与标准贯入试验基本相同，都是利用一定的落锤能量，将一定规格的探头连同探杆打入土中，根据探头在土中贯入一定深度的锤击数，来确定各类土的地基承载力特征值。它与标准贯入试验不同的是采用的锤击能量、探头的规格及贯入深度不同。动力触探试验根据锤击能量及探头的规格分为轻型、重型和超重型 3 种。轻型动力触探适用于浅部的填土、砂土、粉土和粘性土；重型动力触探适用于砂土、中密以下的碎石土、极软岩；超重型适用于密实和很密的碎石土、软岩和极软岩。

除载荷试验外，静力触探、标准贯入试验和动力触探试验等原位试验，在我国已积累了丰富的经验，《建筑地基基础设计规范》（GB 50007—2011）允许将其应用于确定地基承载力特征值，但是强调必须有地区经验，即当地的对比资料。同时还应注意，当地基基础设计等级为甲级和乙级时，应结合室内试验成果综合分析，不宜独立应用。

3. 按公式计算确定地基承载力特征值

《建筑地基基础设计规范》(GB 50007—2011)建议：当偏心距 e 小于等于 0.033 倍的基底宽度时，可根据土的抗剪强度指标按下式确定地基承载力特征值 f_a，但尚应满足变形要求。

$$f_a = M_b\gamma b + M_d\gamma_m d + M_c c_k \tag{5-36}$$

式中　　f_a——由土的抗剪强度指标确定的地基承载力特征值，kPa；

M_b、M_d、M_c——承载力系数，可由土的内摩擦角 φ_k 查表 5-6；

γ_m——基础底面以上土的加权平均重度，地下水位以下取浮重度，kN/m³；

γ——基础底面以下土的重度，地下水位以下取浮重度，kN/m³；

b——基础底面宽度，当大于 6m 时按 6m 取值，对于砂土小于 3m 按 3m 取值；

c_k——基础底面以下一倍短边宽深度范围内土的粘聚力标准值。

表 5-6　承载力系数 M_b、M_d、M_c

土的内摩擦角标准值 φ_k/(°)	M_b	M_d	M_c
0	0	1.00	3.14
2	0.03	1.12	3.32
4	0.06	1.25	3.51
6	0.1	1.39	3.71
8	0.14	1.55	3.93
10	0.18	1.73	4.17
12	0.23	1.94	4.42
14	0.29	2.17	4.69
16	0.36	2.43	5.00
18	0.43	2.72	5.31
20	0.51	3.06	5.66
22	0.61	3.44	6.04
24	0.80	3.87	6.45
26	1.10	4.37	6.90
28	1.40	4.93	7.40
30	1.90	5.59	7.95
32	2.60	6.35	8.55
34	3.40	7.21	9.22
36	4.20	8.25	9.97
38	5.00	9.44	10.80
40	5.80	10.84	11.73

土的内摩擦角标准值 φ_k 和粘聚力标准值 c_k，可按下列规定计算。

（1）根据室内 n 组三轴压缩试验的结果，按下列公式计算某一土性指标的变异系数、试验平均值和标准差：

$$\delta = \frac{\sigma}{\mu} \tag{5-37}$$

$$\mu = \frac{\sum\limits_{i-1}^{n} \mu_i}{n} \tag{5-38}$$

$$\sigma = \sqrt{\frac{\sum\limits_{i=1}^{n} \mu_i^2 - n\mu^2}{n-1}} \tag{5-39}$$

式中　δ——变异系数；

μ——试验平均值；

σ——标准差。

（2）按下列公式计算内摩擦角和粘聚力的统计修正系数 ψ_{φ}、ψ_c：

$$\psi_{\varphi} = 1 - \left(\frac{1.704}{\sqrt{n}} + \frac{4.678}{n^2} \right) \delta_{\varphi} \tag{5-40}$$

$$\psi_c = 1 - \left(\frac{1.704}{\sqrt{n}} + \frac{4.678}{n^2} \right) \delta_c \tag{5-41}$$

式中　ψ_{φ}——内摩擦角的统计修正系数；

ψ_c——粘聚力的统计修正系数；

δ_{φ}——内摩擦角的变异系数；

δ_c——粘聚力的变异系数。

（3）内摩擦角标准值和粘聚力标准值：

$$\varphi_k = \psi_{\varphi} \varphi_m \tag{5-42}$$

$$c_k = \psi_c c_m \tag{5-43}$$

式中　φ_k——内摩擦角标准值；

c_k——粘聚力标准值；

φ_m——内摩擦角的试验平均值；

c_m——粘聚力试验平均值。

特别提示

φ_k——基础底面以下一倍短边宽深度范围内土的内摩擦角标准值。

4. 按经验方法确定地基承载力

对于简单场地上，荷载不大的中小工程，可根据邻近条件相似的建筑物的设计和使用情况，进行综合分析确定其地基承载力特征值。

5. 地基承载力特征值的修正

地基承载力除了与土的性质有关外，还与基础底面尺寸及埋深等因素有关。《建筑地基基础设计规范》(GB 50007—2011)规定，当基础的宽度 b 大于 3m，或者基础的埋置深度 d 大于 0.5m 时，从载荷试验或其他原位测试、经验值等方法确定的地基承载力特征值尚需按下式修正：

$$f_a = f_{ak} + \eta_b \gamma (b-3) + \eta_d \gamma_m (d-0.5) \qquad (5-44)$$

式中　f_a——修正后的地基承载力特征值，kPa；

　　　　f_{ak}——修正前的地基承载力特征值，kPa；

　η_b、η_d——基础宽度和埋置深度的承载力修正系数，按基底土的类别从表 5-7 中查取；

　　　　γ——基础底面以下土的重度，地下水位以下取浮重度，kN/m³；

　　　　γ_m——基础底面以上土的加权平均重度，地下水位以下取浮重度，kN/m³；

　　　　b——基础宽度，当基础宽度小于 3m 按 3m 计，大于 6m 按 6m 计；

　　　　d——基础埋置深度，m，一般自室外地面标高算起。在填方整平地区，可自填土地面标高算起，但填土在上部结构施工后完成时，应从天然地面标高算起。对于地下室，如采用箱形基础或筏基时，基础埋深自室外地面标高算起，当采用独立基础或条形基础时，应从室内地面标高算起。

表 5-7　承载力的宽深修正系数

土的类别		η_b	η_d
淤泥和淤泥质土		0	1.0
人工填土 e 或 I_L 大于等于 0.85 的粘性土		0	1.0
红粘土	含水比 $\alpha_w > 0.8$	0	1.2
	含水比 $\alpha_w \leqslant 0.8$	0.15	1.4
大面积压实填土	压实系数大于 0.95、粘粒含量 $\rho_c \geqslant 10\%$ 的粉土	0	1.5
	最大干密度大于 2.1t/m³ 的级配砂石	0	2.0
粉土	粘粒含量 $\rho_c \geqslant 10\%$ 的粉土	0.3	1.5
	粘粒含量 $\rho_c < 10\%$ 的粉土	0.5	2.0
e 及 I_L 均小于 0.85 的粘性土		0.3	1.6
粉砂、细砂(不包括很湿和饱和时的稍密状态)		2.0	3.0
中砂、粗砂、砾砂和碎石土		3.0	4.4

特别提示

(1) 强风化和全风化的岩石，可参照所风化成的相应土类取值，其它状态下的岩石不修正。

(2) 地基承载力特征值按规范附录 D 深层载荷试验时，η_d 取 0。

(3) 含水比是指土的天然含水量与液限的比值。

(4) 大面积压实填土是指填土范围大于两倍基础宽度的填土。

项 目 小 结

  土的抗剪强度与地基承载力是土力学的基本内容之一，也是建筑物基础设计计算的基本内容之一。无论是天然地基还是人工地基都需要确定土的抗剪强度与地基承载力，地基承载力是建筑物基础设计的主要依据。

  本项目内容主要包括：土的抗剪强度与极限平衡条件、土的抗剪强度指标的测定方法以及地基承载力。

  1. 土的抗剪强度

  土的抗剪强度是指土体抵抗剪切破坏的极限能力。其表达式也称为库仑定律，即：

$$\tau_f = \sigma \tan\varphi + c$$

它由两部分构成：内摩擦力 $\sigma\tan\varphi$ 和黏聚力 c，砂土的 $c=0$。

  2. 土的极限平衡条件式

  土的极限平衡状态是指土体在某一剪切面上的剪应力达到土的抗剪强度时（$\tau_f = \tau$），该点所处的应力状态。此时，土的莫尔圆与库仑直线相切。

  土的极限平衡条件式为在极限平衡条件下，土中某一点所承受的大主应力 σ_1 和小主应力 σ_3 之间的关系式。其表达式为

$$\sigma_{1f} = \sigma_3 \tan^2\left(45° + \frac{\varphi}{2}\right) + 2c\tan\left(45° + \frac{\varphi}{2}\right)$$

$$\sigma_{3f} = \sigma_1 \tan^2\left(45° - \frac{\varphi}{2}\right) - 2c\tan\left(45° - \frac{\varphi}{2}\right)$$

用土的极限平衡条件式可以判断土中任一点的应力是否达到破坏状态。

  3. 抗剪强度指标的测定

  土的抗剪强度的试验方法一般分室内试验和现场试验两类。室内试验常用的有直接剪切试验、三轴压缩试验、无侧限抗压强度试验等；现场常用的有十字板剪切试验等。不同的试验方法、不同的排水条件测得的抗剪强度指标完全不同。在实际应用中，要考虑土体的实际受力情况和排水条件等因素，尽量选用试验条件与实际工程条件相一致的强度指标。

  4. 地基的破坏类型与变形阶段

  在荷载作用下，建筑物地基的破坏形式分为整体剪切破坏、局部剪切破坏和冲切剪切破坏 3 种。对整体剪切破坏其破坏过程分为 3 个变形阶段，即弹性变形阶段、塑性变形阶段和破坏阶段。对应有 3 个荷载，分别如下。

  （1）临塑荷载 p_{cr} 是指地基土中将要而尚未出现塑性区（即基础边缘将要出现剪切破坏）时的基底压力。

  （2）临界荷载 $p_{1/4}$、$p_{1/3}$ 是指地基中塑性区的最大深度 z_{max} 等于基础宽度的 1/4 或 1/3 时，对应的基底压力。

  （3）极限荷载 p_u 是指地基濒于发生整体破坏时的最大基底压力。

5. 地基承载力的确定

地基承载力是指地基单位面积上所能承受荷载的能力。地基极限承载力 p_u 是指地基发生剪切破坏丧失整体稳定时的地基承载力，地基容许承载力 f 则是满足土的强度稳定和变形要求时的地基承载力。在实际应用中，如用临塑荷载作为地基容许承载力偏于保守；用临界荷载作为地基容许承载力比较合理，既安全、又能充分发挥地基的承载能力。用地基极限承载力除以安全系数，作为地基容许承载力也是比较合理的。

《建筑地基基础设计规范》(GB 50007—2011)中将地基承载力的允许值用地基承载力特征值 f_{ak} 表示，其概念为由载荷试验测定的地基土压力变形曲线线性变形内规定的变形所对应的压力值，其最大值为比例界限值。地基承载力特征值可由载荷试验或其他原位试验、公式计算，并结合工程实践经验等方法确定。

习 题

一、简答题

1. 土的抗剪强度指标实质上是抗剪强度参数，也就是土的强度指标，为什么？

2. 同一种土所测定的抗剪强度指标是有变化的，为什么？

3. 什么是土的极限平衡条件？粘性土和粉土与无粘性土的表达式有什么不同？

4. 影响土的抗剪强度的因素有哪些？

5. 如何理解不同的试验方法会有不同的土的强度，并在工程上如何选用？

6. 砂土与粘性土的抗剪强度表达式有何不同？同一土样的抗剪强度是不是一个定值？为什么？

7. 土的抗剪强度指标是什么？通常通过哪些室内试验、原位测试测定？

8. 简述直剪仪的优缺点。

二、填空题

1. 土抵抗剪切破坏的极限能力称为土的_____。

2. 无粘性土的抗剪强度来源于_____。

3. 粘性土处于应力极限平衡状态时，剪裂面与最大主应力作用面的夹角为_____。

4. 粘性土抗剪强度库仑定律的总应力的表达式_____，有效应力的表达式_____。

5. 粘性土抗剪强度指标包括_____和_____。

6. 一种土的含水量越大，其内摩擦角越_____。

7. 砂土的内聚力_____(大于、小于、等于)零。

三、选择题

1. 若代表土中某点应力状态的莫尔应力圆与抗剪强度包线相切，则表明土中该点( )。

    A. 任一平面上的剪应力都小于土的抗剪强度

    B. 某一平面上的剪应力超过了土的抗剪强度

    C. 在相切点所代表的平面上，剪应力正好等于抗剪强度

    D. 在最大剪应力作用面上，剪应力正好等于抗剪强度

2. 土中一点发生剪切破坏时，破裂面与小主应力作用面的夹角为( )。

    A. $45°+\varphi$ B. $45°+\dfrac{\varphi}{2}$ C. $45°$ D. $45°-\dfrac{\varphi}{2}$

3. 土的强度破坏通常是由于( )。

    A. 基底压力大于土的抗压强度所致

B. 土的抗拉强度过低所致

C. 土中某点的剪应力达到土的抗剪强度所致

D. 在最大剪应力作用面上发生剪切破坏所致

4. 十字板剪切试验常用于测定( )的原位不排水抗剪强度。

    A. 砂土   B. 粉土   C. 粘性土   D. 饱和软粘土

5. 土的强度实质上是土的抗剪强度,下列有关抗剪强度的叙述正确的是( )。

    A. 砂土的抗剪强度是由内摩擦力和粘聚力形成的

    B. 粉土、粘性土的抗剪强度是由内摩擦力和粘聚力形成的

    C. 粉土的抗剪强度是由内摩擦力形成的

    D. 在法向应力一定的条件下,土的粘聚力越大,内摩擦力越小,抗剪强度越大

四、计算题

1. 已知地基土的抗剪强度指标 $c=10$ kPa,$\varphi=30°$,问当地基中某点的大主应力 $\sigma_1=400$ kPa,而小主应力 σ_3 为多少时,该点刚好发生剪切破坏?

2. 已知土的抗剪强度指标 $c=20$ kPa,$\varphi=22°$,若作用在土中某平面上的正应力和剪应力分别为 $\sigma=100$ kPa,$\tau=60.4$ kPa,问该平面是否会发生剪切破坏?

3. 对某砂土试样进行三轴固结排水剪切试验,测得试样破坏时的主应力差 $\sigma_1-\sigma_3=400$ kPa,周围压力 $\sigma_3=100$ kPa,试求该砂土的抗剪强度指标。

4. 某土样的内摩擦角 $\varphi=26°$,粘聚力 $c=20$ kPa,承受大主应力 $\sigma_1=480$ kPa,小主应力 $\sigma_3=150$ kPa,试判断该土样是否达到极限平衡状态。

5. 某饱和粘土进行三轴固结不排水剪切试验测得 4 个试样剪损时的最大主应力、最小主应力和孔隙水压力见表 5-8。试用总应力法和有效应力法确定土的抗剪强度指标。

表 5-8 习题 4-5 附表

$\sigma_1/$kPa	145	228	310	401
$\sigma_3/$kPa	60	100	150	200
$u/$kPa	31	55	92	120

6. 某条形基础的宽度 $b=1.2$ m,基础埋深 $d=2.5$ m,地基土为均质土,湿重度为 $\gamma=18$ kN/m³,内摩擦角为 $\varphi=16°$,粘聚力为 $c=10$ kPa,地下水位埋藏很深,试求地基土的临塑荷载 p_{cr} 和临界荷载 $p_{1/4}$。

项目6

土压力与挡土墙

教学内容

　　本章将重点讲述各种条件下挡土墙朗肯和库伦土压力理论，并简要介绍土压力计算的《规范》方法，对土压力计算中存在的实际问题进行讨论；同时也简要介绍了重力式挡土墙的选型、构造要求与计算方法；最后，简要介绍了土坡稳定性的分析方法。

教学要求

知识要点	能力要求	权重
土压力的种类	掌握静止土压力、主动土压力、被动土压力的形成条件	15%
朗肯土压力理论	掌握朗肯土压力理论及土压力计算	25%
库伦土压力理论	掌握库伦土压力理论及土压力计算	25%
挡土墙设计	了解挡土墙的类型 掌握重力式挡土墙的设计计算	25%
土坡和地基稳定性	了解影响土坡稳定的因素 了解土坡稳定性分析 了解地基稳定性分析	10%

在土木工程实践中，常常需要计算作用在挡土墙上的侧压力，其中最主要的是土压力。土压力计算与土坡稳定性分析都是建立在土的强度理论基础之上的。本项目重点是朗肯和库伦土压力理论以及重力式挡土墙设计。关于土坡稳定性分析只要求作一般性的了解。

6.1 挡土墙上的土压力

土压力通常是指挡土墙后的填土因自重或外荷载作用对墙背产生的侧压力。由于土压力是挡土墙的主要外荷载，因此，设计挡土墙时首先要确定土压力的性质、大小、方向和作用点。土压力计算是一个比较复杂的问题，它随挡土墙可能位移的方向分为主动土压力、被动土压力和静止土压力。土压力的大小还与墙后土体的性质、墙背倾斜方向等因素有关。

挡土墙是防止土体坍塌的构筑物，在房屋建筑、水利、港口、交通等工程中得到广泛应用，如图 6.1 所示。

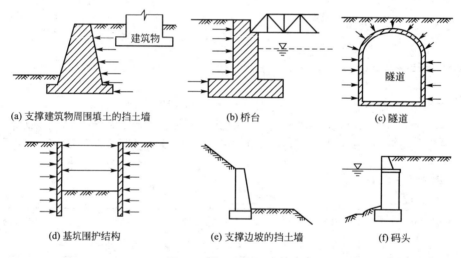

(a) 支撑建筑物周围填土的挡土墙　　(b) 桥台　　(c) 隧道

(d) 基坑围护结构　　(e) 支撑边坡的挡土墙　　(f) 码头

图 6.1　挡土墙应用举例

挡土墙设计包括结构类型选择、构造措施及计算。由于挡土墙墙背上作用着土压力，计算中挡土墙基础抗倾覆和抗滑移稳定性验算是十分重要的。

6.1.1　土压力的类型

根据挡土墙的位移情况和墙后土体所处的应力状态，土压力可分为以下 3 类。

1. 主动土压力

当挡土墙向离开土体方向偏移至土体达到极限平衡状态时，作用在墙背上的土压力称为主动土压力，如图 6.2(b)。主动土压力强度用 σ_a 表示，作用在每延米长挡土墙上的主动土压力合力用 E_a 表示。

2. 被动土压力

当挡土墙向土体方向偏移至土体达到极限平衡状态时，作用在墙背上的土压力称为被动土压力，如图 6.2(c)。被动土压力强度用 σ_p 表示，被动土压力的合力用 E_p 表示。

3. 静止土压力

当挡土墙静止不动，墙后土体处于弹性平衡状态时，作用在墙背上的土压力称为静止土压力，如图 6.2(a)。静止土压力强度用 σ_0 表示，静止土压力的合力用 E_0 表示。

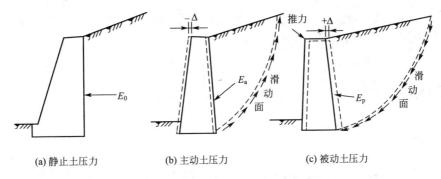

(a) 静止土压力　　(b) 主动土压力　　(c) 被动土压力

图 6.2　作用在挡土墙上的三种土压力

实验表明：在相同条件下，被动土压力 E_p 最大，主动土压力 E_a 最小，静止土压力 E_0 介于两者之间，即 $E_p>E_0>E_a$，而且产生被动土压力所需的位移 Δ_p 大大超过产生主动土压力的位移 Δ_a，如图 6.3 所示。

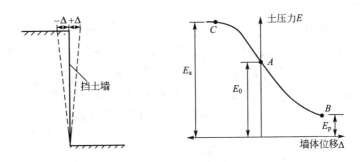

图 6.3　挡土墙位移与土压力关系

6.1.2　静止土压力计算

由于挡土墙一般都是条形构筑物，计算土压力时可以取一延米的挡土墙进行分析。对于静止土压力可按以下方法计算。在填土表面下任意深度 z 处取一微单元体，如图 6.4 所示，其上作用着土的竖向自重应力 γz，则该处的静止土压力强度 σ_0 可用下式计算，即

$$\sigma_0=K_0\gamma z \qquad (6-1)$$

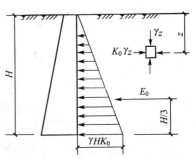

式中　γ——土的重度，kN/m^3；

　　K_0——静止土压力系数（或称土的静止侧压力系数）。

理论上 $K_0=\mu/(1-\mu)$，实际中 K_0 可通过试验测定，若无试验资料时，也可近似按 $K_0=1-\sin\varphi'$（φ' 为土的有效内摩擦角）计算。对于压实填土的 K_0

图 6.4　静止土压力的分布

值，查表 6-1 取用。

表 6-1　压实填土的静止土压力系数

土的名称	砾石、卵石	砂土	亚砂土（粉土）	亚粘土（粉质粘土）	粘土
K_0	0.20	0.25	0.35	0.45	0.55

由式(6-2)可知，静止土压力沿墙高 H 为三角形分布，静止土压力的合力 E_0 应为静止土压力分布图形的面积，即

$$E_0 = \frac{1}{2}\gamma H^2 K_0 \tag{6-2}$$

E_0 单位为 kN/m，作用点距墙底为 $H/3$，方向水平，如图 6.4 所示。

**知识链接**

公路桥涵设计通用规范(JTG D60—2004)规定。

6.2　朗肯土压力理论

6.2.1　基本原理

朗肯土压力理论是根据半无限土体内的应力状态和土的极限平衡条件得出的土压力计算方法。如图 6.5(a)所示半无限土体内的微单元体，在离地表 z 处取一微单元体 M，当整个土体都处于静止状态时，各点都处于弹性平衡状态。若土的重度为 γ，显然 M 单元体水平截面上的法向应力 $\sigma_z = \gamma z$；而竖直截面上的水平法向应力 σ_x 相当于静止土压力强度 $K_0 \gamma z$。由于半无限土体内每一竖直面都是对称面，因此竖直截面和水平截面上的剪应力为零，因而相应截面上的法向应力 σ_z 和 σ_x 都是主应力，此时的应力状态用莫尔圆表示为如图 6.5(b)所示的圆 I，由于该点处于弹性平衡状态，故莫尔圆没有和抗剪强度线相切。

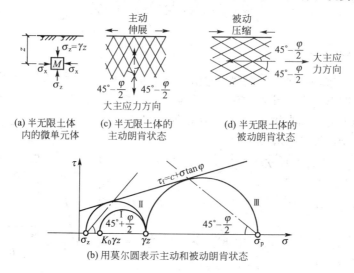

(a) 半无限土体内的微单元体　(c) 半无限土体的主动朗肯状态　(d) 半无限土体的被动朗肯状态

(b) 用莫尔圆表示主动和被动朗肯状态

图 6.5　半无限土体的极限平衡状态

设想由于某种原因使整个土体在水平方向均匀地伸张或压缩，使土体由弹性平衡状态转为塑性平衡状态。如果土体在水平方向伸张，则 M 单元竖直截面上的法向应力 σ_x 将逐渐减小，而在水平截面上的法向应力 σ_z 是不变的，当满足极限平衡条件时，即莫尔圆与抗剪强度线相切，如图 6.5(b)圆Ⅱ所示，称为主动朗肯状态，此时 σ_x 达到低限值是小主应力 σ_3，而 σ_z 是大主应力 σ_1。反之，如果土体在水平方向压缩，那么 σ_x 不断增大，而 σ_z 仍保持不变，直到满足极限平衡条件，称为被动朗肯状态，这时 σ_x 达到极限值，是大主应力 σ_1，而 σ_z 是小主应力 σ_3，莫尔圆为图 6.5(b)中的圆Ⅲ。

由于土体处于主动朗肯状态时 σ_1 所作用的面是水平面，故剪切破坏面与竖直面的夹角为 $(45-\varphi/2)$[图 6.5(c)]；当土体处于被动朗肯状态时 σ_1 所作用的面是竖直面，因而，剪切破坏面与水平面的夹角为 $(45-\varphi/2)$[图 6.5(d)]。

朗肯将上述原理应用于挡土墙的土压力计算中，设想用墙背竖直且光滑的挡土墙代替半无限土体左边的土(图 6.6)，则墙背与土的接触面上满足剪应力为零的边界应力条件及产生主动或被动朗肯状态的边界变形条件。由此可推导出主动和被动土压力的计算公式。

6.2.2 主动土压力

根据主动土压力的的概念与朗肯土压力理论的基本原理，相当于已知墙背上任意深度 z 处的竖向应力 σ_z 是大主应力 σ_1，来求解达到极限平衡时的水平应力 $\sigma_x=\sigma_3$，就是主动土压力强度 σ_a。根据极限平衡方程 $\sigma_3=\sigma_1\tan^2(45°-\varphi/2)-2c\tan(45°-\varphi/2)$ 可得

$$\sigma_a=\sigma_z K_a-2c\sqrt{K_a} \tag{6-3}$$

式中 K_a——朗肯主动土压力系数，$K_a=\tan^2(45°-\varphi/2)$；

c——填土的粘聚力，kPa；

φ——填土的内摩擦角，度。

1. 均质填土的主动土压力

对于墙后土体重度为 γ 的均质填土情况，如图 6.6 所示，此时墙背处任一点的竖向应力 $\sigma_z=\gamma z$，代入式(6-3)得

$$\sigma_a=\gamma z K_a-2c\sqrt{K_a} \tag{6-4}$$

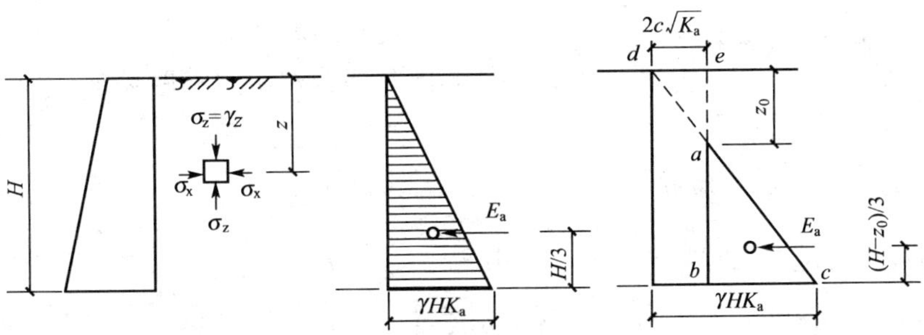

(a) 主动土压力的作用　(b) 无粘性土　(c) 粘性土

图 6.6　均质填土的主动土压力

（1）当填土为无粘性土（$c=0$）时，主动土压力强度与深度 z 成正比，沿墙高呈三角形分布，如图 6.6（b）所示。主动土压力合力大小为土压力分布图形的面积，即

$$E_a = \frac{1}{2}\gamma H^2 K_a \tag{6-5}$$

E_a 方向水平指向墙背，作用点距墙底为 $H/3$。

（2）若填土为粘性土和粉土（$c>0$），当 $z=0$（墙顶处）时，$\sigma_a = -2c\sqrt{K_a} < 0$，即出现拉应力区；$z=H$ 时，$\sigma_a = \gamma H K_a - 2c\sqrt{K_a}$。因此，对于粘性土和粉土在墙背上将出现压力为零的 a 点，a 点离填土面的深度 z_0 常称为临界深度，可令式（6-4）为零求得 z_0 值，即

$$z_0 = \frac{2c}{\gamma\sqrt{K_a}} \tag{6-6}$$

由于墙与土体为接触关系，实际上墙与土在很小的拉力作用下就会分离，故在计算土压力时，这部分应忽略不计，因此粘性土和粉土的土压力分布仅为 abc 部分，如图 6.6（c）所示，其主动土压力合力大小为 abc 部分的面积，即

$$E_a = \frac{1}{2}(\gamma H K_a - 2c\sqrt{K_a})(H-z_0) \tag{6-7}$$

E_a 方向水平指向墙背，作用点距墙底为 $(H-Z_0)/3$。

[例题 6-1] 有一挡土墙，高 5m，墙背直立、光滑，填土面水平。填土的物理力学指标如下：$c=10$kPa，$\varphi=20°$，$\gamma=18$kN/m³。试绘出主动土压力分布图，并求出主动土压力的合力大小，指出其方向与作用点的位置。

解：按朗肯土压力理论 $K_a = \tan^2(45°-\varphi/2) = \tan^2(45°-20°/2) = 0.49$

在墙底处的主动力土压力强度为

$$\sigma_a = \gamma H K_a - 2c\sqrt{K_a} = 18\times5\times0.49 - 2\times10\times\sqrt{0.49} = 30.1\text{(kPa)}$$

临界深度为

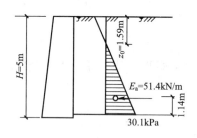

图 6.7 例题 6-1 附图

$$z_0 = 2c/(\gamma\sqrt{K_a})$$
$$= 2\times10/(18\times\sqrt{0.49}) = 1.59\text{(m)}$$

主动土压力强度的分布图如图 6.7 所示。

$$E_a = (H-z_0)(\gamma H K_a - 2c\sqrt{K_a})/2$$
$$= (5-1.59)\times(18\times5\times0.49 - 2\times$$
$$10\times\sqrt{0.49})/2$$
$$= 51.3\text{(kN/m)}$$

E_a 方向水平指向墙背，作用点距墙底为 $(H-Z_0)/3 = (5-1.59)/3 = 1.14$(m)。

2. 成层填土的主动土压力

当墙后填土为成层土时，式（6-3）中 $\sigma_z = \sum\gamma_i h_i$，即

$$\sigma_a = \sum\gamma_i h_i K_a - 2c\sqrt{K_a} \tag{6-8}$$

对于成层土由上式计算出各土层上、下层面处的主动土压力强度，绘出土压力分布图，其主动土压力的合力 E_a 为土压力压力分布图的面积，E_a 方向水平指向墙背，作用点可通过求合力矩的方法求出，详见例题 6-2。

3. 填土表面有垂直均布荷载作用时的主动土压力

当填土表面有垂直均布荷载 q 作用时，任一深度 z 处的竖向应力 $\sigma_z = \gamma z + q$，代入式(6-3)可得

$$\sigma_a = (q + \gamma z)K_a - 2c\sqrt{K_a} \tag{6-9}$$

由上式计算出主动土压力强度，绘出土压力分布图，其主动土压力的合力 E_a 为土压力压力分布图的面积，E_a 方向水平指向墙背，作用点可通过求合力矩的方法求出，详见例题 6-2。

[**例题 6-2**]　某挡土墙后填土为两层砂土，填土表面作用有连续均布荷载 $q=20\mathrm{kPa}$，如图 6.8 所示，试绘出主动土压力分布图，并求出主动土压力的合力大小，指出其方向与作用点的位置。

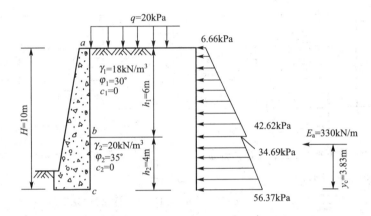

图 6.8　例题 6-2 附图

解：根据朗肯土压力理论

$$K_{a1} = \tan^2(45° - \varphi_1/2) = \tan^2(45° - 30°/2) = 0.333$$
$$K_{a2} = \tan^2(45° - \varphi_2/2) = \tan^2(45° - 35°/2) = 0.271$$

(1) 填土表面的主动土压力强度：

$$\sigma_a = qK_{a1} = 20 \times 0.333 = 6.66 (\mathrm{kPa})$$

(2) 第一层底部的主动土压力强度：

$$\sigma_a = (q + \gamma_1 h_1)K_{a1} = (20 + 18 \times 6) \times 0.333 = 42.62 (\mathrm{kPa})$$

(3) 第二层顶部的主动土压力强度：

$$\sigma_a = (q + \gamma_1 h_1)K_{a2} = (20 + 18 \times 6) \times 0.271 = 34.69 (\mathrm{kPa})$$

(4) 第二层底部的主动土压力强度：

$$\sigma_a = (q + \gamma_1 h_1 + \gamma_2 h_2)K_{a2} = (20 + 18 \times 6 + 20 \times 4) \times 0.271 = 56.37 (\mathrm{kPa})$$

主动土压力分布如图 6.8 所示。

由主动土压力分布图求得主动土压力的合力 E_a 为

$$E_a = 6.66 \times 6 + (42.62 - 6.66) \times 6/2 + 34.69 \times 4 + (56.37 - 34.69) \times 4/2$$
$$= 39.96 + 107.88 + 138.76 + 43.36 = 330.0 (\mathrm{kN/m})$$

E_a 方向水平指向墙背，设其作用点距墙底为 y_c，即

$$y_c = [39.96 \times (4+3) + 107.88 \times (4+2) + 138.76 \times 2 + 43.36 \times 4/3]/330.0 = 3.83 (\mathrm{m})$$

4. 墙后填土中有地下水时的总压力

当墙后填土有地下水时，作用在墙背上的总压力 E 为主动土压力 E_a 与水压力 E_w 之和。计算主动土压力时，一般可忽略水对砂土内摩擦角的影响，但计算竖向应力 σ_z 时，水位以下应采用浮重度 γ'。在墙底处水压力强度为 $\gamma_w H_2$，如图 6.9 所示，水压力合力 E_w 为

$$E_w = \frac{1}{2}\gamma_w H_2^2 \tag{6-10}$$

[**例题 6-3**] 某挡土墙高 6m，墙背直立、光滑，无粘性填土表面水平，如图 6.10 所示。地下水位距填土表面 2m，地下水位以上土的重度 $\gamma = 18\text{kN/m}^3$，地下水位以下土的饱和重度 $\gamma_{sat} = 19.3\text{kN/m}^3$，填土的内摩擦角 $\varphi = 35°$，试计算作用在挡土墙上的主动土压力与水压力。

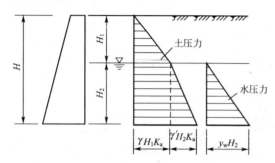
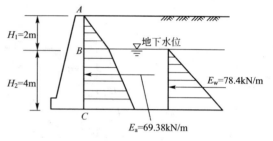

图 6.9　填土中有地下水时的主动土压力分布　　**图 6.10　例题 6-3 附图**

解： 根据朗肯土压力理论

$$K_a = \tan^2(45°-\varphi/2) = \tan^2(45°-35°/2) = 0.271$$

由式（6-3）分别计算图 6.10A、B、C 三点处的主动土压力强度分别为：

A 点：$\sigma_{aA} = 0$

B 点：$\sigma_{aB} = \gamma H_1 K_a = 18 \times 2 \times 0.271 = 9.76(\text{kPa})$

C 点：$\sigma_{aC} = (\gamma H_1 + \gamma' H_2)K_a = [18 \times 2 + (19.3-9.8) \times 4] \times 0.271 = 20.05(\text{kPa})$

主动土压力分布，如图 6.10 所示。

由主动土压力分布图求得主动土压力的合力 E_a 为

$$E_a = \frac{1}{2} \times 9.76 \times 2 + 9.76 \times 4 + \frac{1}{2} \times (20.05-9.76) \times 4$$

$$= 9.76 + 39.04 + 20.58 = 69.38(\text{kN/m})$$

水压力从地下水位到墙底为三角形分布，其合力为

$$E_w = \frac{1}{2}\gamma_w H_2^2 = \frac{1}{2} \times 9.8 \times 4^2 = 78.40(\text{kN/m})$$

墙背上的总压力为

$$E = E_a + E_w = 69.38 + 78.40 = 147.78(\text{kN/m})$$

E 方向水平指向墙背，设其作用点距墙底为 y_c，则

$$y_c = \frac{9.76 \times (4+2/3) + 39.04 \times 2 + 20.58 \times 4/3 + 78.40 \times 4/3}{69.38 + 78.40} = 1.73(\text{m})$$

6.2.3　被动土压力

根据被动土压力的概念与朗肯土压力理论的基本原理，相当于已知墙背上任意深度 z

处的竖向应力 σ_z 为小主应力 σ_3，来求解达到极限平衡时的水平应力 $\sigma_x = \sigma_1$，就是被动土压力强度 σ_p。根据极限平衡方程 $\sigma_1 = \sigma_3 \tan^2(45° + \varphi/2) + 2c\tan(45° + \varphi/2)$ 可得

$$\sigma_p = \sigma_z K_p + 2c\sqrt{K_p} \qquad (6-11)$$

式中　K_p——朗肯被动土压力系数，$K_p = \tan^2(45° + \varphi/2)$。

1. 均质无粘性土的被动土压力

当填土为均质无粘性土($c=0$)时，墙背处任一点的竖向应力 $\sigma_z = \gamma z$，被动土压力强度与深度 z 成正比，沿墙高呈三角形分布，如图 6.11(b)所示。被动土压力合力大小为土压力分布图形的面积，即

$$E_p = \frac{1}{2}\gamma H^2 K_p \qquad (6-12)$$

E_p 方向水平指向墙背，作用点距墙底为 $H/3$。

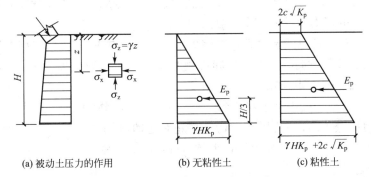

(a) 被动土压力的作用　(b) 无粘性土　(c) 粘性土

图 6.11　均质填土的被动土压力

2. 均质粘性土的被动土压力

当填土为均质粘性土时，由式(6-11)得：在墙顶处，竖向应力 $\sigma_z = 0$，则 $\sigma_p = 2c\sqrt{K_p}$；在墙底处，$\sigma_z = \gamma H$，则 $\sigma_p = \gamma H K_p + 2c\sqrt{K_p}$，被动土压力为梯形分布，如图 6.11 所示。被动土压力合力大小为土压力分布图形的面积，即

$$E_p = \frac{1}{2}\gamma H^2 K_p + 2cH\sqrt{K_p} \qquad (6-13)$$

E_p 方向水平指向墙背，作用点通过梯形分布图的形心。

6.3　库伦土压力理论

6.3.1　基本原理

库伦土压力理论是根据墙后土体处于极限平衡状态并形成一滑动楔体时，从楔体的静力平衡条件得出的土压力计算理论。其基本假设：①墙后的填土是理想的散粒体(粘聚力 $c=0$)；②滑动破坏面为一平面。

6.3.2　主动土压力

一般挡土墙的计算均属于平面应变问题，均沿墙的长度方向取 1m 进行分析，如图 6.12(a)所示。当墙向前移动或转动而使墙后土体沿某一破坏面 BC 破坏时，土楔 ABC

向下滑动而处于主动极限平衡状态。此时，作用于土楔 ABC 上的力如下。

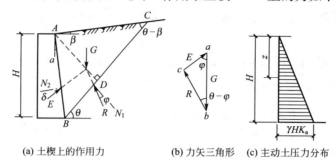

(a) 土楔上的作用力　　(b) 力矢三角形　　(c) 主动土压力分布

图 6.12　按库伦土压力理论求主动土压力

(1) 滑动楔体 ABC 的自重 G，若 θ 角为已知，则 G 的大小、方向及作用点均为已知。

(2) 滑动面 BC 上的反力 R，它与 BC 面法线间夹角为土的内摩擦角 φ，位于法线的下侧。滑动面 BC 上的反力 R 方向已知，大小未知。

(3) 墙背 AB 对土楔体的反力 E，与该力大小相等、方向相反，作用在墙上的土压力即为主动土压力。E 的方向与墙背法线间夹角为土对挡土墙背的摩擦角 δ，位于法线的下侧，该力方向已知，但大小未知。

当土楔体 ABC 处于极限平衡状态(即将滑动)时，根据静力平衡条件，G、E、R 三力构成一闭合的力矢三角形，如图 6.12(b)，按正弦定律可知：

$$E = G\sin(\theta-\varphi)/\sin(\theta-\varphi+\psi) \tag{6-14}$$

式中　$\psi=90°-\alpha-\delta$。

由式(6-14)可知，当图 6.12(a)中 α、β 角度值及填土的性质均为已知时，E 的大小仅取决于滑动面的倾角 θ。即 θ 变化，E 也变化，相应于 E 最大时的倾斜面，才是最危险的滑动，此时与 E_{max} 大小相等，方向相反作用在墙背上的力 E_a，才是所求的总主动土压力。为此，令 $dE/d\theta=0$，求出 θ 值，代入式(6-14)，整理得

$$E_a = \frac{1}{2}\gamma H^2 K_a \tag{6-15}$$

其中

$$K_a = \frac{\cos^2(\varphi-\alpha)}{\cos^2\alpha\cos(\alpha+\delta)\left[1+\sqrt{\dfrac{\sin(\varphi+\delta)\sin(\varphi-\beta)}{\cos(\alpha+\delta)\cos(\alpha-\beta)}}\right]^2} \tag{6-16}$$

式中　K_a——库伦主动土压力系数，是 φ、α、β、δ 角的函数，可由上式计算，也可以参见其他参考书查表；

　　　　H——挡土墙高度，m；

　　γ、φ——分别为墙后填土的重度，kN/m^3，及内摩擦角，度；

　　　　α——墙背的倾斜角，度，俯斜时取正号，仰斜时为负号；

　　　　β——墙后填土面的倾角，度；

　　　　δ——土对挡土墙背的摩擦角，称外摩擦角，度，可按以下规定取值：俯斜的混凝土或砌体墙取 $(1/2\sim2/3)\varphi$；台阶形墙背取 $(2/3)\varphi$；垂直混凝土或砌体墙取 $\varphi/3\sim\varphi/2$。

当符合朗肯土压力条件(即 $\alpha=\beta=\delta=0$)时，由公式(6-16)可得 $K_a=\tan^2(45°-\varphi/2)$。由

此可见，在特定条件下，朗肯土压力理论与库伦土压力理论所得的结果是相同的。

由式(6-15)可知主动土压力合力与墙高的平方成正比，为求得离墙顶为任意深度 z 处的主动土压力强度 σ_a，可将 E_a 对 z 取导数而得，即

$$\sigma_a = \frac{dE_a}{dz} = \gamma z K_a \tag{6-17}$$

由上式可见，主动土压力强度沿墙高成三角形分布，如图 6.12 所示。E_a 作用点在离墙底 $H/3$ 处，方向与墙背法线成 δ 角，位于法线的上方，与水平面的夹角为 $(\delta+\alpha)$。必须注意，在图 6.12(c)所示的土压力强度分布图中只表示其大小，而不代表其作用方向。

[例题 6-4] 某挡土墙高 4m，墙背的倾斜角 $\alpha=10°$(俯斜)，填土坡角 $\beta=30°$，回填砂土，其重度 $\gamma=18kN/m^3$，$\varphi=30°$，填土与墙背的摩擦角 $\delta=2\varphi/3=20°$，试计算作用于挡土墙上的主动土压力。

解： 由 $\varphi=30°$，$\delta=20°$，$\alpha=10°$，$\beta=30°$，代入式(6-16)，得 $K_a=1.051$。

总主动土压力：

$$E_a = \frac{1}{2}\gamma H^2 K_a$$

$$= \frac{1}{2}\times 18 \times 4^2 \times 1.051 = 151.3 \text{(kN/m)}$$

主动土压力合力作用在离墙底为 $H/3=4/3=1.33$m 处，方向与墙背法线成 $20°$夹角，位于法线的上方，如图 6.13所示。

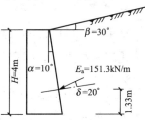

图 6.13 例题 6-4 图

6.3.3 被动土压力

当挡土墙受外力作用推向填土，直到土体沿某一破坏面 BC 破坏时，土楔 ABC 向上滑动，并处于被动极限平衡状态，如图 6.14(a)所示。此时土楔体 ABC 在其自重 G 和反力 R 和 E 作用下平衡，如图 6.14(b) 所示，R 和 E 的方向分别在 BC 和 AB 面法线的上方。按上述求主动土压力同样的原理可求得被动土压力合力 E_p 为

$$E_p = \frac{1}{2}\gamma H^2 K_p \tag{6-18}$$

其中

$$K_p = \frac{\cos^2(\varphi+\alpha)}{\cos^2\alpha\cos(\alpha-\delta)\left[1-\sqrt{\dfrac{\sin(\varphi+\delta)\sin(\varphi+\beta)}{\cos(\alpha-\delta)\ \cos(\alpha-\beta)}}\right]^2} \tag{6-19}$$

式中 E_p——库伦被动土压力系数，是 φ、α、β、δ 角的函数，可由上式计算而得。

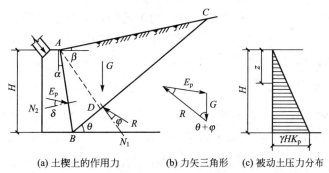

(a) 土楔上的作用力　　(b) 力矢三角形　　(c) 被动土压力分布

图 6.14 按库伦土压力理论求被动土压力

当符合朗肯土压力条件(即 $\alpha=\beta=\delta=0$)时，由公式(6-19)可得

$$K_p=\tan^2(45°+\varphi/2)$$

被动土压力 E_p 与墙背法线成 δ 角，位于法线下方，被动土压力强度沿墙背的分布仍呈三角形，挡土墙底部的被动土压力强度 $\sigma_p=\gamma HK_p$ 。

6.3.4 粘性土和粉土的主动土压力

库仑土压力理论假设墙后填土是理想的散粒体，也就是填土只有内摩擦角 φ ，而没有粘聚力 c ，因此，从理论上说库仑土压力理论只适用于无粘性土。但在实际工程中常常不得不用粘性土，为了考虑粘性土和粉土的粘聚力 c 对土压力的影响，在应用库仑公式时，曾有将内摩擦角 φ 增大，采用所谓"等代内摩擦角 φ_D "来综合考虑粘聚力对土压力的影响，但误差较大。对于粘性土和粉土，可采用以下方法确定。

1. 图解法(楔体试算法)

如果挡土墙的位移很大，足以使粘性土的抗剪强度充分，在离填土表面 z_0 的深度范围内将出现张拉裂缝，引用朗肯土压力理论的临界深度 $z_0=2c/(\gamma\sqrt{K_a})$ (K_a 为朗肯主动土压力系数)。

先假设一滑动面 $\overline{BD'}$ ，如图 6.15(a)所示，作用于滑动土楔 $A'BD'$ 上的力有：①土楔自重 G ；②滑动面 $\overline{BD'}$ 上的反力 R ，该反力与滑动面成 φ 角；③ $\overline{BD'}$ 面上的总粘聚力 $C=c\cdot\overline{BD'}$ ，c 为填土的粘聚力；④墙背 $\overline{A'B}$ 的总粘聚力 $C_a=c_a\overline{A'B}$ ，c_a 为墙背与填土间的粘聚力。

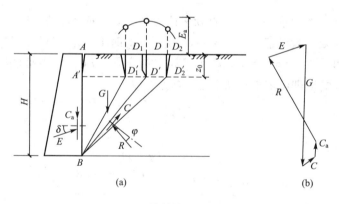

图 6.15 粘性填土的图解法

在上述各力中，G 、C 、C_a 的大小和方向均为已知，R 与 E 的方向为已知，但大小未知，考虑到力系的平衡，由力矢多边形可以确定 E 的数值，如图 6.15(b)所示。假定若干个滑动，按以上方法试算，其中最大值即为所求的主动土压力 E_a 。

2. "规范"推荐的公式

《建筑地基基础设计》(GB 50007—2011)推荐的公式，采用与楔体试算法相似的平面滑动面假定，得到粘性土或粉土的主动土压力为

$$E_a=\psi_a\frac{1}{2}\gamma H^2K_a \tag{6-20}$$

式中　ψ_a——主动土压力增大系数，土坡高度小于 5m 时取 1.0，高度在 5～8m 时取 1.1，
高度大于 8m 时，取 1.2；

　　　　H——挡土墙高度，m；

　　　　K_a——规范主动土压力系数，按下式确定：

$$K_a = \frac{\sin(\alpha'+\beta)}{\sin^2\alpha'\sin^2(\alpha'+\beta+\varphi-\delta)} \times \{K_q[\sin(\alpha'+\beta)\sin(\alpha'-\delta) + \sin(\varphi+\delta)\sin(\varphi-\beta)] +$$
$$2\eta\sin\alpha'\cos\varphi \times \cos(\alpha'+\beta-\varphi-\delta) - 2[K_q\sin(\alpha'+\beta)\sin(\varphi-\delta) + \eta\sin\alpha'\cos\varphi \times$$
$$(K_q\sin(\alpha'-\delta)\sin(\varphi+\delta) + \eta\sin\alpha'\cos\varphi)]^{1/2}\} \tag{6-21}$$

$$K_q = 1 + \frac{2q\sin\alpha'\cos\beta}{\gamma H \sin(\alpha'+\beta)}$$

$$\eta = \frac{2c}{\gamma H}$$

式中　q—地表均布荷载，按单位水平投影面上的荷载强度计；

　　　α'、β、δ 如图 6.16 所示。

"规范"法计算主动土压力具有普遍性，但主动土压力系数 K_a 的公式很长，计算烦琐。

（1）当填土为无粘性土时，K_a 可按库伦土压力理论确定。

（2）当挡土墙满足朗肯条件时，K_a 可按朗肯土压力理论确定。对于粘性土或粉土的 K_a 也可采用楔体试算法图解求得。

（3）对于高度小于或等于 5m 的挡土墙，当排水条件及填土质量符合要求时，其主动

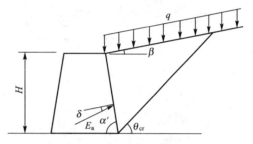

图 6.16　规范法计算简图

土压力系数可由"规范"中所规定的不同填土质量主动土压力系数图查得。填土质量及所查图表见表 6-2，如图 6.17 所示。

表 6-2　查主动土压力系数图的填土质量要求

类别	填土名称	密实度	干密度/(t/m³)
1	碎石土	中密	$\rho_d \geqslant 2.0$
2	砂土(包括砾砂、粗砂、中砂)	中密	$\rho_d \geqslant 1.65$
3	粘土夹块石土		$\rho_d \geqslant 1.90$
4	粉质粘土		$\rho_d \geqslant 1.65$

[例题 6-5]　某挡土墙墙高 $H=4$m，墙后填土为中密粗砂，$\gamma_d = 16.8$kN/m³、$\omega =$ 10%、$\varphi = 36°$、$\delta = 18°$、$\beta = 20°$、$\alpha' = 98°$，试按"规范"法计算主动土压力。

解：因为填土为中密粗砂，$\rho_d = \gamma_d/\gamma_w = 16.8/9.8 = 1.71$（t/m³）$> 1.65$（t/m³），且墙 $H = 4$m < 5m，按"规范"法主动土压力系数查图 6.17(b)得：$K_a = 0.32$，$\psi_c = 1.0$，填土重度 $\gamma = \gamma_d(1+\omega) = 16.8 \times (1+0.1) = 18.5$（kN/m³），所以

$$E_a = \psi_a \frac{1}{2}\gamma H^2 K_a = 1 \times \frac{1}{2} \times 18.5 \times 4^2 \times 0.32 = 47.4 \text{（kN/m）}$$

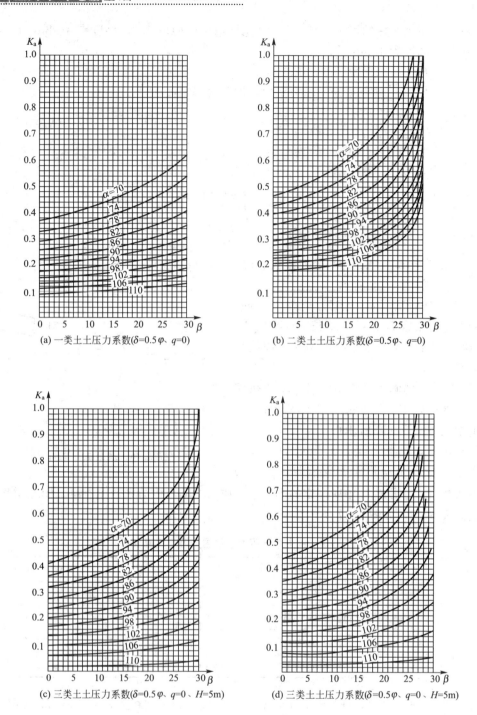

(a) 一类土土压力系数($\delta=0.5\varphi$、$q=0$)

(b) 二类土土压力系数($\delta=0.5\varphi$、$q=0$)

(c) 三类土土压力系数($\delta=0.5\varphi$、$q=0$、$H=5m$)

(d) 三类土土压力系数($\delta=0.5\varphi$、$q=0$、$H=5m$)

图 6.17　主动土压力系数图

6.3.5　有车辆荷载时的主动土压力

在桥台或路堤挡土墙设计时，应该考虑车辆荷载引起的土压力，在《公路桥涵设计通用规范》(JTG D60—2004)中规定，按库伦土压力理论，先将台背或墙背填土的破坏棱体(滑动土楔)范围内的车辆荷载，用均布荷载 q 或换算成等代土层来代替。当填土水平

($\beta=0$)时，等代土层的厚度 h 的计算公式如下(图6.18)

$$h = \frac{q}{\gamma} = \frac{\sum G}{B L_0 \gamma} \tag{6-22}$$

式中　B——桥台的计算宽度或挡土墙的计算长度，m；

　　　L_0——台背或墙背填土的破坏棱体长度，m；

　　　$\sum G$——布置在 $B \times L_0$ 面积内的车辆车轮重力，kN。

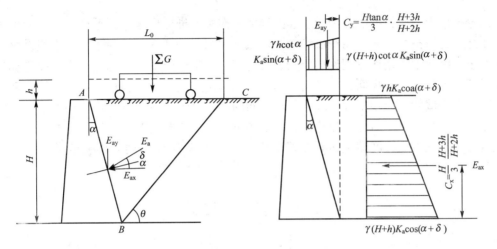

图6.18　有车辆荷载时的主动土压力

　　桥台的计算宽度 B 为桥台的横向全宽；挡土墙的计算长度应根据车辆荷载级别，由汽车荷载扩散长宽和挡土墙的分段长宽综合选取，详见《公路桥涵设计通用规范》。

　　关于台背或墙背填土的破坏棱体长度 L_0，对于墙顶以上有填土的挡土墙，L_0 为破坏棱体范围内的路基宽度部分；对于桥台或墙顶以上没有填土的挡土墙，L_0 可用下式计算(图6.18)

$$L_0 = H(\tan\alpha + \cot\theta) \tag{6-23}$$

式中　H——桥台或挡土墙高度，m；

　　　α——台背或墙背倾斜角，仰斜时取负值，垂直时则 $\alpha=0$；

　　　θ——滑动倾斜角，当填土表面水平时，其余切值 $\cot\theta$ 可按下式计算

$$\cot\theta = -\tan(\alpha+\delta+\varphi) + \sqrt{[\cot\varphi + \tan(\alpha+\delta+\varphi)][\tan(\alpha+\delta+\varphi) - \tan\alpha]} \tag{6-24}$$

　　布置在 $B \times L_0$ 面积内的车辆车轮重力 $\sum G$ 确定详见《公路桥涵设计通用规范》。

　　当填土表面水平，有车辆荷载时的主动土压力可按下式计算：

$$E_a = \frac{1}{2}\gamma H(H + 2h) K_a \tag{6-25}$$

　　主动土压力合力 E_a 方向与水平面成 $(\alpha+\delta)$ 夹角，作用点距墙底为 $z = \dfrac{H}{3} \cdot \dfrac{H+3h}{H+2h}$。

6.3.6　朗肯理论与库伦理论的比较

　　朗肯土压力理论与库伦土压力理论分别根据不同的假设，以不同的分析方法计算土压力，只有在最简单的情况下($\alpha=\beta=\delta=0$)，用这两种理论计算的结果才相同，否则将得出

不同的结果。

朗肯土压力理论应用半无限空间中的应力状态，根据极限平衡理论求解，概念明确，公式简单，便于记忆，对于粘性土、粉土和无粘性土都可以用该公式直接计算，故在工程中得到广泛应用。但为了使墙后土体的应力状态符合半无限空间的应力状态，必须假设墙背是直立、光滑，填土表面是水平的。因为假设墙背是光滑的，即朗肯理论没有考虑墙背与填土之间存在的摩擦力，使其计算的主动土压力偏大，而计算的被动土压力偏小。

库伦土压力理论根据墙后滑动土楔的静力平衡条件推导出土压力计算公式，考虑了墙背与土之间的摩擦力，并可用于墙背倾斜，填土面倾斜的情况。但由于该理论假设填土为无粘性土，因此不能用库伦理论的原始公式直接计算粘性土或粉土的土压力。库伦理论假设墙后填土破坏时，破坏面为一平面，而实际上却是一曲面，实验证明，在计算主动土压力时，只有当墙背的倾角不大，墙背与填土间的摩擦角较小时，破坏面才接近平面。所以按库伦理论计算的土压力与实际值也有一定的偏差，在通常情况下，其计算的主动土压力偏差约为 2%～10%，可满足设计要求；但在计算被动土压力时，误差较大，有时可达 2～3 倍，甚至更大。

6.4 挡土墙设计

6.4.1 挡土墙的类型

挡土墙是用来支挡天然边坡或人工填土边坡的构筑物。挡土墙的种类繁多，按其所用材料分类，有毛石、砖、混凝土和钢筋混凝土等。按结构类型分类，则有重力式、悬臂式、扶壁式、板桩式等，如图 6.19 所示。

重力式挡土墙[图 6.19(a)]是靠自身重量来维持稳定的。这种挡土墙通常是用砖、块石或素混凝土修筑，一般适用于墙高不大的情况；而悬臂式挡土墙[图 6.19(b)]用钢筋混凝土建造，一般由 3 个悬臂板，即立壁、墙址悬臂和墙踵悬臂组成。这类挡土墙主要是靠墙踵悬臂以上的土重来维持其稳定性，适用于重要工程中墙高大于 5m，地基土较差，当地缺乏石料等情况；当墙高更大时，常选用扶壁式挡土墙[图 6.19(c)]，即在悬臂式挡土墙基础上沿墙的长度方向每隔 1/3～1/2 墙高设一道扶壁，以增加立壁的抗弯性能和减少材料用量，通常适用于墙高大于 8m，且地基土质较软弱的情况；板桩式挡土墙[图 6.19(d)]按所用材料的不同，分为钢板桩、木板桩和钢筋混凝土板桩墙等。它可用作永久性也可用作临时性的挡土结构，是一种承受弯矩的结构。其中重力式挡土墙构造简单、施工方便、造价低，在工程中应用最为广泛。

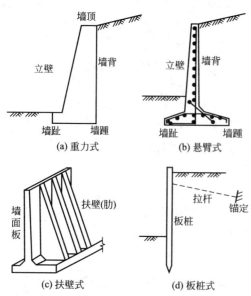

图 6.19 挡土墙类型

6.4.2 重力式挡土墙设计

1. 重力式挡土墙的选型

选择合理的挡土墙墙型，对挡土墙的设计具有重要的意义，主要有以下几点。

1) 使墙后土压力最小

重力式挡土墙按墙背的倾斜情况分为仰斜、垂直和俯斜 3 种，如图 6.20 所示。仰斜墙主动土压力最小，俯斜墙主动土压力最大，垂直墙主动土压力介于仰斜与俯斜两者之间。因此，如果边坡为挖方，采用仰斜式较合理，因为仰斜式的墙背主动土压力最小，且墙背可以与开挖的边坡紧密贴合，墙身截面设计较为经济；如果边坡为填方，则采用垂直式或俯斜式较合理，因为仰斜式的墙背填土的夯实比较困难。在进行墙背的倾斜型式选择时，还应根据使用要求、地形条件和施工等情况综合考虑确定。

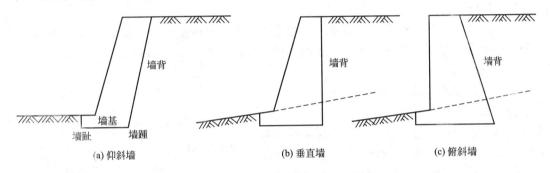

图 6.20　重力式挡土墙墙背倾斜形式

2) 墙的背坡和面坡的选择

在墙前地面坡度较陡处，墙面坡可取 $1:0.05\sim1:0.2$，也可采用直立的截面。当墙前地形较平坦时，对于中、高挡土墙，墙面坡可用较缓坡度，但不宜缓于 $1:0.4$，以免增高墙身或增加开挖深度。墙背仰斜时其倾斜度一般不宜缓于 $1:0.25$。面坡应尽量与背坡平行，如图 6.21 所示。

3) 基底逆坡坡度

在墙体稳定性验算中，倾覆稳定较易满足要求，而滑动稳定常不易满足要求。为了增加墙身的抗滑稳定性，将基底做成逆坡是一种有效的办法，如图 6.22 所示。对于土质地基的基底逆坡一般不宜大于 $0.1:1(n:1)$。对于岩石地基一般不宜大于 $0.2:1$。由于基底倾斜，会使地基承载力降低，因此需将地基承载力特征值折减。当基底逆坡为 $0.1:1$ 时，折减系数为 0.9；当基底逆坡为 $0.2:1$ 时，折减系数为 0.8。

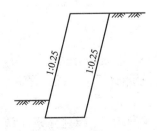

图 6.21　墙背坡与面坡的选择

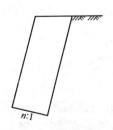

图 6.22　基底逆坡坡度

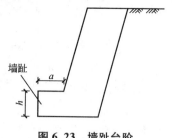

图 6.23 墙趾台阶

4）墙趾台阶

当墙高超过一定的限度时，基底压力往往是控制截面尺寸的重要因素。为了使基底压力不超过地基承载力，可加墙趾台阶，如图 6.23 所示，以扩大基底宽度，增加挡土墙的稳定性。墙趾高 h 和墙趾宽 a 的比例可取 $h:a=2:1$，且 a 不得小于 20cm。

2. 重力式挡土墙的构造

1）挡土墙的埋置深度

挡土墙的埋置深度（如基底倾斜，则按最浅的墙趾处计算），应根据地基承载力、冻结因素确定。土质地基一般不小于 0.5m。若基底下为风化岩层时，除应将其全部清除外，一般应加挖 $0.15\sim0.25$m；如基底下为基岩，则挡土墙应嵌入岩层一定的深度，一般不小于 0.25m。

2）墙身构造

挡土墙各部分的构造必须符合强度和稳定的要求，并根据就地取材、经济合理和施工方便，按地质、地形等条件确定。一般块石挡土墙顶宽不应小于 0.4m。

3）排水措施

为防止雨水渗入墙后土体中，使土的重度增大、内摩擦角降低，导致土压力和水压力的增大，所以在挡土墙上应设有排水孔。通常排水孔直径为 $5\sim10$cm，间距 $2\sim3$m，排水孔应高于墙前水位，如图 6.24 所示。当墙后填土表面倾斜时还应开挖截水沟。

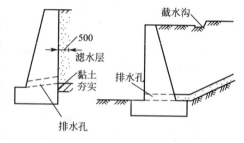

图 6.24 挡土墙排水措施

4）填土质量要求

选择质量好的填料以及保证填土的密实度是挡土墙施工的两个关键问题。理想的回填土为卵石、砾石、粗砂等粗粒土料，用这类土料有利于减小主动土压力，增加挡土墙的稳定。在选料时要求土料洁净，含泥量少。在工程中实际的回填料往往含有粘性土，这时应适当混入碎石，以便易于夯实和提高其抗剪强度。

对于常用的砖、石挡土墙，当砌筑的砂浆达到强度的 70% 时，方可回填，回填土应分层夯实。

5）沉降缝和伸缩缝

由于墙高、墙后土压力及地基压缩性的差异，挡土墙宜设置沉降缝；为了避免因混凝土及砖石砌体的收缩硬化和温度变化等作用引起的破裂，挡土墙宜设置伸缩缝。沉降缝与伸缩缝实际上是同时设置的，可把沉降缝兼作伸缩缝，一般每隔 $10\sim20$m 设置一道，缝宽约 2cm，缝内嵌填柔性防水材料。

3. 重力式挡土墙的计算

挡土墙的计算通常包括下列内容：①抗倾覆验算；②抗滑移验算；③地基承载力验算；④墙身强度验算；⑤抗震计算。下面仅介绍抗倾覆与抗滑移验算，其他计算可参见其他资料。

1）挡土墙抗倾覆验算

在挡土墙抗倾覆验算中，将土压力 E_a 分解成水平分力 E_{ax} 和垂直分力 E_{az}，如图 6.25 所示。显然，对墙趾 O 点的倾覆力矩为 $E_{ax}z_f$，而抗倾覆力矩为 $(Gx_0+E_z x_f)$。为了保证挡土墙

的稳定，应使抗倾覆力矩大于倾覆力矩，两者之比值称为抗倾覆稳定安全系数 K_t，即

$$K_t = \frac{Gx_0 + E_{az}x_f}{E_{ax}z_f} \geq 1.6 \tag{6-26}$$

其中：$E_{az} = E_a\cos(\alpha-\delta)$ $E_{ax} = E_a\sin(\alpha-\delta)$

$x_f = b - z_f\cot\alpha$

$z_f z - b\tan\alpha_0$

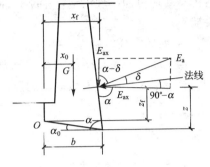

图 6.25 挡土墙的抗倾覆验算

式中 G——每延米挡土墙的重力，kN/m；

      b——基底的水平投影宽度，m；

      z——土压力作用点离墙踵的高度，m；

      α——墙背与水平线之间的夹角，度；

      α_0——基底与水平线之间的夹角，度。

若墙背为垂直($\alpha=90°$)、基底水平($\alpha_0=0$)时

$$E_{az} = E_a\sin\delta \quad E_{ax} = E_a\cos\delta$$

$$x_f = b \quad z_f = z$$

2）挡土墙抗滑移验算

在挡土墙抗滑移验算中，将主动土压力 E_a 及挡土墙的重力 G 各分解为平行与垂直于基底的两个分力；如图 6.26 所示。抗滑力为($E_{at} - G_t$)，抗滑移力为 E_{an} 及 G_n 在基底产生的摩擦力。抗滑力与滑动力的比值称为抗滑移稳定安全系数 K_s，即

$$K_s = \frac{(G_n + E_{an})\mu}{E_{at} - G_t} \geq 1.3 \tag{6-27}$$

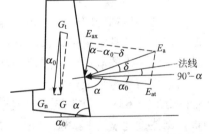

图 6.26 挡土墙的抗滑移验算

式中 G_n——垂直于基底的重力分力，$G_n = G\cos\alpha_0$，kN/m；

      G_t——平行于基底的重力分力，$G_t = G\sin\alpha_0$，kN/m；

      E_{an}——垂直于基底的土压力分力，$E_{an} = E_a\cos(\alpha-\alpha_0-\delta)$，kN/m；

      E_{at}——平行于基底的土压力分力，$E_{at} = E_a\sin(\alpha-\alpha_0-\delta)$，kN/m；

      μ——挡土墙基底对地基的摩擦系数，由试验确定，当无试验资料时，可参考表 6-3 选用。

表 6-3 挡土墙基底对地基的擦系数 μ 值

土的类别		摩擦系数 μ
粘性土	可塑	0.25～0.30
	硬塑	0.30～0.35
	坚硬	0.35～0.45
粉土	稍湿	0.30～0.40
中砂、粗砂、砾砂		0.40～0.50
碎石土		0.40～0.60
岩石	软质岩	0.40～0.60
	表面粗糙的硬质岩	0.65～0.75

若墙背为垂直（$\alpha=90°$）、基底水平（$\alpha_0=0$）时，即

$$G_n=G \quad G_t=0 \quad E_{an}=E_a\sin\delta \quad E_{at}=E_a\cos\delta$$

挡土墙的稳定性验算通常包括：抗倾覆和抗滑移稳定验算。对于软弱地基，由于超载等因素，还可能出现沿地基中某一曲面滑动，对于这种情况，应采用圆弧法进行地基稳定性验算。

3）地基承载力验算

挡土墙在自重与土压力垂直分力作用下，基底压力可按直线变化计算。其地基承载力的验算方法及要求与天然地基的浅基础完全相同，具体可参见第 7 章。

 特别提示

(1) 对于易风化的软质岩石和塑性指数 I_p 大于 22 的粘性土，基底摩擦系数应通过试验确定。

(2) 对于碎石土，密实的可取高值；稍密、中密及颗粒为中等或强风化的取低值。

4）墙身强度验算

挡土墙的墙身强度验算，与一般砌体构件相同，应满足《混凝土结构设计规范》（GB 50010—2011）和《砌体结构设计规范》（GB 50007—2011）中的有关要求。

5）挡土墙抗震计算

计算地震区挡土墙时需考虑两种情况，即有地震时的挡土墙和无地震时的挡土墙。在这两种情况的计算结果中，选用其中墙截面较大者。这是因为在考虑附加组合时，安全度降低，有时算出的墙截面可能反而比无地震时的小，此时，则应选用无地震时的墙截面，具体的计算请参考其他资料。

[**例题 6-6**] 若例题 6-1 中挡土墙顶宽 $b_0=0.6\text{m}$、底宽 $b=2.4\text{m}$（图 6.7），用毛石砌筑，砌体重度 $\gamma_G=22.0\text{kN/m}^3$，基底位于坚硬粘土上，$\mu=0.41$。试验算该挡土墙的抗倾覆与抗滑移稳定性。

解： 由例题 6-1 计算结果可知，其主动土压力 $E_a=51.3\text{kN/m}$，方向与墙背垂直，作用点距墙底 $z_f=1.14\text{m}$。

挡土墙自重分两部分计算：

左侧为一三角形，设其自重为 G_1，则

$$G_1=\frac{1}{2}(b-b_0)H\gamma_G=\frac{1}{2}\times(2.4-0.6)\times5\times22.0=99.0(\text{kN/m})$$

右侧为一矩形，设其自重为 G_2，则

$$G_2=b_0H\gamma_G=0.6\times5\times22.0=66.0(\text{kN/m})$$

(1) 抗倾覆稳定性验算。

由于挡土墙墙背直立、光滑，基底水平，即

$$E_{az}=0 \quad E_{ax}=E_a \quad x_f=b \quad z_f=1.14(\text{m})$$

因此，挡土墙抗倾覆稳定安全 K_t 为

$$K_t=\frac{Gx_0+E_{az}x_f}{E_{ax}z_f}=\frac{G_1\times1.2+G_2\times2.1}{E_{ax}z_f}$$

$$=\frac{99.0\times1.2+66.0\times2.1}{51.3\times1.14}=4.40>1.6(\text{满足要求})$$

（2）抗滑移稳定性验算。

由于挡土墙墙背直立、光滑，基底水平，即

$$G_n=G \quad G_t=0 \quad E_{an}=0 \quad E_{ax}=E_a$$

因此，挡土墙抗滑移稳定安全 K_s 为

$$K_s=\frac{(G_n+E_{an})\mu}{E_{at}-G_t}=\frac{(99.0+66.0)\times0.41}{51.3}=1.32>1.3（满足要求）$$

6.5　土坡和地基稳定性

6.5.1　概述

土坡是指具有倾斜坡面的土体，通常可分为天然土坡（由于地质作用自然形成的土坡、山坡河流岸坡等）和人工土坡（经人工开挖或填筑而成的土坡，如基坑、渠道、土坝、路堤等）。当土坡的顶面和底面水平，并延伸至无穷远，且由均质土组成时，则称为简单土坡。简单土坡的外形和各部分的名称如图 6.27 所示。由于土坡表面倾斜，在土体自重及外力作用下，土坡将出现自上而下的滑动趋势。斜坡上的部分岩土在自重及其他因素的作用下，沿着某一滑动面整体下滑的现象，称为滑坡。

影响土坡稳定的因素主要有以下几个方面。

（1）土坡作用力发生变化。如在坡顶堆放重物或建造建筑物使坡顶受荷，或因打桩、车辆行驶、爆破、地震等引起振动而改变原来的平衡状态。

（2）土体的抗剪强度降低。如受雨雪等天气影响，土中的含水量或孔隙水压力增加，有效应力降低，导致土体的抗剪强度降低，抗滑力减小。

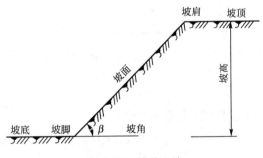

图 6.27　简单土坡

（3）水压力的作用。如雨水或地表水流入土坡中的竖向裂隙，对土体产生侧向压力，致使土坡滑动。

土坡的稳定性问题是高速公路、铁路、机场、露天矿井、土坝以及高层建筑深基坑开挖等工程建设中十分重要的问题。土坡的稳定性问题可以通过土坡稳定分析解决，本节将主要介绍简单土坡的稳定性分析方法，并简介地基稳定性问题。

6.5.2　无粘性土坡的稳定性分析

由于无粘性土颗粒间无粘聚力存在，因此，只要位于坡面上的土单元体能保持稳定，则整个土坡就是稳定的。

在坡面上任取一侧面竖直、底面与坡面平行的微单元体 M，不计微单元体两侧应力对稳定性的影响。设单元体自重为 G，边坡的坡角为 β，则单元体的下滑力 $T=G\sin\beta$；抗滑力 T_f 为单元体自重在坡面法线方向的分力 N 引起的摩擦力，如图 6.28 所示，故 $T_f=N\tan\varphi=G\cos\beta\tan\varphi$。抗滑力与滑动力的比值称为稳定安全系数，用 K 表示，即：

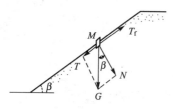

图 6.28 无粘性土坡稳定性分析

$$K=\frac{T_f}{T}=\frac{G\cos\beta\tan\varphi}{G\sin\beta}=\frac{\tan\varphi}{\tan\beta} \tag{6-28}$$

由上式可知，对于均质无粘性土坡，理论上土坡的稳定性与坡高无关，只要坡角 β 大于土的内摩擦角 φ，稳定安全系数 $K>1$，土坡就是稳定的。当 $\beta=\varphi$ 时，$K=1$，此时抗滑力等于滑动力，土坡处于极限平衡状态，相应的坡角称为自然休止角。为了保证土坡具有足够的安全储备，可取 $K=1.3\sim1.5$。

6.5.3 粘性土坡的稳定性分析

均质粘性土坡发生滑坡时，其滑动面形状一般为一近似圆弧面的曲面，为了简化，通常采用圆弧面进行分析计算。

粘性土坡稳定分析的常用方法有：瑞典圆弧法、稳定数法和条分法等，下面对这 3 种分析方法作一简要介绍。

1. 瑞典圆弧法

对于均质简单土坡，假定土坡失稳破坏时滑动面为一圆弧面，将滑动面以上的土体视为刚体，如图 6.29 所示，AC 为假定的滑动面，圆心为 O，半径为 R。在重力 G 作用下，土体 ABC 将绕圆心旋转。

使土体 ABC 绕圆心 O 下滑的滑动力矩：$M_S=Ga$；抗滑力矩 M_R 为滑弧 AC 的长度 $\hat{L}$ 与滑动面上抗剪强度 τ_f 的乘积，即

$$M_R=\tau_f\hat{L}R$$

所以土体的稳定安全系数 K 为

$$K=\frac{M_R}{M_S}=\frac{\tau_f\hat{L}R}{Ga} \tag{6-29}$$

该方法是由瑞典工程师彼得森（Petterson）最先提出来的，所以称为瑞典圆弧法。验算一个土坡的稳定性时，需假设多个不同的滑动面，分别求出稳定安全系数 K，相应于最小稳定安全系数的滑弧即为最危险滑动面。为了保证土坡的稳定性，要求最小稳定安全系数 K_{min} 应不小于有关规范要求的数值，一般可取 $K_{min}=1.2\sim1.5$。

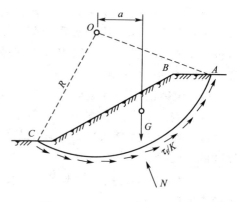

图 6.29 圆弧法的计算示意图

2. 稳定数法

土坡的稳定分析大都需要经过试验，计算工作量很大，因此，不少学者提出简化的图表计算法。如图 6.30 所示给出了根据计算资料整理得到的极限状态时的均质土坡内摩擦角 φ、坡角 β 与稳定数 N_s 之间的关系曲线，其中

$$N_s=\frac{c}{\gamma h} \tag{6-30}$$

式中　c——土的粘聚力，kPa；
　　　γ——土体重度，kN/m³；

h——土坡的极限高度，m。

从图中可直接由已知中 c、φ、γ、β 确定土坡的极限高度 h；也可以由已知的 c、φ、γ、h 及安全系数 K 确定土坡的坡角 β。

[例题 6-7] 已知某土坡边坡坡比为 $1:1$（β 为 $45°$），土的粘聚力 $c=12\text{kPa}$，$\varphi=20°$，重度 $\gamma=17.0\text{kN/m}^3$，试确定土坡的极限高度 h。

解： 根据 $\beta=45°$、$\varphi=20°$ 查图 6.30 得 $N_s=0.065$，所以土坡的极限坡高为

$$h=\frac{c}{\gamma N_s}=\frac{12}{17.0\times0.065}=10.9(\text{m})$$

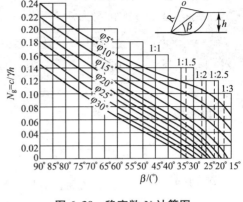

图 6.30　稳定数 N_s 计算图

3. 条分法

1) 基本假设

(1) 土坡沿最危险圆弧面发生破坏。

(2) 各土条间的侧向作用力忽略不计。

2) 分析计算步骤

(1) 按比例绘制土坡剖面图，如图 6.31(a) 所示。

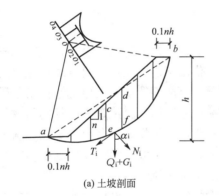

(a) 土坡剖面　　　　(b) 作用在 i 土条上的力

图 6.31　土坡稳定分析的条分法

(2) 任选一点 o 作为圆心，以 oa 为半径作一假想圆弧滑动面 ab，半径为 R。

(3) 将滑动面以上土体竖直分成宽度相等的若干土条。为了计算方便，一般取某一土条宽度 $b_i=R/10$。

(4) 计算 i 土条自重 G_i 在滑动面 ef 上的法向分力 N_i 和切向分力 T_i，即

$$N_i=G_i\cos\alpha_i \qquad T_i=G_i\sin\alpha_i$$

切向分力 T_i 即为 i 土条的滑动力；而 ef 面上粘聚力 cl_i 与摩擦力 $N_i\tan\varphi$ 之和即为 i 土条的滑动力 S_i

$$S_i=cl_i+N_i\tan\varphi=cl_i+G_i\cos\alpha_i\tan\varphi$$

在分析计算时认为该土条两侧面上的作用力 $P_i=P_{i+1}$，$D_i=D_{i+1}$，因而可忽略不计，如图 6.31(b) 所示，不考虑土条间的侧向作用力，其误差为 $10\%\sim15\%$，这样简化后的结果偏于安全。

（5）计算土坡稳定安全系数 K。

各土条对圆心 o 的抗滑力矩 K_R 为

$$K_R = \sum c_i l_i R + \sum G_i \cos\alpha_i \tan\varphi R = c\hat{L}R + R\sum G_i \cos\alpha_i \tan\varphi$$

各土条对圆心 o 的滑动力矩 K_S 为

$$K_S = \sum T_i R = R\sum G_i \sin\alpha_i$$

所以土坡稳定安全系数 K 为

$$K = \frac{K_R}{K_S} = \frac{c\hat{L}R + R\sum G_i \cos\alpha_i \tan\varphi}{R\sum G_i \sin\alpha_i} = \frac{c\hat{L} + \sum G_i \cos\alpha_i \tan\varphi}{\sum G_i \sin\alpha_i} \tag{6-31}$$

（6）假定若干个可能滑动面，分别计算相应的 K 值，其中 K_{min} 所对应的滑动面则为最危险滑动面。从理论上讲 $K_{min} > 1$ 时，土坡是稳定的，根据《建筑边坡工程技术规范》（GB 50330—2002）规定，一般可取 $K_{min} = 1.20 \sim 1.30$，当 K_{min} 的计算值大于或等于根据有关规定的所取值时，则边坡是稳定的，否则边坡是不稳定的，需要进行加固处理。

这种方法是通过试算求得边坡的最小稳定安全系数 K_{min} 的，工作量很大，目前可采用计算机求解。著名学者陈惠发（Chen，1980）根据大量的计算经验指出，最危险滑动圆弧的两端距坡顶点和坡脚点各为 $0.1nh$ 处，且最危险滑弧圆心在 ab 的垂直平分线上，如图 6.31(a)所示。因此，计算时只需在此垂直平分线上取若干点作为滑弧圆心，按上述方法分别计算相应的稳定安全系数，就可求得最小稳定安全系数 K_{min}。

6.5.4 地基的稳定性

广义上的地基稳定性问题包括地基承载力不足而失稳、建（构）筑物基础在水平荷载作用下的倾覆和滑动失稳、基础在水平荷载作用下连同地基一起滑动失稳以及土坡坡顶上的建（构）筑物地基失稳等。通常在下述情况下可能使地基丧失稳定性：①承受很大水平力或倾覆力矩的建（构）筑物，如受风或地震荷载作用的高层建筑或高耸构筑物，承受拉力的高压线塔架基础，承受水压力和土压力的挡土墙、堤坝和桥台等；②位于斜坡或坡顶上的建（构）筑物，由于荷载作用或环境因素影响，造成边坡失稳；③地基中存在软弱土层，土层下面有倾斜的基岩面、隐伏的断层带，地下水渗流等。

关于建（构）筑物基础的抗倾覆与抗滑移的稳定性验算详见 6.4 节中的介绍。关于土坡坡顶建（构）筑物地基稳定性验算，可参见《建筑地基基础设计规范》（GB 50007—2011）。在这里仅介绍基础在经常性水平荷载下，连同地基一起滑动的几种地基稳定性问题。

（1）如图 6.32 所示挡土墙剖面，滑动破坏面接近于圆弧滑动面，并通过墙踵，分析时取绕滑动圆弧圆心 O 的抗滑力矩 M_R 与滑动力矩 M_S 的比值作为整体滑动的稳定安全系数 K，因此可粗略地按下式计算：

$$K = \frac{K_R}{K_S} = \frac{(\alpha + \beta + \theta) \cdot c_k \pi R/180° + (N_1 + N_2 + G)R\tan\varphi_k}{F\sin\beta + H\cos\alpha} \tag{6-32}$$

其中　$N_1 = F\cos\beta$

　　　　$N_2 = H\sin\alpha$

　　　　$G = \gamma\left(\frac{\alpha\pi}{180°} - \sin\alpha\cos\alpha\right)R^2$

上述式中 c_k、φ_k 分别为地基土的粘聚力标准值和内摩擦角标准值；F 和 H 分别为挡土墙基底所承受的垂直分力和水平分力标准值；R 为滑动圆弧半径。若考虑土质的变化，也可采用类似于土坡稳定分析中的条分法计算稳定安全系数。同理，最危险圆弧滑动面必须通过试算求得，一般要求 $K_{\min} \geqslant 1.2$。

（2）当挡土墙周围土体及地基土都比较软弱时，地基失稳破坏可能出现图 6.33 所示贯入软土层深处的圆弧滑动面。此时，同样可采用类似于土坡稳定分析方法中的条分法计算稳定安全系数，通过试算求得最危险圆弧滑动面和相应的稳定安全系数 $K_{\min}$，一般要求 $K_{\min} \geqslant 1.2$。

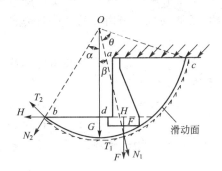

图 6.32 挡墙连同地基一起滑动

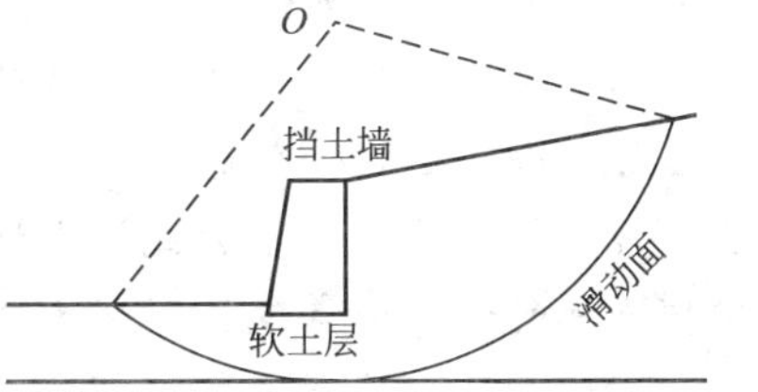

图 6.33 贯入软土层深处的圆弧滑动面

（3）当挡土墙位于超固结坚硬粘土层中时，其滑动破坏可能沿近似水平面的软弱结构面发生，为非圆弧滑动面，如图 6.34 所示。计算时，可近似地取土体 $abcd$ 为隔离体。假定作用在 ab 和 cd 竖直面上的力分别等于被动和主动土压力，bd 面为滑动平面。如图 6.34所示可知，沿此滑动面上总的抗剪强度为

$$\tau_f l = c_k l + G\cos\alpha\tan\varphi_k$$

所以稳定安全系数为

$$K = \frac{E_p + c_k l + G\cos\alpha\tan\varphi_k}{E_a + G\sin\alpha} \quad (6-33)$$

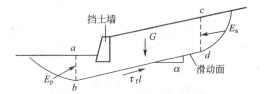

式中　G——土体 $abdc$ 的自重标准值，kN；

　　　l——bd 的长度，m；

　　　α——bd 面的水平倾角，度。

对于平面滑动情况，一般取 $K \geqslant 1.3$。

图 6.34 硬土层中的非圆弧滑动面

项 目 小 结

　　在土木工程实践中，常常需要计算作用在挡土墙上的侧压力，其中最主要的是土压力。土压力计算与土坡稳定性分析都是建立在土的强度理论基础之上的。

　　本项目内容主要包括：挡土墙上的土压力、朗肯土压力理论、库伦土压力理论、挡土墙设计简介以及土坡和地基稳定性。

　　（1）挡土墙是防止土体坍塌的构筑物，在房屋建筑、水利、港口、交通等工程中得到了广泛应用。根据挡土墙的位移情况和墙后土体所处的应力状态，土压力可分为静止土压力、主动土压力和被动土压力。静止土压力是指当挡土墙静止不动，墙后土

体处于弹性平衡状态时，作用在墙背上的土压力；主动土压力是指当挡土墙向离开土体方向偏移至土体达到极限平衡状态时，作用在墙背上的土压力；被动土压力是指当挡土墙向土体方向偏移至土体达到极限平衡状态时，作用在墙背上的土压力。

（2）朗肯土压力理论是根据半无限土体内的应力状态和土的极限平衡条件得出的土压力计算方法，适用于挡土墙墙背直立、光滑，填土表面水平的情况。对于主动土压力，相当于已知墙背上任意深度 z 处的竖向应力 σ_z 是大主应力 σ_1，来求解达到极限平衡时的水平应力 $\sigma_x = \sigma_3$，就是主动土压力强度 σ_a；对于被动土压力相当于已知墙背上任意深度 z 处的竖向应力 σ_z 为小主应力 σ_3，来求解达到极限平衡时的水平应力 $\sigma_x = \sigma_1$，就是被动土压力强度 σ_p。

（3）库伦土压力理论是根据墙后土体处于极限平衡状态并形成滑动楔体时，从楔体的静力平衡条件得出的土压力计算理论，适用于墙后土体为无粘性土。

（4）挡土墙的主要类型有重力式、悬臂式、扶壁式和板桩式等，其中重力式挡土墙在工程中应用最为广泛。重力式挡土墙的设计主要包括：挡土墙的选型、构造和计算，其中挡土墙的计算通常包括下列内容：①抗倾覆验算；②抗滑移验算；③地基承载力验算；④墙身强度验算；⑤抗震计算。

（5）土坡是指具有倾斜坡面的土体，通常可分为天然土坡和人工土坡。影响土坡稳定的因素主要有：土坡作用力发生变化、土体的抗剪强度降低和水压力的作用。简单粘性土坡稳定分析的常用方法有：瑞典圆弧法、稳定数法和条分法等。

（6）广义上的地基稳定性问题包括地基承载力不足而失稳、建（构）筑物基础在水平荷载作用下的倾覆和滑动失稳、基础在水平荷载作用下连同地基一起滑动失稳以及土坡坡顶上的建（构）筑物地基失稳等。

习　题

一、简答题

1. 静止土压力的墙背填土处于哪一种平衡状态？它与主动、被动土压力状态有什么不同？

2. 简述主动、静止、被动土压力的定义和产生的条件，并比较三者的数值大小。

3. 库伦土压力理论的基本假定是什么？

4. 什么是重力式挡土墙？

二、填空题

1. 朗肯土压力理论的假定是_____。

2. 库伦土压力理论的基本假定为_____、_____和_____。

3. 挡土墙达到主动土压力时所需的位移_____挡土墙达到被动土压力时所需的位移。

三、选择题

1. 在影响挡土墙土压力的诸多因素中，（　　）是最主要的因素。

A. 挡土墙的高度　　　　　　　　　　　B. 挡土墙的刚度

C. 挡土墙的位移方向及大小　　　　　　D. 挡土墙填土类型

2. 用朗肯土压力理论计算挡土墙土压力时，适用条件之一是（　　）。

A. 墙后填土干燥   B. 墙背粗糙

C. 墙背直立   D. 墙背倾斜

3. 当挡土墙后的填土处于主动极限平衡状态时，挡土墙(　　　)。

A. 在外荷载作用下推挤墙背土体   B. 被土压力推动而偏离墙背土体

C. 被土体限制而处于原来的位置   D. 受外力限制而处于原来的位置

4. 库仑土压力理论通常适用于(　　　)。

A. 粘性土   B. 无粘性土   C. 各类土

5. 挡土墙后的填土应该密实些好，还是疏松些好，(　　　)。

A. 填土应该疏松些好，因为松土的重度小，土压力就小

B. 填土应该密实些好，因为土的 φ 大，土压力就小

C. 填土的密实度与土压力大小无关

四、计算题

1. 某挡土墙高 10m，墙背直立、光滑，填土表面水平，填土为粘性土，$\gamma=17\text{kN/m}^3$，$\varphi=15°$，$C=18\text{kPa}$，试绘出主动土压力强度分布图，确定总主动土压力三要素。

2. 某挡土墙高 4m，墙背倾斜角 $\alpha=20°$，填土表面倾角 $\beta=10°$，填土的重度 $\gamma=20\text{kN/m}^3$，$\varphi=30°$，$C=0$，填土与墙背的摩擦角 $\delta=15°$，如图 6.35 所示。试按库仑土压力理论求：(1)主动土压力强度分布图；(2)总主动土压力的三要素。

3. 某挡土墙高 6m，墙背直立、光滑，填土表面水平，填土分两层：第一层为砂土；第二层为粘性土，各层土的有关指标如图 6.36 所示，试求：主动土压力强度，并绘出土压力沿墙高的分布图。

4. 某挡土墙高 6m，墙背直立、光滑，填土表面水平，填土的重度 $\gamma=18\text{kN/m}^3$，$\varphi=30°$，$C=0$，试确定：(1)墙后无地下水时的主动土压力；(2)当地下水位离填土表面 3m 时，作用在挡土墙上的总压力(包括水压力和主动土压力)，地下水位以下填土的饱和重度为 19.8kN/m³。

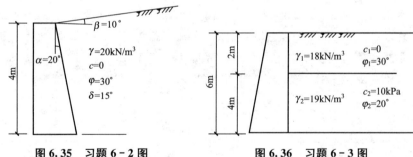

图 6.35 习题 6-2 图   图 6.36 习题 6-3 图

5. 某挡土墙高 5m，墙背直立、光滑，填土表面水平，作用有连续均布荷载 $q=20\text{kPa}$，填土的重度 $\gamma=18\text{kN/m}^3$，$\varphi=20°$，$c=12\text{kPa}$。(1)试求挡土墙墙背所受主动土压力；(2)若墙顶宽为 0.6m、墙底宽为 2.4m，墙砌体重度 $\gamma_G=22.0\text{kN/m}^3$，基底位于岩石上，$\mu=0.63$，试验算该挡土墙的抗倾覆与抗滑移稳定性。

6. 某挖方土坡，土的物理力学指标：$\gamma=18.9\text{kN/m}^3$，$\varphi=15°$，$c=18\text{kPa}$，若取安全系数 $K=1.5$。(1)将坡角做成 $\beta=60°$ 时边坡的最大坡高为多少？(2)若挖方的开挖高度为 6m，最大坡角为多少？

项目7

天然地基上的浅基础设计

　　浅基础是一般建筑工程常用的基础型式，而天然地基上的浅基础又以它的结构简单、施工简便、造价低，常常是工程设计中的首选。本章的主要内容是：浅基础的类型、地基基础设计的基本规定、基础埋置深度的选择、基础底面尺寸的确定、基础的结构设计和控制地基不均匀沉降的措施。本章重点介绍最常用的砖石基础设计、墙下钢筋混凝土条形基础设计和柱下钢筋混凝土独立基础设计，并对其他类型的基础也作了简要介绍。

知识要点	能力要求	权重
浅基础概念	理解地基基础设计的一般步骤，熟悉其设计的基本规定	20%
浅基础类型	掌握浅基础常见类型，理解其构造特点	25%
基础构造与设计	掌握砖石基础设计 掌握墙下钢筋混凝土条形基础设计 掌握柱下钢筋混凝土独立基础设计	40%
控制地基不均匀沉降的措施	熟悉控制地基不均匀沉降的措施	15%

章节导读

任何建筑物的重量和各种荷载都将通过基础传给地基，地基与基础是整个建筑物的支撑体。因此，地基基础设计是一项直接关系到建筑物安全、经济、合理性的重要工作。设计时必须遵循设计原则与步骤，合理选择地基基础方案，因地制宜地精心设计与施工。

7.1 概　　述

7.1.1 地基基础的类型

地基分为天然地基和人工地基两类，对于建筑物荷载不大或地基土强度较高，不需要经过特殊处理就可承受建筑物荷载的地基，称为天然地基，如图 7.1(a)所示；如果天然地基土质软弱，承载力不够，需要进行人工加固和改良，这种经过人工改造的地基称为人工地基，如图 7.1(b)所示。

基础按照埋置深度和施工方法的不同可分为：浅基础和深基础两类。一般埋深小于 5m 且能用一般方法施工的基础属于浅基础；当埋深大于 5m，采用特殊方法施工的基础则属于深基础，如桩基础、沉井和地下连续墙等，如图 7.1(c)、(d)所示。

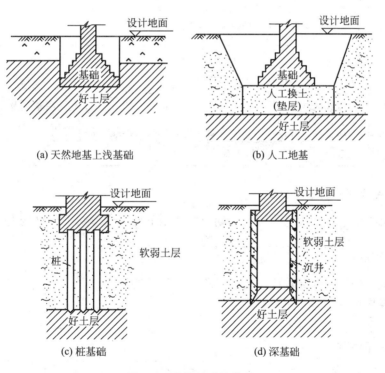

图 7.1　地基基础的类型

天然地基上的浅基础具有结构简单、施工方便、造价低等优点，因此在保证建筑物安全和正常使用的前提下，一般应优先考虑，若满足设计要求的方案有多个时，则需进行经济技术比较，选择其中的最优方案。

7.1.2 地基基础设计的基本规定

1. 地基基础的设计等级

《建筑地基基础设计规范》（GB 50007—2011）根据建筑物地基复杂程度、建筑物规模和功能特征以及由于地基问题可能造成建筑物破坏或影响正常使用的程度，将地基基础设计分为 3 个等级，设计时应根据具体情况按表 7-1 选用。

表 7-1　地基基础设计等级

设计等级	建筑类型
甲级	重要的工业与民用建筑物 30 层以上的高层建筑 体型复杂，层数相差超过 10 层的高低层连成一体建筑物 大面积的多层地下建筑物（如地下车库、商场、运动场等） 对地基变形有特殊要求的建筑物 复杂地质条件下的坡上建筑物（包括高边坡） 对原有工程影响较大的新建建筑物 场地和地基条件复杂的一般建筑物 位于复杂地质条件及软土地区的 2 层及 2 层以上地下室的基坑工程 开挖深度大于 15m 的基坑工程 周边环境条件复杂、环境保护要求高的基坑工程
乙级	除甲级、丙级以外的工业与民用建筑物 除甲级、丙级以外的基坑工程
丙级	场地和地基条件简单、荷载分布均匀的 7 层及 7 层以下民用建筑及一般工业建筑；次要的轻型建筑物 非软土地区且场地地质条件简单、基坑周边环境条件简单、环境保护要求不高且开挖深度小于 5.0m 的基坑工程

2. 地基基础设计的基本规定

根据建筑物地基基础设计等级及长期荷载作用下地基变形对上部结构的影响程度，地基基础应符合有关强度、变形及稳定性的规定。

1）地基强度要求

各级建筑物的地基计算均应满足关于承载力计算的规定，即

轴心荷载作用时

$$p_k \leqslant f_a \qquad (7-1)$$

偏心荷载作用时

$$p_{kmax} \leqslant 1.2 f_a \qquad (7-2)$$

$$\frac{p_{k\,max} + p_{k\,min}}{2} \leqslant f_a \qquad (7-3)$$

式中　p_k——相应于荷载效应标准组合时，基础底面处的平均压力；

　　　p_{max}——相应于荷载效应标准组合时，基础底面处的最大压力；

　　　p_{min}——相应于荷载效应标准组合时，基础底面处的最小压力；

f_a——修正后的地基承载力特征值。

2）地基变形要求

设计等级为甲级、乙级的建筑物，均应进行地基变形验算；表7－2所列范围内设计等级为丙级的建筑物可不作变形验算，如有下列情况之一时，仍应进行变形验算：①低级承载力特征值小于130kPa，且体型复杂的建筑；②在基础上及其附近有地面堆载或相邻基础荷载差异较大，可能引起地基产生过大的不均匀沉降时；③软弱地基上的建筑物存在偏心荷载时；④相邻建筑物距离过近，可能发生倾斜时；⑤地基内有厚度较大的填土，其自重固结未完成时。

有地基变形验算要求的地基变形应满足如下要求：

$$S \leqslant [S] \tag{7-4}$$

式中　S——建筑物的地基变形计算值；

　　　$[S]$——建筑物的地基变形允许值。

表7－2　可不作地基变形计算设计等级为丙级的建筑物范围

地基主要受力层情况	地基承载力特征值 f_{ak}/kPa		$60 \leqslant f_{ak} < 80$	$80 \leqslant f_{ak} < 100$	$100 \leqslant f_{ak} < 130$	$130 \leqslant f_{ak} < 160$	$160 \leqslant f_{ak} < 200$	$200 \leqslant f_{ak} < 300$
	各土层坡度/(%)		$\leqslant 5$	$\leqslant 5$	$\leqslant 10$	$\leqslant 10$	$\leqslant 10$	
建筑类型	砌体承重结构、框架结构/层数		$\leqslant 5$	$\leqslant 5$	$\leqslant 5$	$\leqslant 6$	$\leqslant 6$	$\leqslant 7$
	单层排架结构（6m柱距）	单跨	吊车额定起重量/t	$5 \sim 10$	$10 \sim 15$	$15 \sim 20$	$20 \sim 30$	$30 \sim 50$	$50 \sim 100$
			厂房跨度/m	$\leqslant 12$	$\leqslant 18$	$\leqslant 24$	$\leqslant 30$	$\leqslant 30$	$\leqslant 30$
		多跨	吊车额定起重量/t	$3 \sim 5$	$5 \sim 10$	$10 \sim 15$	$15 \sim 20$	$20 \sim 30$	$30 \sim 75$
			厂房跨度/m	$\leqslant 12$	$\leqslant 18$	$\leqslant 24$	$\leqslant 30$	$\leqslant 30$	$\leqslant 30$
	烟囱	高度/m	$\leqslant 30$	$\leqslant 40$	$\leqslant 50$	$\leqslant 75$		$\leqslant 100$
	水塔	高度/m	$\leqslant 15$	$\leqslant 20$	$\leqslant 30$	$\leqslant 30$		$\leqslant 30$
		容积/m³	$\leqslant 50$	$50 \sim 100$	$100 \sim 200$	$200 \sim 300$	$300 \sim 500$	$500 \sim 1000$

特别提示

（1）地基主要受力层系指条形基础底面下深度为3b（b为基础底面宽度），独立基础下为1.5b，厚度均不小于5m的范围（2层以下的民用建筑除外）。

（2）地基主要受力层中如有承载力标准值小于130kPa的土层时，表中砌体承重结构的设计，应符合《规范》GB 50007—2011第七章的有关要求。

（3）表中砌体承重结构和框架结构均指民用建筑，对于工业建筑可按厂房高度、荷载情况折合成与其相当的民用建筑层数。

（4）表中额定吊车起重量、烟囱高度和水塔容积的数值系指最大值。设计时，应按地基承载力标准值的高低值相应地选用。

　　3）关于荷载取值的规定

地基基础设计时，所采用的荷载效应最不利组合与相应的抗力限值，应按下列规定采用。

（1）按地基承载力确定基础底面尺寸时，传至基础底面上的荷载效应应按正常使用极限状态下荷载效应的标准组合。相应的抗力应采用地基承载力特征值。

（2）计算地基变形时，传至基础底面上的荷载效应应按正常使用极限状态下荷载效应的准永久组合，不应计入风荷载和地震作用。相应的限值应为地基变形允许值。

（3）确定基础高度、基础底板配筋和验算材料强度时，上部结构传来的荷载效应组合和相应的基底反力，应按承载能力极限状态下荷载效应的基本组合。

（4）由永久荷载效应控制的基本组合值可取标准组合值的 1.35 倍。

　　3. 地基稳定性验算

对经常受水平荷载作用的高层建筑物、高耸结构和挡土墙等，以及建造在斜坡上或边坡附近的建筑物和构筑物，尚应验算其稳定性。即验算建筑物或构筑物在水平荷载和垂直荷载共同作用下，基础是否会沿基底发生滑动、倾覆或与地基一起滑动而丧失稳定性。

当地下水埋藏较浅，建筑地下室或底下构筑物存在可能上浮问题时，尚应进行抗浮稳定验算。

7.1.3　浅基础设计内容

天然地基浅基础的设计，包括下列各项内容。

（1）分析研究设计所必须的建筑场地的工程地质条件和地质勘察资料，建筑材料及施工技术条件资料，建筑物的结构型式，使用要求及上部结构荷载资料等。综合考虑要选择基础类型、材料和平面布置。

（2）选定基础埋置深度，确定地基承载力。

（3）按地基承载力计算基础底面尺寸，必要时作地基下卧层强度验算、地基变形验算和地基稳定性验算。

（4）确定基础剖面尺寸，进行基础结构计算（包括基础内力计算、强度配筋计算）。

（5）绘制基础施工详图，提出必要的施工技术说明。

7.2　基础类型及基础方案选用

7.2.1　基础类型

1. 无筋扩展基础

无筋扩展基础可用于 6 层和 6 层以下（三合土基础不宜超过 4 层）的民用建筑和墙承重的厂房。根据所用材料不同可分为砖基础、毛石基础、灰土基础、三合土基础、毛石混凝土基础、叠合基础、、混凝土基础等，如图 7.2 所示。

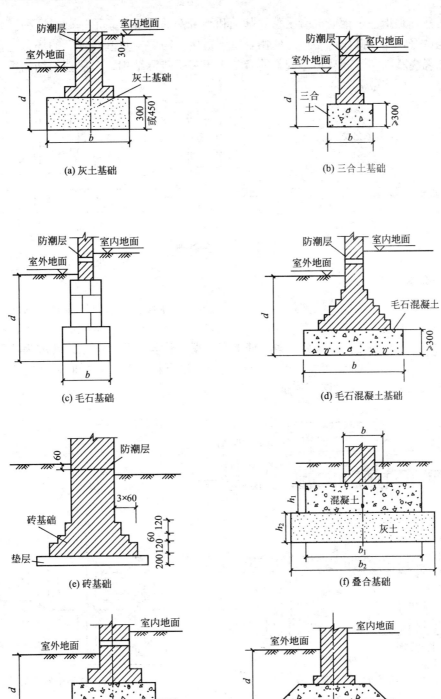

(a) 灰土基础

(b) 三合土基础

(c) 毛石基础

(d) 毛石混凝土基础

(e) 砖基础

(f) 叠合基础

台阶式

角链式

(g) 混凝土基础

图 7.2　无筋扩展基础

2. 扩展基础

扩展基础是指柱下钢筋混凝土独立基础和墙下钢筋混凝土条形基础。这种基础抗弯和抗剪性能良好,在基础设计中广泛使用,特别适用于需要"宽基浅埋"的场合。柱下独立基础又分现浇基础和预制杯形基础,前者常用于多层砖混结构、多层框架结构中,后者常用在单层工业厂房(图 7.3)。

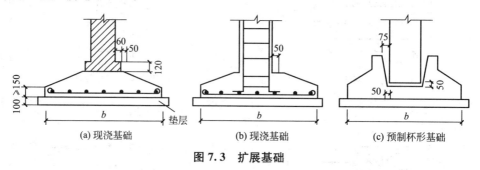

(a) 现浇基础   (b) 现浇基础   (c) 预制杯形基础

图 7.3　扩展基础

3. 联合基础

联合基础分柱下条形基础和柱下十字交叉基础。当地基软弱而柱荷载较大时,为加强基础之间的整体性,减小柱基之间的不均匀沉降,或柱距较小,基础面积较大,相邻基础十分接近时,可在整排柱子下做一条钢筋混凝土梁,将各柱联合起来,就成为柱下条形基础(图 7.4)。当地基软弱、荷载较大,沿纵横向均设有柱下条形基础时,便组成了十字交叉基础(图 7.5)。联合基础多用于框架结构。

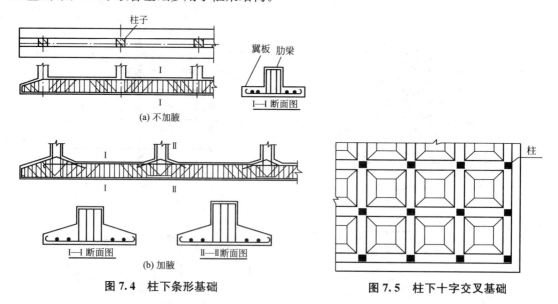

(a) 不加腋

(b) 加腋

图 7.4　柱下条形基础　　　　　　**图 7.5　柱下十字交叉基础**

4. 筏形基础

当地基特别软弱,上部结构的荷载又十分大,用十字交叉基础,仍不能满足要求,或设计地下室基础时,可将基础底板连成一片而成为筏形基础(俗称满堂基础)。筏形基础一般为等厚的钢筋混凝土平板,若在柱之间设有地梁时就成为梁板式筏形基础,形成倒置的肋形楼盖(图 7.6)。筏形基础的整体性好,能调整各部分的不均匀沉降。

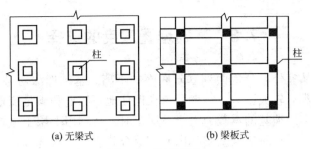

(a) 无梁式　　　　(b) 梁板式

图 7.6　筏形基础

5. 箱形基础

箱形基础是由底板、顶板、侧墙及一定数量的内隔墙构成的整体刚度较好的单层或多层钢筋混凝土基础。这种基础空间刚度大，适用于软弱地基上的高层、超高层、重型或对不均匀沉降有严格要求的建筑物(图 7.7)。

7.2.2　基础方案选用

在进行基础设计时，一般遵循无筋扩展基础——柱下独立基础——柱下条形基础——交

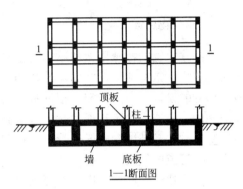

图 7.7　箱形基础

叉条形基础——筏形基础——箱形基础的顺序来选择基础形式。当然，在选择过程中应尽量做到经济、合理。只有上述选择均不合适时，才考虑用桩基等深基础形式，以避免过多的浪费。几种基础类型的选择，见表 7-3。

表 7-3　各种基础类型的选择

结构类型	岩土性质与荷载条件	适宜的基础类型
多层砖混结构	土质均匀，承载力高，无软弱下卧层，地下水位以下，荷载不大(5层以下建筑物)	无筋扩展基础
	土质均匀性较差，承载力较低，有软弱下卧层，基础需浅埋	墙下条形基础或交梁基础
	荷载较大，采用条形基础面积超过建筑物投影面积50%	墙下筏形基础
框架结构（无地下室）	土质均匀，承载力较高，荷载相对较小，柱网分布均匀	柱下独立基础
	土质均匀性较差，承载力较低，荷载较大，采用独立基础不能满足要求	柱下条形基础或交梁基础
	土质不均匀，承载力低，荷载大，柱网分布不均匀，采用条形基础面积超过建筑物投影面积50%	筏形基础
全剪力墙，10层以上住宅结构	地基土层较好，荷载分布均匀	墙下条形基础
	当上述条件不能满足时	墙下筏形基础或箱形基础
框架、剪力墙结构（有地下室）	可采用天然地基时	筏形基础或箱形基础

7.3 基础埋置深度的选择

基础埋深是指从室外设计地面到基础底面的距离。基础埋深对基础尺寸、施工技术、工期以及工程造价都有较大影响。一般要求在保证地基稳定和满足变形要求的前提下，基础应尽量浅埋，当上层地基的承载力大于下层土时，宜利用上层土做持力层。由于影响基础埋深的因素很多，设计时应当从实际出发，综合分析，合理选择。本节将介绍选择基础埋深时要考虑的几个因素。

7.3.1 建筑物用途和结构类型

某些建筑物的特殊用途和结构类型是选择基础埋深的先决条件。如设有地下室、半地下式建筑物、带有地下设施的建筑物和具有地下部分的设备基础等，其基础埋深就要结合地下部分的设计标高来选定。根据具体的使用要求，基础可选整个或局部深埋，对局部深埋的基础，应作成台阶逐渐过渡，台阶高宽比一般为1:2，如图7.8所示。如有管道必须通过基础时，基础埋深应低于管道，在基础上预留的孔洞应有足够的间隙，以备基础沉降时不影响管道的使用。

对高层建筑物和抗震稳定性要求较高的建筑物，由于地基稳定和变形要求更高，基础埋深一般要求不小于1/15～1/10的建筑物地面以上高度。

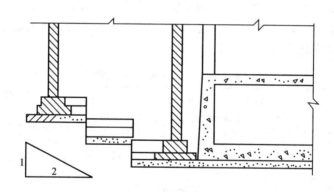

图7.8 墙基埋深变化的台阶形布置

对不均匀沉降敏感的建筑物或多层框架结构，基础则需坐落在坚实土层上，埋深也要大一些。又如砌体结构下的无筋扩展基础，由于要满足允许宽高比的构造要求，基础埋深应由其构造要求确定。

7.3.2 作用在基础上的荷载

作用在基础上的荷载大小和性质对基础埋深的选择也有很大的影响。就浅土层而言，当基础荷载小时，它是很好的持力层；当基础荷载大时，则可能因地基承载力不足而不宜作持力层，需增大埋深或对地基进行加固处理。对承受较大水平荷载的基础（如挡土结构、烟囱、水塔等），为保证基础的稳定性，常将基础埋深加大，以减小建筑物的整体倾斜。对承受上拔力的基础(如输电塔基础),也要求有一定的埋深以提供足够的抗拔阻力;对承受振动荷载的基础,不宜选择易产生振动液化的土层作为持力层,以防基础失稳。

7.3.3 工程地质和水文地质条件

场地的工程地质条件和水文地质条件,是分析确定基础埋深的主要依据。要根据各土层的厚度、分布情况、地基承载力大小和压缩性高低,结合上部结构情况进行技术经济比较,综合分析确定。

1. 工程地质条件

(1)当地基土层均匀时,在满足地基承载力和变形要求前提下,基础应尽量浅埋,以便节省投资,方便施工。为了保护基础,要求基础埋深不得小于0.5m(岩石地基除外),基础顶面在室外地面以下至少100mm,如图7.9所示。如地基土层软弱,不宜采用天然地基上的浅基础,可考虑对地基进行加固处理,或采用深基础。

(2)当地基上部为软弱土层而下部为坚硬土层时,应根据上部软弱土层的厚度来确定基础埋深。如软弱土层厚度小于2m时,应将软弱土层挖除,将基础置于下部坚硬土层上。如软弱土层较厚(达2~4m)时,为减少开挖,在可能的条件下,对低层房屋可考虑扩大基底面积,并适当加强上部结构刚度,将基础做在软弱土层之中;但对重要建筑物仍应置于坚硬土层上。如上层软土很厚(大于5m)时,通常采用人工地基或采用桩基础。

(3)当地基上部为坚硬土层而下部为软弱土层时,基础应尽量浅埋,以充分利用上部坚硬土层作为地基持力层。

(4)当地基上、下坚硬中间夹有软弱土层时,应根据上部荷载的大小和软弱夹层的厚薄,以上述原则来确定埋深。

(5)对位于稳定边坡坡顶的建筑物,当坡高 $h \leqslant 8\text{m}$,坡角 $\beta \leqslant 45°$,且 $b \leqslant 3\text{m}$ 时,如图7.10所示,如果其基础埋深 d 符合下列要求,则可认为该地基可以满足稳定要求。

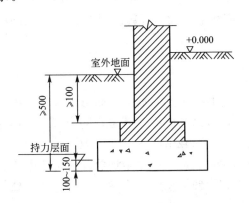

图7.9 基础的最小埋置深度(单位:mm)

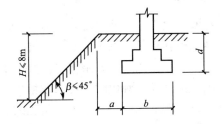

图7.10 土坡坡顶出基础的最小埋深

条形基础 $\qquad d \geqslant (3.5b - a)\tan\beta$

矩形基础 $\qquad d \geqslant (2.5b - a)\tan\beta$

式中　　a——基础外边缘线至坡顶的水平距离，不得小于 2.5m；

　　　　　b——垂直于坡顶边缘线的基础底面边长。

2. 水文地质条件

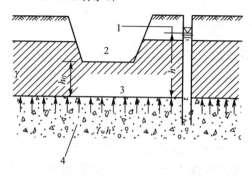

图 7.11　有承压水时的基坑开挖深度
1—承压水位；2—基槽；3—黏土层
（隔水层）；4—卵石层（透水层）

当地基有地下水时，基础宜埋在地下水位以上，便于施工；当基础必须置于地下水位以下，应采取地基土在施工时不受扰动的措施，如基坑排水、坑壁支护等。同时要考虑地下水对基础是否有腐蚀性等。

当持力层为粘性土等隔水层，而下层土中含有承压水时，如图 7.11 所示。在基槽开挖中应在槽底留有一定的安全厚度 h_0，以防承压水冲破槽底土层，破坏地基，淹没基坑。安全厚度可按下式估算，即

$$h_0 > \frac{\gamma_w}{\gamma} h \qquad (7-5)$$

式中　　γ——隔水层土的重度，kN/m³；

　　　　γ_w——水的重度，kN/m³；

　　　　h——承压水的上升高度（从隔水层底面算起），m；

　　　　h_0——隔水层剩余厚度（槽底安全厚度），m。

7.3.4　相邻基础埋深的影响

如新建的建筑物建造在已有的建筑物附近，则新建基础的埋深不宜大于原有建筑物基础的埋深，以保证原有基础的安全不受基坑开挖的影响。如必须大于原有基础的埋深时，则两基础间应保持一定的净距，其值不宜小于两基础底面高差的 1~2 倍，具体数值可根据原有建筑物荷载大小、基础形式和土质情况确定。当不能满足上述要求时，应采用分段开挖施工、设置临时支护、打板桩、作地下连续墙等施工措施，或者加固原有建筑物地基。

7.3.5　地基土冻胀和融陷影响

在寒冷地区，当地层温度降至 0℃ 以下时，土中部分孔隙水冻结而形成冻土。冻土分季节性冻土和常年性冻土，季节性冻土是指一年内冻结和解冻交替出现的土层。土体冻结时体积膨胀称为冻胀，如果冻胀产生的上抬力大于外荷载引起的基底压力，就会引起建筑物基础上抬。冻土融化时，含水率增加，土体软化，使地基产生附加沉降，称为融陷。若基础埋置于冻结深度内，由于地基土的反复冻融，会使地基产生不均匀沉降，造成建筑物倾斜、开裂。

季节性冻土的冻胀性与融陷性是相互关联的，常以冻胀性加以概括。《建筑地基基础设计规范》（GB 50007—2011）根据地基土的类别、天然含水率和地下水位等因素，将地基土划分为不冻胀、弱冻胀、冻胀、强冻胀和特强冻胀 5 类，见表 7-4。

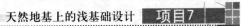

表7-4 地基土的冻胀性分类

土的名称	天然含水率 $\omega/(\%)$	冻结期间地下水位距冻结面的最小距离 h_w/m	平均冻胀率 $\eta/(\%)$	冻胀等级	冻胀类别
碎（卵）石，砾、粗、中砂（粒径小于0.075 mm颗粒含量大于15%），细砂（粒径小于0.075 mm颗粒含量大于10%）	$\omega \leqslant 12$	>1.0	$\eta \leqslant 1$	I	不冻胀
		$\leqslant 1.0$	$1 < \eta \leqslant 3.5$	II	弱冻胀
	$12 < \omega \leqslant 18$	>1.0			
		$\leqslant 0.5$	$3.5 < \eta \leqslant 6$	III	冻胀
	$\omega > 18$	>0.5			
		$\leqslant 0.5$	$6 < \eta \leqslant 12$	IV	强冻胀
粉砂	$\omega \leqslant 14$	>1.0	$\eta \leqslant 1$	I	不冻胀
		$\leqslant 1.0$	$1 < \eta \leqslant 3.5$	II	弱冻胀
	$14 < \omega \leqslant 19$	>1.0			
		$\leqslant 1.0$	$3.5 < \eta \leqslant 6$	III	冻胀
	$19 < \omega \leqslant 23$	>1.0			
		$\leqslant 1.0$	$6 < \eta \leqslant 12$	IV	强冻胀
	$\omega > 23$	不考虑	$\eta > 12$	V	特强冻胀
粉土	$\omega \leqslant 19$	>1.5	$\eta \leqslant 1$	I	不冻胀
		$\leqslant 1.5$	$1 < \eta \leqslant 3.5$	II	弱冻胀
	$19 < \omega \leqslant 22$	>1.5			
		$\leqslant 1.5$	$3.5 < \eta \leqslant 6$	III	冻胀
	$22 < \omega \leqslant 26$	>1.5			
		$\leqslant 1.5$	$6 < \eta \leqslant 12$	IV	强冻胀
	$26 < \omega \leqslant 30$	>1.5			
		$\leqslant 1.5$	$\eta > 12$	V	特强冻胀
	$\omega > 30$	不考虑			
粘性土	$\omega \leqslant \omega_p + 2$	>2.0	$\eta \leqslant 1$	I	不冻胀
		$\leqslant 2.0$	$1 < \eta \leqslant 3.5$	II	弱冻胀
	$\omega_p + 2 < \omega \leqslant \omega_p + 5$	>2.0			
		$\leqslant 2.0$	$3.5 < \eta \leqslant 6$	III	冻胀
	$\omega_p + 5 < \omega \leqslant \omega_p + 9$	>2.0			
		$\leqslant 2.0$	$6 < \eta \leqslant 12$	IV	强冻胀
	$\omega_p + 9 < \omega \leqslant \omega_p + 15$	>2.0			
		$\leqslant 2.0$	$\eta > 12$	V	特强冻胀
	$\omega > \omega_p + 15$	不考虑			

 **特别提示**

(1) ω_p 为土的塑限，ω 为在冻土层内冻前天然含水率的平均值。

(2) 盐渍化冻土不在表列；塑性指数大于 22 时，冻胀性降一级。

(3) 粒径小于 0.005mm 的颗粒含量大于 60% 时，为不冻胀土。

(4) 碎石土当充填物大于全部质量的 40% 时，其冻胀性应按充填物土的类别判断。

(5) 碎石土、砾砂、粗砂、中砂(粒径小于 0.075mm 颗粒含量不大于 15%)、细砂(粒径小于 0.075mm 颗粒含量不大于 10%)均按不冻胀土考虑。

对于不冻胀土的基础埋深，可不考虑冻深的影响；季节性冻土地基的设计冻深 z_d 应按下式计算：

$$z_d = z_0 \psi_{zs} \psi_{zw} \psi_{ze} \qquad (7-6)$$

式中　z_d——设计冻深。若当地有多年实测资料时，也可用 $z_d = h' - \Delta z$，h' 和 Δz 分别为实测冻土层厚度和地表冻胀量；

z_0——标准冻深，m，系采用在地表面平坦、裸露、城市之外的空旷场地中不少于 10 年实测最大冻深平均值。当无实测资料时，可从《规范》(GB 50007—2011)中所附的季节性冻土标准冻深图中查得；

ψ_{zs}——土的类别对冻深的影响系数，按表 7-5 确定；

ψ_{zw}——土的冻胀性对冻深的影响系数，按表 7-6 确定；

ψ_{ze}——环境对冻深的影响系数，按表 7-7 确定。

表 7-5　土的类别对冻深的影响系数

土的类别	粘性土	细砂、粉砂、粉土	中、粗、砾砂	碎石土
影响系数 ψ_{zs}	1.00	1.20	1.30	1.40

表 7-6　土的冻胀性对冻深的影响系数

冻胀性	不冻胀	弱冻胀	冻胀	强冻胀	特强冻胀
影响系数 ψ_{zw}	1.00	0.95	0.90	0.85	0.80

表 7-7　环境对冻深的影响系数

周围环境	村、镇、旷野	城市近郊	城市市区
影响系数 ψ_{ze}	1.00	0.95	0.90

 特别提示

环境影响系数一项，当城市市区人口为 20 万~50 万人时，按城市近郊取值；当城市市区人口大于 50 万小于或等于 100 万人时按城市市区取值；当城市市区人口超过 100 万人时，按城市市区取值，5km 以内的郊区应按城市近郊取值。

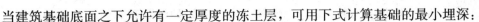

当建筑基础底面之下允许有一定厚度的冻土层，可用下式计算基础的最小埋深：

$$d_{min} = z_d - h_{max} \qquad (7-7)$$

式中　d_{min}——基础最小埋，m；

　　　h_{max}——基础底面下允许残留冻土层的最大厚度，按表 7-8 查取，当有充分依据时，基底下允许残留冻土层厚度也可以根据工地经验确定。

表 7-8　建筑基底下允许残留冻土层厚度 h_{max}　　　　单位：m

冻胀性	基础形式	采暖情况	基底平均压力/kPa						
			90	110	130	150	170	190	210
弱冻胀土	方形基础	采暖	—	0.94	0.99	1.04	1.11	1.05	1.2
		不采暖	—	0.78	0.84	0.91	0.97	1.04	1.1
	条形基础	采暖	—	>2.50	>2.50	>2.50	>2.50	>2.50	>2.50
		不采暖	—	2.2	2.5	>2.50	>2.50	>2.50	>2.50
冻胀土	方形基础	采暖	—	0.64	0.7	0.75	0.81	0.86	
		不采暖	—	0.55	0.6	0.65	0.69	0.74	
	条形基础	采暖	—	1.55	1.79	2.03	2.26	2.5	
		不采暖	—	1.15	1.35	1.55	1.75	1.95	
强冻胀土	方形基础	采暖	—	0.42	0.47	0.51	0.56	—	
		不采暖	—	0.36	0.4	0.43	0.47	—	
	条形基础	采暖	—	0.74	0.88	1	1.13		
		不采暖	—	0.56	0.66	0.75	0.84		
特强冻胀土	方形基础	采暖	0.3	0.34	0.38	0.41			
		不采暖	0.24	0.27	0.31	0.34			
	条形基础	采暖	0.43	0.52	0.61	0.7			
		不采暖	0.33	0.4	0.47	0.53			

特别提示

(1) 本表只计算法向冻胀力，如果基侧存在切向冻胀力应采取防切向力措施。

(2) 本表不适用于宽度小于 0.6m 的基础，矩形基础可取短边尺寸按方形基础计算。

(3) 表中数据不适用于淤泥、淤泥质土和欠固结土。

(4) 表中基底平均压力数值为永久荷载标准值乘以 0.9，可以内插。

除按以上要求选择埋深外，还应采取必要的防冻害措施，具体规定参见《建筑地基规范》(GB 50007—2011)第 5.1.9 条。

7.3.6　冲刷深度的影响

对一些埋在水下有水流冲刷的建筑物基础(如水闸基础、桥涵基础、岸边取水构筑物基础等），为防止水流冲刷掏空基底，使基础产生不均匀沉降和倾斜，则基础埋深应设置在水流冲刷线以下甚至还要保留一定的安全值，具体规定可参考有关规范。

7.4 基础底面尺寸确定

在选定了基础类型和埋置深度后，就可根据持力层的修正后承载力特征值计算基础底面尺寸。若地基压缩层范围内有软弱下卧层时，还必须对软弱下卧层进行强度验算。

7.4.1 按地基持力层的承载力计算基底尺寸

1. 中心荷载作用下的基础

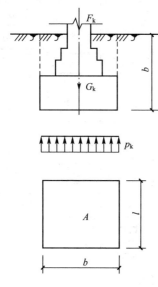

当基础底面只作用中心垂直荷载 F_k、G_k 时，如图 7.12 所示。基底压力按简化方法计算为

$$p_k=\frac{F_k+G_k}{A}=\frac{F_k+A\bar{d}\gamma_G}{A} \tag{7-8}$$

式中　p_k——相应于荷载效应标准组合时，基础底面处的平均压力，kPa；

　　　F_k——相应于荷载效应标准组合时，上部结构传至基础顶面的竖向力值，kPa；

　　　G_k——基础及上方回填土所受的重力，$G = A\bar{d}\gamma_G$，kN；

　　　γ_G——为基础及上方填土的平均重度，取 $\gamma_G = 20\text{kN/m}^3$；

　　　$\bar{d}$——为基础平均高度，即室内、外设计埋深的平均值，m；

　　　A——基础底面积，m^2。

图 7.12　中心荷载作用下的基础

由强度条件式(7-1)知：

$$p_k \leqslant f_a$$

即

$$\frac{F_k+G_k}{A}=\frac{F_k+A\bar{d}\gamma_G}{A}\leqslant f_a \tag{7-9}$$

整理后得基底面积为

$$A\geqslant\frac{F_k}{f_a-\gamma_G\bar{d}} \tag{7-10}$$

式中　f_a——修正后的地基承载力特征值，kPa。

（1）对矩形基础，$A=bl$，l 与 b 为基础的长度和宽度，一般 $l/b=n$，n 取 1.5～2，并与柱截面的长宽比接近为宜。

$$b\geqslant\sqrt{\frac{F_k}{n(f_a-\gamma_G\bar{d})}} \tag{7-11}$$

（2）对方形基础边长为

$$b \geqslant \sqrt{\frac{F_k}{f_a - \gamma_G \overline{d}}} \qquad (7-12)$$

（3）对条形基础，沿基础长度方向，取 1m 作为计算单元，荷载也为相应的线荷载（kN/m），则条形基础的底宽度为

$$b \geqslant \frac{F_k}{f_a - \gamma_G \overline{d}} \qquad (7-13)$$

应当指出，式中 f_a 与基础宽度 b 有关。由于基础尺寸还没有确定，因此试算过程。可根据原定埋深，先对地基承载力特征值进行修正，然后计算基础底面尺寸，再考虑是否需要进行宽度修正，使得 b、f_a 之间相互协调一致。另一种方法是假设基础底面尺寸，并经反复验算，以满足公式（7-1）为准。

2. 偏心荷载作用下的基础

当基础受偏心荷载作用时，如图 7.13 所示，除应满足公式（7-2）及（7-3）的要求外，为了保证基础不至于过分倾斜，通常还要求偏心距 e 应满足下列条件：

$$e \leqslant l/6 \qquad (7-14)$$

对于常见的单向偏心矩形基础 p_{kmax} 和 p_{kmin} 按下式计算：

$$p_{kmax \atop kmin} = \frac{F_k + G_k}{bl}\left(1 \pm \frac{6e}{l}\right) \qquad (7-15)$$

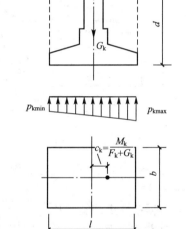

式中　l——偏心方向的基础底面边长，一般为基底长边边长，m；

　　　b——垂直于偏心方向的基础底面边长，一般为基底短边边长，m；

　　　e——偏心距，$e = M_k/(F_k + G_k)$，m；

　　　M_k——相应于荷载效应标准组合时，基础所有荷载对基底形心的合力矩，kN·m；

图 7.13　单向偏心荷载作用下的基础

其余符号的意义同前。

对偏心受压的条形基础，基底压力为

$$p_{kmax \atop kmin} = \frac{F_k + G_k}{b}\left(1 \pm \frac{6e}{b}\right) \qquad (7-16)$$

式中　b——基础底面宽度，m。

偏心荷载作用下基础的底面尺寸常用试算法确定，其计算步骤如下。

（1）先按中心荷载作用的公式初步估算基础底面积 A_0。

（2）根据偏心距的大小，将基础底面积 A_0 增大（10%～40%）即 $A = (1.1 \sim 1.4)A_0$，并以适当的长宽比拟定基础底面的长度 l 和宽度 b。

（3）计算偏心距 e 和基底最大压力 p_{kmax}，并验算是否满足式（7-14）或（7-16）和（7-2）的要求，如不合适（太大或太小），可调整基底尺寸后再验算，直到满意为止。

[**例题 7-1**]　某粘性土地基天然重度 $\gamma = 18.2 \text{kN/m}^3$，孔隙比 $e = 0.73$，$I_L = 0.75$，地基承载力特征值 $f_{ak} = 220 \text{kPa}$。现修建一外柱基础，作用在基础顶面的轴心荷载 $F_k = $

830kN，基础埋深（自室外地面起算）为1.0m，室内地面高出室外地面0.3m，试确定方形基础的底面边长。

解：（1）确定地基承载力特征值 f_a。

根据粘性土的孔隙比 $e=0.73$ 和液性指数 $I_L=0.75$ 查表5-7得：$\eta_b=0.3$，$\eta_d=1.6$。

自室外地面起算的基础埋深 $d=1.0\text{m}$，修正后的地基承载力特征值 f_a 为

$$f_a=f_{ak}+\eta_d\gamma_m(d-0.5)=220+1.6\times18.2\times(1.0-0.5)=235(\text{kPa})$$

（2）确定方形基础的底面边长 b。

计算基础及上方回填土所受的重力 G_k 时的基础平均高度 $\overline{d}=(1.0+1.3)/2=1.15$（m），由公式（7-12）得

$$b\geqslant\sqrt{\frac{F_k}{f_a-\gamma_G\overline{d}}}=\sqrt{\frac{830}{235-20\times1.15}}=1.98(\text{m})$$

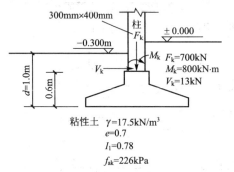

图7.14 ［例题7-2］附图

取 $b=2.0\text{m}$。因 $b<3\text{m}$，不必进行承载力宽度修正。

［**例题7-2**］ 某粘性土地基天然重度 $\gamma=17.5\text{kN/m}^3$，孔隙比 $e=0.70$，$I_L=0.78$，地基承载力特征值 $f_{ak}=226\text{kPa}$。现修建一外柱基础，作用在基础顶面的荷载标准值：垂直荷载 $F_k=700\text{kN}$，力矩 $M_k=80\text{kN·m}$，水平荷载 $V_k=13$，基础埋深（自室外地面起算）为1.0m，室内地面高出室外地面0.3m，如图7.14所示。试根据地基持力层承载力确定基础的底面尺寸。

解：（1）确定地基承载力特征值 f_a。

根据粘性土的孔隙比 $e=0.70$ 和液性指数 $I_L=0.78$ 查表5-7得：$\eta_b=0.3$，$\eta_d=1.6$。

自室外地面起算的基础埋深 $d=1.0\text{m}$，修正后的地基承载力特征值 f_a 为

$$f_a=f_{ak}+\eta_d\gamma_m(d-0.5)=226+1.6\times17.5\times(1.0-0.5)=240(\text{kPa})$$

（2）初步选择基础底面尺寸。

计算基础及上方回填土所受的重力 G_k 时的基础平均高度 $\overline{d}=(1.0+1.3)/2=1.15$（m）由公式（7-10）得

$$A_0\geqslant\frac{F_k}{f_a-\gamma_G\overline{d}}=\frac{700}{240-20\times1.15}=3.23(\text{m}^2)$$

考虑偏心荷载，将基底面积增大20%，即

$$A=1.2A_0=1.2\times3.23=3.88(\text{m}^2)$$

取基底长宽比 $l/b=1.5$，得 $b=\sqrt{\dfrac{A}{1.5}}=\sqrt{\dfrac{3.88}{1.5}}=1.61(\text{m})$，初步选择 $b=1.6\text{m}<3\text{m}$（不需对其进行修正），$l=2.4\text{m}$。

（3）验算偏心距 e 和基底最大压力 p_{kmax}。

基础及上方回填土所受的重力：

$$G_k=\overline{bld}\gamma_G=1.6\times2.4\times1.15\times20=88.3(\text{kN})$$

偏心距：

$$e=\frac{M_k}{F_k+G_k}=\frac{80+13\times0.6}{700+88.3}=0.11\text{m}<\frac{l}{6}=0.4\text{m}，满足要求。$$

基底最大压力：

$$p_{kmax}=\frac{F_k+G_k}{A}\left(1+\frac{6e}{l}\right)=\frac{700+88.3}{1.6\times2.4}\times\left(1+\frac{6\times0.11}{2.4}\right)$$
$$=262(\text{kPa})<1.2f_a=288(\text{kPa})，满足要求。$$

所以，取基础底面长边 $l=2.4$m，短边 $b=1.6$m 合适。

7.4.2 地基软弱下卧层验算

在成层地基中，当地基受力层范围内有软弱下卧层时，除按持力层承载力计算基底尺寸外，还必须按下式对软弱下卧层进行验算，即要求作用在软弱下卧层顶面处的附加应力与自重应力之和不超过软弱下卧层修深度正后的承载力特征值，即

$$\sigma_z+\sigma_{cz}\leqslant f_{az} \tag{7-17}$$

式中　σ_z——相应于荷载效应标准组合时，软弱下卧层顶面处的附加应力，kPa；

　　　σ_{cz}——软弱下卧层顶面处土的自重应力，kPa；

　　　f_{az}——软弱下卧层顶面处经深度修正后的地基承载力特征值，kPa。

软弱下卧层顶面处的附加应力 σ_z 计算，通常假设基底附加压力（$p_0=p_k-\sigma_{cd}$）往下传递时按压力扩散角 θ 向下扩散至软弱下卧层表面，如图 7.15所示，根据基底与下卧层顶面处附加应力总和相等的条件，可得附加应力 σ_z 的计算公式如下：

矩形基础（附加应力沿两个方向扩散）：

$$\sigma_z=\frac{lb(p_k-\sigma_{cd})}{(l+2Z\tan\theta)(b+2Z\tan\theta)} \tag{7-18}$$

条形基础（附加应力沿一个方向扩散）：

$$\sigma_z=\frac{b(p_k-\sigma_{cd})}{b+2Z\text{tg}\theta} \tag{7-19}$$

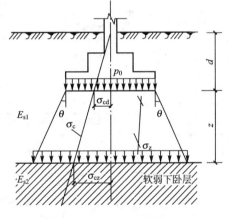

图 7.15　附加应力简化计算图

式中　b——矩形基础或条形基础的底面宽度，m；

　　　σ_{cd}——基础底面处的自重应力，kPa；

　　　Z——基础底面至软弱下卧层顶面的距离，m；

　　　θ——地基压力扩散角，可按表 7-9 查取；

其余符号同前。

表 7-9　地基压力扩散角 θ

E_{s1}/E_{s2}	Z/b	Z/b
	0.25	0.50
3	6°	23°
5	10°	25°
10	20°	30°

(1) E_{S1} 为持力层的压缩模量；E_{S2} 为软弱下卧层的压缩模量。

(2) $Z<0.25b$ 时取 $\theta=0$，必要时，宜由试验确定；$Z\geqslant 0.5b$ 时 θ 值不变。

若软弱下卧层强度验算不满足式(7-17)的要求，则表明该软弱土层承受不了上部荷载的作用，应考虑增大基础底面积、减小基础埋深或对地基进行加固处理，甚至改用深基础设计方案。

[**例题7-3**]　如图7.16所示柱基础，相应于荷载效应标准组合的荷载值 $F_k=300\text{kN/m}$、$M_k=140 \text{ kN·m}$，若基础底面尺寸 $l\times b=3.6\text{m}\times2.6\text{m}$，试根据图中资料验算地基承载力是否满足要求。

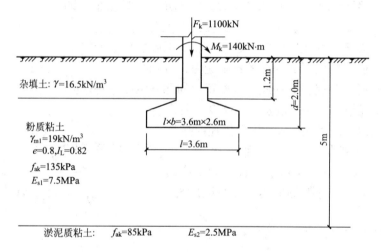

图7.16　[例题7-3]附图

解：(1) 持力层承载力验算。

基础埋深范围内土的加权平均重度 γ_{m1}

$$\gamma_{m1}=\frac{16.5\times1.2+(19-9.8)\times0.8}{2}=13.6(\text{kN/m}^3)$$

根据粉质粘土孔隙比 $e=0.8$ 和液性指数 $I_L=0.82$ 查表5-7得：$\eta_b=0.3$，$\eta_d=1.6$。

修正后的持力层承载力特征值 f_a 为

$$f_a=f_{ak}+\eta_d\gamma_{m1}(d-0.5)=135+1.6\times13.6\times(2.0-0.5)=167.6(\text{kPa})$$

基础及回填土重 G_k（0.8m 在地下水位以下）

$$G_k=20\times2\times3.6\times2.6-9.8\times0.8\times3.6\times2.6=301(\text{kN})$$

偏心距

$$e=\frac{M_k}{F_k+G_k}=\frac{140}{1100+301}=0.10(\text{m})<\frac{l}{6}=0.6(\text{m})，满足要求。$$

基底最大压力

$$p_{kmax} = \frac{F_k + G_k}{A}\left(1 + \frac{6e}{l}\right) = \frac{1100 + 301}{2.6 \times 3.6} \times \left(1 + \frac{6 \times 0.10}{3.6}\right)$$
$$= 174.6(kPa) < 1.2f_a = 201.1(kPa),满足要求。$$

平均基底压力

$$p_k = \frac{F_k + G_k}{A} = \frac{1100 + 301}{3.6 \times 2.6} = 149.7(kPa)$$

（2）软弱下卧层承载力验算。

软弱下卧层顶面处土的自重应力

$$\sigma_{cz} = 16.5 \times 1.2 + (19 - 9.8) \times 3.8 = 54.8(kPa)$$

由 $E_{s1}/E_{s2} = 7.5/2.5 = 3$、$z/b = 3/2.6 > 0.5$，查表 7-9 得压力扩散角 $\theta = 23°$，则软弱下卧层顶面处的附加应力为

$$\sigma_z = \frac{lb(p_k - \sigma_{cd})}{(l + 2Z\tan\theta)(b + 2Z\tan\theta)}$$
$$= \frac{3.6 \times 2.6 \times (149.7 - 13.6 \times 2.0)}{(3.6 + 2 \times 3 \times \tan23°) \times (2.6 + 2 \times 3 \times \tan23°)}$$
$$= 36.2(kPa)$$

软弱下卧层顶面以上土的加权平均重度：

$$\gamma_{m2} = \frac{54.8}{5} = 11.0(kN/m^3)$$

软弱下卧层顶面处经深度修正后的地基承载力特征值 f_{az}，由淤泥质粘土查表 5-7 得承载力的宽深修正系数 $\eta_d = 1.0$，则

$$f_{az} = f_{ak} + \eta_d\gamma_{m2}(d + z - 0.5) = 85 + 1.0 \times 11.0 \times (5 - 0.5) = 134.5(kPa)$$

验算：

$$\sigma_z + \sigma_{cz} = 36.2 + 54.8 = 91.0(kPa) < f_{az} = 134.5(kPa),满足要求。$$

7.5 基础结构设计

7.5.1 无筋扩展基础

无筋扩展基础是指砖、灰土、三合土、毛石、混凝土和毛石混凝土等材料组成的墙下条形或柱下独立基础。由于这类基础材料抗拉强度低，不能受较大的弯矩作用，稍有弯曲变形，即产生裂缝，而且发展很快，以致基础不能正常工作。因此，通常采取构造措施，控制基础的外伸宽度 b_2 和基础高度 H_0 的比值不能超过表 7-10 所规定的允许宽高比 $\left[\frac{b_2}{H_0}\right]$ 范围，基础高度及台阶形基础每阶的宽高比应符合下式要求：

$$H_0 \geqslant \frac{b - b_0}{2\tan\alpha}$$

即
$$\frac{b_2}{H_0} \leqslant \left[\frac{b_2}{H_0}\right] = tg\alpha \qquad (7-20)$$

式中　$\left[\frac{b_2}{H_0}\right]$——无筋扩展基础的允许宽高比，查表 7-10 得到；

　　　　α——基础的刚性角，如图 7.17 所示。

表 7-10　无筋扩展基础台阶宽高比的允许值

基础材料	质量要求	台阶宽高比的允许值（tgα）		
		$p_k \leq 100$	$100 < p_k \leq 200$	$200 < p_k \leq 300$
混凝土基础	C15 混凝土	1：1.00	1：1.00	1：1.25
毛石混凝土基础	C15 混凝土	1：1.00	1：1.25	1：1.50
砖基础	砖不低于 MU10、砂浆不低于 M5	1：1.50	1：1.50	1：1.50
毛石基础	砂浆不低于 M5	1：1.25	1：1.50	—
灰土基础	体积比为 3：7 或 2：8的灰土，其最小干密度：粉土 1.55t/m³；粉质粘土 1.50t/m³；粘土 1.45t/m³	1：1.25	1：1.50	—
三合土基础	体积比为 1：2：4～1：3：6（石灰：砂：骨料），每层约虚铺 220mm，夯至 150mm	1：1.50	1：2.00	—

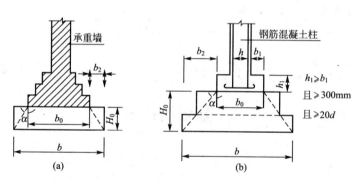

图 7.17　无筋扩展基础构造示意

 特别提示

（1）p_k 为荷载效应标准组合时基础底面处的平均压力值（kPa）。

（2）阶梯形毛石基础的每阶伸出宽度，不宜大于 200mm。

（3）当基础由不同材料叠合组成时，应对接触部分作局部受压承载力计算。

（4）$p_k > 300$kPa 的混凝土基础，尚应进行抗剪验算。

按基础台阶宽高比允许值设计的基础，一般都具有较大的整体刚度，其抗拉、抗剪强度都能够满足要求，可不必验算。

砖基础一般做成台阶式，应满足刚性角（俗称大放脚）的要求。为了施工方便，一般均采用两种习惯砌法：一是"两皮一收"砌法，即从基础底面起，先砌两皮砖(120mm)后向里收 1/4 砖长(60mm)，再砌两皮收 1/4 砖长，依次一直砌收到与墙体厚度相同，如图 7.18(a)所示；另一种是"二、一间隔收"砌法，即先砌两皮砖后收 1/4 砖长，再砌一皮砖后收 1/4 砖长，依次砌筑，如图 7.18(b)所示。

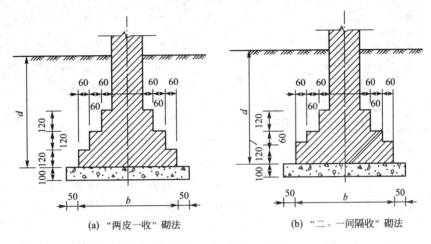

(a) "两皮一收"砌法　　　　　(b) "二、一间隔收"砌法

图 7.18　砖石基础示意图

毛石、混凝土和毛石混凝土基础，在满足刚性角要求的情况下，一般也做成台阶形，毛石基础的每阶伸出宽度不宜大于 200mm，每阶高度通常取 400～600mm，并由两层毛石错缝砌成。混凝土基础每阶高度不应小于 200mm，毛石混凝土基础每阶高度不应小于 300mm。

为了保证基础的砌筑质量，基础底面下应设垫层，垫层材料可选用灰土、三合土或素混凝土，垫层每边伸出基础底面 50mm，厚度为 100mm。

无筋扩展基础也可由两种材料叠合组成，如上层用砖砌体，下层用用混凝土。

[例题 7-4]　某学校教学楼拟采用无筋扩展基础，承重墙厚 240mm，地表以下第一层土为杂填土，厚 0.8m，天然重度 $\gamma=17.0$kN/m³；第二层为粉质粘土，厚 5.4m，天然重度 $\gamma=18.0$kN/m³，承载力特征值 $f_{ak}=158.0$kPa，$\eta_b=0.3$，$\eta_d=1.6$。已知上部结构传至基础上的荷载标准值 $F_k=190$kN/m，室内、外高差 0.45m，试设计该墙下条形基础。

解：(1) 计算修正后的地基承载力特征值。

根据地基条件，选择粉质粘土作为持力层，初选基础埋深 $d=1.0$m，则

$$f_a=f_{ak}+\eta_d\gamma_m(d-0.5)=158+1.6\times(17\times0.8+18\times0.2)/1\times(1-0.5)=171.8(\text{kPa})$$

(2) 确定条形基础底面宽度 b。

计算基础及上方回填土所受的重力 G_k 时的基础平均高度：

$$\bar{d}=(1.0+1.45)/2=1.225(\text{m})$$

基础宽度：

$$b\geqslant\frac{F_k}{f_a-\gamma_G\bar{d}}=\frac{190}{171.8-20\times1.225}=1.29(\text{m})$$

取基础宽度 $b=1.3$m<3.0m，地基承载力不需宽度修正。

(3) 选择基础材料，并确定基础剖面尺寸。

基础选择两种材料，上层采用 MU10 砖和 M5 砂浆，按"二、一间隔收"砌法；下层

采用350mm厚的C15混凝土。

基础及回填土重：

$$G_k = 20 \times 1.3 \times 1.225 = 31.85(kN)$$

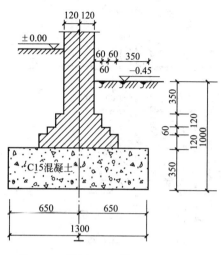

基底压力：

$$p_k = \frac{F_k + G_k}{b} = \frac{190 + 31.85}{1.3} = 170.7(kPa)$$

查表7-10得C15混凝土基础宽高比允许值为1:1.00，所以混凝土层台阶宽为350mm。

上层砖基础所需台阶数为

$$n \geqslant \frac{1300 - 240 - 2 \times 350}{120} = 3(阶)$$

相应的基础高度为

$$H_0 = 120 \times 2 + 60 \times 1 + 350 = 650(mm)$$

则基础顶面至室外地面的距离为350mm $\geqslant$ 100mm，所以选择基础埋深 $d = 1.0$m，满足要求。

（4）绘基础剖面图。

基础剖面形状及尺寸如图7.19所示。

图7.19 [例题7-4]图(单位：mm)

7.5.2 扩展基础

1. 扩展基础类型

扩展基础系指柱下钢筋混凝土独立基础和墙下钢筋混凝土条形基础。

1) 柱下钢筋混凝土独立基础

柱下钢混凝土独立基础有现浇混凝土柱基础和预制混凝土柱基础两种。现浇混凝土柱下常采用钢筋混凝土独立基础，基础截面可做成阶梯形或锥形，如图7.20(a)、(b)所示；预制混凝土柱下采用杯形基础，如图7.20(c)所示，将柱子插入杯口后，再用细石混凝土将柱子周围的缝隙填充压实。

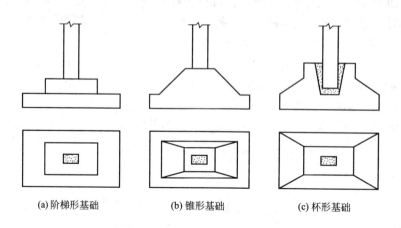

(a)阶梯形基础   (b)锥形基础   (c)杯形基础

图7.20 柱下钢筋混凝土独立基础

2）墙下钢筋混凝土独立基础

墙下基础若当上层土质松软而其下不深处有较好土层时，为了节约基础材料和减少开挖土方量，也可采用墙下独立基础形式。如图7.21所示基础上设置钢筋混凝土过梁，或砖拱圈来承受墙荷载，下部为钢筋混凝土独立基础。

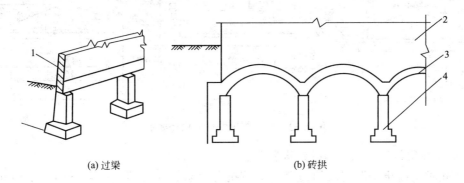

(a) 过梁   (b) 砖拱

图7.21 墙下独立基础

1—过梁；2—砖墙；3—砖拱；4—独立基础

3）墙下钢筋混凝土条形基础

条形基础是墙基础最主要的形式，钢筋混凝土条形基础适用于建筑物荷载较大而土质较差，尤其适用于"宽基浅埋"的情况，如图7.22所示；但当基础纵向上部荷载或地基土的压缩性不均匀时，为了增强基础的整体性和纵向抗弯能力，减少不均匀沉降，也可做成带肋式的钢筋混凝土条形基础，如图7.22(b)所示。

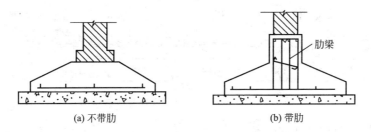

(a) 不带肋   (b) 带肋

图7.22 墙下钢筋混凝土条形基础

2. 扩展基础的构造要求

1）一般构造要求

（1）锥形基础的边缘高度一般不小于200mm[图7.23(a)]；阶梯形基础的每阶高度宜为300～500mm；当600mm≤h(基础高度)＜900mm，阶梯形基础分二阶；当h≥900mm时，则分为3阶，如图7.23(b)所示。

（2）通常在底板下浇筑一层素混凝土垫层，垫层厚度不宜小于70mm，一般为100mm；两边伸出基础底板不小于50mm，一般为100mm，垫层混凝土强度等级应为C10。

（3）扩展基础底板受力钢筋最小直径不宜小于10mm，间距不大于200mm，也不宜小于100mm；当钢筋混凝土柱基础底面边长或钢筋混凝土条形基础宽度b≥2.5m时，钢筋长度可减短10%，并应均匀交叉放置[图7.23(c)]；当设垫层时底板钢筋保护层净厚度不应小于 40mm；无垫层时不应小于 70mm。

（4）基础混凝土强度等级不宜低于 C20。

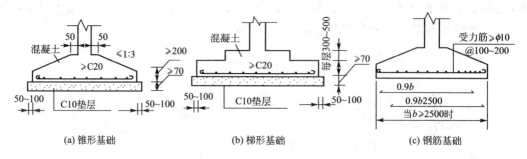

图 7.23　扩展基础的一般构造要求

2）墙下钢筋混凝土条形基础的构造要求

墙下钢筋混凝土条形基础的高度 h 应按抗剪要求计算确定，一般不小于 300mm，并且不小于 $b/8$（b 为基础宽度）。$b < 1500mm$（或 $h \leq 250mm$）时，基础剖面宜采用平板式；当 $b \geq 1500mm$（或 $h > 250mm$）时剖面采用锥形，坡度 $i \leq 1:3$，如图 7.24 所示，墙下钢筋混凝土条形基础纵向分布钢筋的直径不小于 8mm，间距不大于 300mm，每延米分布筋面积不应小于受力钢筋面积的 1/10。

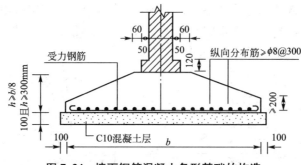

图 7.24　墙下钢筋混凝土条形基础的构造

当地基土质或荷载沿基础纵向分布不均匀时，为了增加条形基础纵向抗弯能力和抵抗不均匀沉降能力，可做成带肋的条形基础，肋的纵向钢筋和箍筋一般按经验确定。

3）柱下钢筋混凝土独立基础的构造要求

（1）现浇柱基础，其插筋的数量、直径以及钢筋种类应与柱内的纵向受力钢筋相同；插入基础的钢筋，上下至少应有两道箍筋固定；插筋与柱的纵向受力钢筋的连接方法，应符合现行《混凝土结构设计规范》（GB 50010—2011）的规定；插筋的下端宜做成直钩放在基础底板钢筋网上。当符合下列条件之一时，可仅将四角的插筋伸至底板钢筋网上，其余插筋伸入基础的长度按锚固长度确定：柱为轴心受压或小偏心受压，基础高度基础高度大于等于 1200mm；柱为大偏心受压不，基础高度大于等于 1400mm。

（2）预制钢筋混凝土柱与杯口基础的连接应符合插入深度、杯底厚度和杯壁厚度的要求，如图 7.25 所示。其中柱的插入深度、杯底厚度和杯壁厚度可分别按表 7-11 和表 7-12 选用。当柱为轴心受压或小偏心受压且 $t/h_2 \geq 0.65$ 时，或大偏心受压且 $t/h_2 \geq 0.75$ 时，杯壁可不配筋；轴心受压或小偏心受压且 $0.5 \leq t/h_2 < 0.65$ 时，可按表 7-13 配构造筋；其他情况按计算配筋。

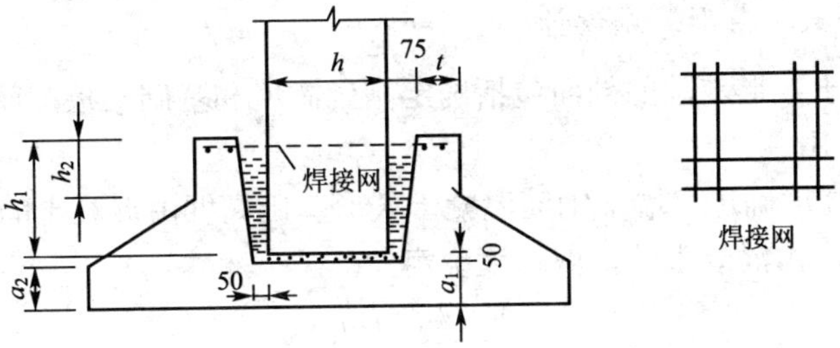

图 7.25　预制钢筋混凝土柱下独立基础

表 7-11　柱的插入深度 h_1　　　　　　　　　　　（mm）

矩形或工字形柱				双肢柱
$h<500$	$500\leqslant h<800$	$800\leqslant h\leqslant1000$	$h>1000$	
$(1\sim1.2)h$	h	$0.9h$ 且$\geqslant800$	$0.8h$ 且$\geqslant1000$	$(1/3\sim2/3)h_a$ $(1.5\sim1.8)h_b$

特别提示

（1）h 为柱截面长边尺寸；h_a 为双肢柱全截面长边尺寸；h_b 为双肢柱全截面短边尺寸。

（2）柱轴心受压或小偏心受压时，h_1 可适当减小，偏心距大于 $2h$ 时，h_1 应适当加大。

表 7-12　基础的杯底厚度和杯壁厚度

柱截面长边尺寸 h/mm	杯底厚度 a_1/mm	杯壁厚度 t/mm
$h<500$	$\geqslant150$	$150\sim200$
$500\leqslant h<800$	$\geqslant200$	$\geqslant200$
$800\leqslant h<1000$	$\geqslant200$	$\geqslant300$
$1000\leqslant h<1500$	$\geqslant250$	$\geqslant350$
$1500\leqslant h<2000$	$\geqslant300$	$\geqslant400$

特别提示

（1）双肢柱的杯底可适当加大；有基础梁时，基础梁下的杯壁厚度，应满足其支承宽度的要求。

（2）柱子插入杯口部分的表面应凿毛，柱子与杯口之间的空隙，应用比基础混凝土强度等级高一级的细石混凝土充填密实，当达到材料设计强度的 70% 以上时，方能进行上部吊装。

表 7-13　杯壁构造配筋

柱截面长边尺寸/mm	$h<1000$	$1000\leqslant h<1500$	$1500\leqslant h<2000$
钢筋直径/mm	$8\sim10$	$10\sim12$	$12\sim16$

3. 墙下钢筋混凝土条形基础设计

墙下钢筋混凝土条形基础的剖面包括确定基础高度和基础底板配筋，如图 7.26 所示。

1) 轴心荷载作用

(1) 基础底板高度确定。墙下钢筋混凝土条形基础高度由混凝土的受剪承载力确定。

基础底板高度应由混凝土的抗剪强度确定

$$V \leqslant 0.7 f_t h_0 \tag{7-21}$$

式中 V 为剪力设计值

$$V = p_j b_1 \tag{7-22}$$

于是

$$h_0 \geqslant \frac{V}{0.7 f_t} \tag{7-23}$$

式中　p_j——相应于荷载效应基本组合时的地基净反力，kPa，可按下式计算：

$$p_j = F/b \tag{7-24}$$

　　f_t——混凝土轴心抗拉强度设计值，kPa；

　　F——相应于荷载效应基本组合时上部结构传至基础顶面的竖向力，kN/m；

　　h_0——基础有效高度，m；

　　b_1——基础边缘至砖墙边或基础边缘至混凝土墙脚的距离，m。

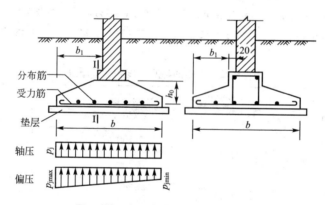

图 7.26　墙下钢筋混凝土条形基础

(2) 基础底板配筋。

悬臂板根部的最大弯矩

$$M = \frac{1}{2} p_j b_1^2 \tag{7-25}$$

基础每米长受力钢筋截面面积

$$A_s = \frac{M}{0.9 f_y h_0} \tag{7-26}$$

式中　f_y——钢筋抗拉强度设计值，N/mm²。

2) 偏心荷载作用

在偏心荷载作用下，基础边缘处的最大净反力设计值为

$$p_{jmax} = \frac{F}{b} \left(1 + \frac{6e_0}{b} \right) \tag{7-27}$$

式中　M——相应于荷载效应基本组合时作用于基础底面的力矩值，$kN \cdot m$；

$\quad\quad e_0$——荷载净偏心距，$e_0 = M/F$，m。

基础高度和底板配筋仍按式(7-23)和(7-26)计算，但式中的剪力和弯矩设计值应改用下列公式计算：

$$V = \frac{1}{2}(p_{jmax} + p_j)b_1 \tag{7-28}$$

$$M = \frac{1}{6}(2p_{jmax} + p_j)b_1^2 \tag{7-29}$$

[例题7-5]　某砖墙厚240mm，相应于荷载效应标准组合时作用于基础顶面的轴心荷载 $F_k = 141kN/m$，基础埋深 $d = 0.5m$，地基承载力特征值 $f_{ak} = 106kPa$，设计此墙下条形基础。

解：因基础埋深为0.5m，故采用钢筋混凝土条形基础。混凝土强度等级采用C20，$f_t = 1100kPa$；钢筋用HPB235级，$f_y = 210N/mm^2$。

(1) 确定基础底面宽度 b。

因基础埋深 $d = 0.5m$，故地基承载力不需经过深度修正，$f_a = f_{ak} = 106kPa$。

$$b \geqslant \frac{F_k}{f_a - \gamma_G d} = \frac{141}{106 - 20 \times 0.5} = 1.47(m)$$

取 $b = 1.5m < 3m$，地基承载力也不需宽度修正。

(2) 确定基础高度 h。

地基净反力

$$p_j = \frac{F}{b} = \frac{1.35 F_k}{b} = \frac{1.35 \times 141}{1.5} = 126.9(kPa)$$

基础边缘至砖墙边的距离

$$b_1 = \frac{1}{2} \times (1.50 - 0.24) = 0.63(m)$$

基础有效高度

$$h_0 \geqslant \frac{p_j b_1}{0.7 f_t} = \frac{126.9 \times 0.63}{0.7 \times 1100} = 0.104(m) = 104(mm)$$

取基础高度 $h = 300mm$，基础底面下设100mm厚的C10混凝土垫层，基础有效高度 $h_0 = 300 - 40 - 20/2 = 250(mm) > 104mm$（底板受力钢筋暂按 $\phi 20$ 计），满足要求。

(3) 基础底板配筋。

悬臂板根部的最大弯矩

$$M = \frac{1}{2} p_j b_1^2 = \frac{1}{2} \times 126.9 \times 0.63^2 = 25.2(kN \cdot m)$$

基础每米长内受力钢筋面积

$$A_s = \frac{M}{0.9 h_0 f_Y} = \frac{25.2 \times 10^6}{0.9 \times 250 \times 210} = 533.3(mm^2)$$

受力钢筋配 $\phi 12@200$，$A_s = 565mm^2$，可以；纵向分布钢筋配 $\phi 8@250$，如图7.27所示。

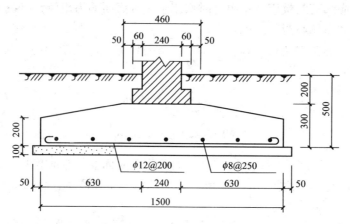

图 7.27　［例题 7-5］附图(单位：mm)

4. 柱下钢筋混凝土独立基础设计

柱下钢筋混凝土独立基础的剖面设计包括确定基础高度及基础底板配筋。

1) 轴心荷载作用

(1) 基础高度 h。基础高度由混凝土受冲切承载力确定。在柱荷载作用下，如果基础高度(或阶梯高度)不够时，则将沿柱周边(或阶梯高度变化处)产生冲切破坏，形成 45° 斜裂面的角锥体，如图 7.28 所示。为防止发生这种破坏，基础底板应有足够的高度(即冲切破坏角锥体以外的地基净反力产生的冲切力 F_l 应小于基础冲切面混凝土的抗冲切能力)。对于长边为 l，短边为 b 的矩形基础，柱短边 b_c 一侧的冲切破坏较柱长边 a_c 一侧危险，所以只需根据短边一侧冲切破坏条件来确定基础高度。

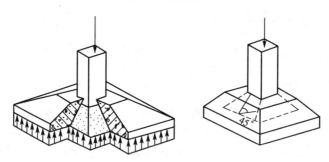

图 7.28　基础冲切破坏

确定基础高度时，当冲切破坏锥体的底面落在基础底面之内，如图 7.29(b)所示，即 $b \geqslant b_c + 2h_0$ 时，应满足公式(7-30)的要求。

$$p_j \left[\left(\frac{l}{2} - \frac{a_c}{2} - h_0 \right) b - \left(\frac{b}{2} - \frac{b_c}{2} - h_0 \right)^2 \right] \leqslant 0.7 \beta_{hp} f_t (b_c + h_0) h_0 \qquad (7-30)$$

式中　p_j——相应于荷载效应基本组合的地基净反力，$p_j = F/(bl)$，kPa；

　　　β_{hp}——受冲切承载力截面高度影响系数，当 $h \leqslant 800$mm 时，β_{hp} 取 1.0，当 $h \geqslant$ 2000mm 时，β_{hp} 取 0.9，其间按线性内插法取用。

当 $b < b_c + 2h_0$ 时，如图 7.29(c)所示，应满足公式(7-31)的要求。

$$p_j \left(\frac{l}{2} - \frac{a_c}{2} - h_0 \right) b \leqslant 0.7 \beta_{hp} f_t \left[(b_c + h_0) h_0 - \left(\frac{b_c}{2} + h_0 - \frac{b}{2} \right)^2 \right] \qquad (7-31)$$

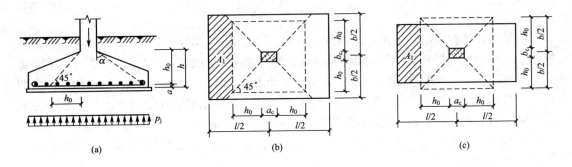

(a)　　　　　　　(b)　　　　　　　(c)

图 7.29　基础冲切破坏计算图

设计时一般先按经验假定底板高度 h，得出 h_0，然后按式(7-30)式(7-31)进行抗冲切强度验算，直至满足要求为止。

对于阶梯形基础，例如分成二级的阶梯形，除了对柱边进行冲切验算外，还应对上台阶底边变阶处进行下阶的冲切验算。验算方法与上面柱边冲切验算相同，只是在使用公式(7-30)和式(7-31)时，a_c、b_c 分别换成上台阶底的长边 l_1 和短边 b_1，h_0 换成下台阶的有效高度 h_{01}(图 7.31)即可。

当基础底面全部落在 45°冲切破坏锥体底边以内时，可不进行冲切验算。

(2)基础底板配筋。底板在地基净反力作用下，基础沿柱的周边向上弯曲。一般矩形基础的长宽比小于 2，故为双向受弯。当弯曲应力超过基础的抗弯强度时，就发生弯曲破坏。其破坏特征是裂缝沿柱角至基础角将基础底面分裂成 4 块梯形面积。故配筋计算时，将基础板看成 4 块固定在柱边的梯形悬臂板，如图 7.30 所示。

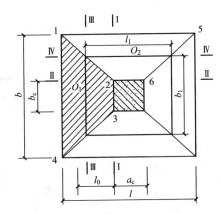

图 7.30　产生弯矩的地基净反力作用面积

当基础台阶宽高比小于等于 2.5 时，基础底板弯矩设计值可按下述方法计算。

柱边 Ⅰ—Ⅰ 截面弯矩为

$$M_{\mathrm{I}} = \frac{1}{24} p_{\mathrm{j}} (l-a_{\mathrm{c}})^2 (2b+b_{\mathrm{c}}) \tag{7-32}$$

柱边 Ⅱ—Ⅱ 截面弯矩为

$$M_{\mathrm{II}} = \frac{1}{24} p_{\mathrm{j}} (b-b_{\mathrm{c}})^2 (2l+a_{\mathrm{c}}) \tag{7-33}$$

平行于 l 方向的受力钢筋面积为

$$A_{\mathrm{sI}} = \frac{M_{\mathrm{I}}}{0.9 f_{\mathrm{y}} h_0} \tag{7-34}$$

平行于 b 方向的受力钢筋面积为

$$A_{s\mathrm{II}} = \frac{M_{\mathrm{II}}}{0.9 f_y h_0} \qquad (7-35)$$

阶梯形基础在变阶处也是抗弯的危险截面，按公式(7-32)～公式(7-35)可以分别计算上台阶底边Ⅲ—Ⅲ和Ⅳ—Ⅳ截面弯矩 M_{III}、M_{IV} 和钢筋面积 $A_{s\mathrm{III}}$、$A_{s\mathrm{IV}}$，计算时只需要将各公式中的 a_c、b_c 分别换成上台阶底的长边 l_1 和短边 b_1，h_0 换成下台阶的有效高度 h_{01} 即可。然后按 $A_{s\mathrm{I}}$ 和 $A_{s\mathrm{III}}$ 中的大值配置平行于 l 方向的受力钢筋，并放置在下排；按 $A_{s\mathrm{II}}$ 和 $A_{s\mathrm{IV}}$ 中的大值配置平行于 b 方向的受力钢筋，并放置在上排。

当基底和柱截面均为正方形时，$M_{\mathrm{I}} = M_{\mathrm{II}}$，$M_{\mathrm{III}} = M_{\mathrm{IV}}$，这时只需计算一个方向即可。

2）偏心荷载作用

如果只在矩形基础的长边方向产生偏心，则当净偏心距 $e_0 \leqslant l/6$ 时，基底最大净反力设计值可用式(7-36)计算，如图7.31所示。

$$p_{j\mathrm{max}} = \frac{F}{bl}\left(1 + \frac{6e_0}{l}\right) \qquad (7-36)$$

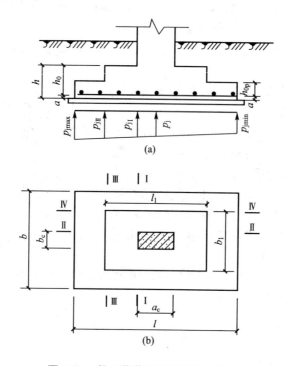

图7.31　偏心荷载作用下的独立基础

（1）基础高度 h。可按式(7-30)或式(7-31)计算，但应以 $p_{j\mathrm{max}}$ 代替式中的 p_j。

（2）基础底板配筋。仍可用公式(7-34)和公式(7-35)计算受力钢筋面积，但公式(7-34)中的 M_{I} 应按下式计算即

$$M_{\mathrm{I}} = \frac{1}{48}\left[(p_{j\mathrm{max}} + p_j)(2b + b_c) + (p_{j\mathrm{max}} - p_j)b\right](l - a_c)^2 \qquad (7-37)$$

符合构造要求的杯口基础，在与预制柱结合形成整体后，其性能与现浇柱基础相同，故其高度和底板配筋仍按柱边和高度变化处的截面进行计算。

[例题7-6] 设计图7.32所示的柱下独立基础。已知相应于荷载效应基本组合时的柱荷载 $F=700\text{kN}$，$M=87.8\text{ kN}\cdot\text{m}$，柱截面尺寸为300mm×400mm，基础底面尺寸为1.6m×2.4m。

解： 采用混凝土强度等级为C20，$f_t=1100\text{kPa}$；钢筋用 HPB235 级，$f_y=210\text{N/mm}^2$，基础下设100mm 厚的C10混凝土垫层。

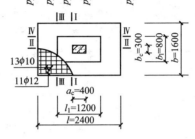

图7.32 [例7-6]附图

(1) 计算基底净反力设计值。

基底平均净反力设计值

$$p_j=\frac{F}{bl}=\frac{700}{1.6\times2.4}=182.3(\text{kPa})$$

净偏心距

$$e_0=M/F=87.8/700=0.125(\text{m})$$

基底最大净反力设计值

$$p_{jmax}=\frac{F}{bl}\left(1+\frac{6e_0}{l}\right)=182.3\times\left(1+\frac{6\times0.125}{2.4}\right)=239.3(\text{kPa})$$

(2) 基础高度。

初选基础高度 $h=600\text{mm}$，基础有效高度 $h_0=550\text{mm}$，基础分二级台阶，下阶台阶高 $h_1=300\text{mm}$，$h_{01}=250\text{mm}$，取 $l_1=1.2\text{m}$，$b_1=0.8\text{m}$。

① 柱边截面抗冲切验算。

$$b_c+2h_0=0.3+2\times0.55=1.4(\text{m})<1.6\text{m}$$

因基础为偏心受压，计算时 p_j 取 p_{jmax}。该式左边，则冲切力为

$$p_{jmax}\left[\left(\frac{l}{2}-\frac{a_c}{2}-h_0\right)b-\left(\frac{b}{2}-\frac{b_c}{2}-h_0\right)^2\right]$$

$$=239.3\times\left[\left(\frac{2.4}{2}-\frac{0.4}{2}-0.55\right)\times1.6-\left(\frac{1.6}{2}-\frac{0.3}{2}-0.55\right)^2\right]$$

$$=169.9(\text{kN})$$

该式右边，则抗冲切力为

$$0.7\beta_{hp}f_t(b_c+h_0)h_0=0.7\times1.0\times1100\times(0.3+0.55)\times0.55$$

$$=360.0(\text{kN})>169.9\text{kN}\quad(可以)$$

② 变阶处截面抗冲切验算。

$$b_1+2h_0=0.8+2\times0.25=1.3(\text{m})<1.6\text{m}，则$$

冲切力为

$$p_{jmax}\left[\left(\frac{l}{2}-\frac{l_1}{2}-h_{01}\right)b-\left(\frac{b}{2}-\frac{b_1}{2}-h_{01}\right)^2\right]$$

$$=239.3\times\left[\left(\frac{2.4}{2}-\frac{1.2}{2}-0.25\right)\times1.6-\left(\frac{1.6}{2}-\frac{0.8}{2}-0.25\right)^2\right]$$

$$=128.6(\text{kN})$$

抗冲切力为

$$0.7\beta_{hp}f_t(b_1+h_{01})h_{01}=0.7\times1.0\times1100\times(0.8+0.25)\times0.25$$

$$=202.1(\text{kN})>128.6\text{kN}\quad(可以)$$

（3）底板配筋。

柱边 Ⅰ—Ⅰ 截面处弯矩

$$M_{\text{I}} = \frac{1}{48}\left[(p_{\text{jmax}} + p_{\text{j}})(2b + b_c) + (p_{\text{jmax}} - p_{\text{j}})b\right](l - a_c)^2$$

$$= \frac{1}{48} \times \left[(239.3 + 182.3) \times (2 \times 1.6 + 0.3) + (239.3 - 182.3) \times 1.6\right]$$

$$\times (2.4 - 0.4)^2 = 130.6(\text{kN} \cdot \text{m})$$

$$A_{\text{sI}} = \frac{M_{\text{I}}}{0.9 f_y h_0} = \frac{130.6 \times 10^6}{0.9 \times 210 \times 550} = 1256(\text{mm}^2)$$

变阶处 Ⅲ—Ⅲ 截面处弯矩

$$M_{\text{III}} = \frac{1}{48}\left[(p_{\text{jmax}} + p_{\text{j}})(2b + b_1) + (p_{\text{jmax}} - p_{\text{j}})b\right](l - l_1)^2$$

$$= \frac{1}{48} \times \left[(239.3 + 182.3) \times (2 \times 1.6 + 0.8) + (239.3 - 182.3) \times 1.6\right]$$

$$\times (2.4 - 1.2)^2 = 53.3(\text{kN} \cdot \text{m})$$

$$A_{\text{sIII}} = \frac{M_{\text{III}}}{0.9 f_y h_{01}} = \frac{53.3 \times 10^6}{0.9 \times 210 \times 250} = 1128(\text{mm}^2)$$

比较 A_{sI} 和 A_{sIII} 的大小，应按 A_{sI} 配筋，平行于基础长边 l 方向的受力钢筋配 $11\phi12$，$A_s = 1244\text{mm}^2 \approx 1256\text{mm}^2$。

柱边 Ⅱ—Ⅱ 截面处弯矩

$$M_{\text{II}} = \frac{1}{24}p_{\text{j}}(b - b_c)^2(2l + a_c)$$

$$= \frac{1}{24} \times 182.3 \times (1.6 - 0.3)^2 \times (2 \times 2.4 + 0.4)$$

$$= 66.8(\text{kN} \cdot \text{m})$$

$$A_{\text{sII}} = \frac{M_{\text{II}}}{0.9 f_y h_0} = \frac{66.8 \times 10^6}{0.9 \times 210 \times (550 - 12)} = 657(\text{mm}^2)$$

变阶处 Ⅳ—Ⅳ 截面处弯矩

$$M_{\text{VI}} = \frac{1}{24}p_{\text{j}}(b - b_1)^2(2l + l_1)$$

$$= \frac{1}{24} \times 182.3 \times (1.6 - 0.8)^2 \times (2 \times 2.4 + 1.2)$$

$$= 29.2(\text{kN} \cdot \text{m})$$

$$A_{\text{sVI}} = \frac{M_{\text{IV}}}{0.9 f_y h_0} = \frac{29.2 \times 10^6}{0.9 \times 210 \times (250 - 12)} = 649(\text{mm}^2)$$

平行于基础短边 b 方向的受力钢筋配，按构造要求配 $13\phi10$，$A_s = 1021\text{mm}^2 > 657\text{mm}^2$，基础配筋如图 7.32 所示。

7.5.3 柱下钢筋混凝土条形基础

1. 柱下条形基础类型

在框架结构中，当地基软弱而柱荷载较大，且柱距又比较小时，如采用柱下独立基础，可能因基础底面积很大，使基础间的净距很小甚至重叠，为了增加基础的整体刚度，减小不均匀沉降及方便施工，可将同一排的柱基础连在一起成为钢筋混凝土条形基础(图 7.33)。

若将纵、横两个方向均设置成钢筋混凝土条形基础，形成如图 7.34 所示的十字交叉条形基础。这种基础的整体刚度更大，是多层厂房和高层建筑物中常用的型式。

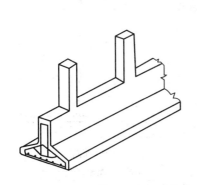

图 7.33 柱下钢筋混凝土条形基础

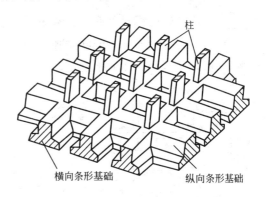

图 7.34 十字交叉条形基础

2. 构造要求

柱下条形基础除应该满足扩展基础的构造要求外，还应该符合下列要求。

(1) 柱下条形基础梁的高度宜为柱距的 1/8~1/4。翼板厚不应小于 200mm，当翼板厚度大于 250mm 时，宜采用变厚度翼板，其坡度宜小于等于 1：3。

(2) 条形基础的端部宜向外伸出，其长度宜为第一跨距的 0.25 倍。

(3) 现浇柱与条形基础梁的交接处，其平面尺寸不应小于图 7.35 的规定尺寸。

(4) 条形基础梁顶部和底部的纵向受力筋除满足计算要求外，顶部钢筋按计算配筋全部贯通，底部通长配筋不应少于底部配筋的 1/3。

(5) 柱下条形基础的混凝土强度等级不应低于 C20。

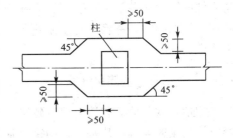

图 7.35 现浇柱与条形基础梁交接处平面尺寸

3. 柱下条形基础设计

柱下条形基础是由一根肋梁或交叉肋梁及其横向伸出的翼板组成，其截面呈倒 T 字形。倒 T 形截面两侧外伸翼板的内力计算和配筋与墙下钢筋混凝土条形基础计算方法相同。肋梁(也称基础梁)的内力计算，要考虑地基基础和上部结构的相互作用，问题比较复杂，目前尚没有统一的计算方法，这里仅介绍一种简化的实用计算方法。

根据《建筑地基基础设计规范》(GB 50007—2011)规定：如果地基土质均匀，上部结构刚度较大，荷载分布较均匀，且条形基础梁的高度大于 1/6 柱距时，地基反力可按直线分布，条形基础梁的内力可按连续梁计算，即采用倒梁法计算基础梁的内力。如不满足以上条件按弹性地基梁方法计算内力。

倒梁法是一种计算地基梁内力的简化方法。它把基础梁看作一根倒置梁，假定作用在梁上的地基净反力为直线分布，如图 7.36(a)所示，并按偏心受压计算。

$$p_{\substack{jmax \\ jmin}} = \frac{\sum F}{bl} \pm \frac{\sum M}{W} \tag{7-38}$$

式中　$\sum F$——作用于基础上竖向荷载设计值的总和，kN；

　　　$\sum M$——外荷载对基底形心弯矩设计值的总和，kN·m；

　　　b、l——分别为条基的宽度和长度，m；

　　　W——基础底面的抵抗矩，m^2。

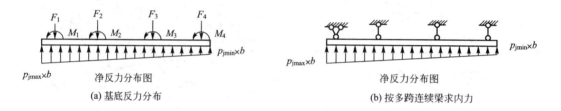

图 7.36　用倒梁法计算地基梁简图

然后，将柱与基础梁的结点视为梁的不动铰支座，以地基净反力为荷载，按多跨连续梁方法计算梁的内力，如图 7.36(b)所示。

但是，由于倒梁法只是一种简化近似法，按此法计算出的支座反力往往不等于柱传来的轴向力，即反力不平衡。为此，工程中提出了"基底反力局部调整法"，即将支座反力与原柱的轴力之差值(可正可负)当作均布荷载，放在此支座两侧各 1/3 跨度范围内，再解此连续梁的内力，并将计算结果进行叠加。经 2~3 次调整后，使支座反力和柱轴向力基本一致。

7.5.4　筏形基础的简化计算

如地基软弱而荷载较大，以致采用十字交叉条形基础还不能满足要求时，可用钢筋混凝土材料做成连续整片基础，即筏形基础。它在结构上同倒置的楼盖结构一样，比十字交叉条形基础有更大的整体刚度，能很好地调整地基的不均匀沉降，特别是对有地下防渗要求的建筑物，筏形基础更是一种理想的底板结构。

1. 筏形基础类型

筏形基础分为平板式和梁板式两种类型。平板式是一块等厚的钢筋混凝土底板，柱子直接支立在底板上，如图 7.37(a)所示，如柱网间距较小，可采用平板式；如柱网间距较大，柱荷载相差也较大时，可做成梁板式筏形基础，以增加基础刚度，使其能承受更大的弯矩，如图 7.37(b)(c)所示。

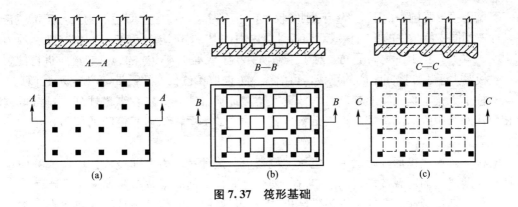

图 7.37 筏形基础

2. 筏形基础构造与设计

筏形基础的混凝土强度等级不低于 C30，筏形基础的地下室、钢筋混凝土外墙厚度不应小于 250mm，内墙厚度不应小于 200mm，墙体设置双面钢筋，直径不小于 12mm，间距不应大于 300mm。

筏形基础通常采用刚性板方法或弹性板方法进行简化计算。

当地基土软弱且均匀，筏板较厚，上部机构刚度很大时，可近似认为筏板相对于地基来说是绝对刚性的，可按刚性板方法计算。有时在柱荷载差异和柱间距差异均不超过 20% 时，也可以认为筏形基础是绝对刚性的。

用刚性板方法计算时，基底反力呈直线或平面分布，并按材料力学偏压公式简化计算其值，如图 7.38 所示。

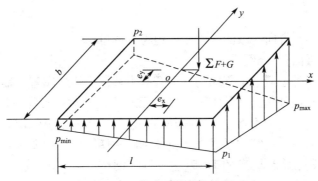

图 7.38 基底压力简化计算

$$p_{\substack{\max\\\min}}, p_{\substack{1\\2}} = \frac{\sum F + G}{lb}\left(1 \pm \frac{6e_x}{l} \pm \frac{6e_y}{b}\right) \quad (7-39)$$

式中　$p_{\max}$，$p_{\min}$，p_1，p_2——分别为基底 4 个角的基底压力值，kPa；

$\sum F$——筏板上的总竖向荷载设计值，kN；

G——基础及其上的重量，kN；

l，b——筏板底面的长与宽度，m；

e_x、e_y——上部结构荷载在 x、y 方向对基底形心的偏心距（x、y 轴通过基底形心）。

确定筏形基底面积时同样要满足地基承载力要求。

对墙下筏形基础，由于上部结构刚度较大，可不考虑整体弯曲产生的内力，按倒楼盖计算，即按不同支承条件的单向板或双向板计算内力。但在端部第一、二开间内将地基反力增加 10%～20%，按上下均匀配筋，对于压缩模量小于或等于 4MPa 的地基，还应进行抗裂验算。对板厚大于 1/6 墙间距离的筏板，可沿纵横方向取单位长度的板带，按倒梁法计算。

对柱下无梁平板式筏形基础可仿效无梁楼盖计算方法，分别在纵横柱列上，截取宽度为相邻柱的跨中距离的板带，把板带看成各自独立的倒梁，忽略板带间的剪力，按"倒梁法"计算。

对柱下梁板式筏形基础，一般也按"倒楼盖"法计算内力，即筏板按单向或双向连续板计算，肋梁上的荷载按楼盖的规定进行划分计算，纵横肋梁按多跨连续倒梁计算。

如果不满足刚性板条件，则为弹性板（即有限刚性板）。弹性板计算比较复杂，常用的方法有有限差分法、有限单元法或链杆法等。这里不做详细介绍。

7.5.5 箱形基础的设计简介

箱形基础是顶板、底板、纵横外墙及一定数量的内隔墙构成的整体刚度较大的钢筋混凝土空间结构。它是高层建筑经常采用的一种基础形式，适用于软弱地基、高层、重型建筑物及某些对不均匀沉降有严格要求的设备和构筑物基础。

箱形基础的埋深除满足地基承载力要求外，还要考虑满足稳定性要求，以防止建筑物整体倾斜和滑移。箱形基础的平面形状应力求简单对称，通常为矩形。基底平面形心宜与上部结构竖向永久荷载的重心重合。当不能重合时，在荷载效应准永久组合下，偏心距 e 宜符合下式要求：

$$e \leqslant 0.1 \frac{W}{A} \tag{7-40}$$

式中　W——与偏心距方向一致的基础底面边缘抵抗矩，m^3；

　　　A——基底板面积，m^2。

箱形基础的内、外墙应沿上部结构柱网和剪力墙纵横均匀布置，墙体水平截面总面积不宜小于箱形基础外墙外包尺寸的水平投影面积的 1/10。对基础屏幕长宽比大于 4 的箱形基础，其纵墙水平截面面积不得小于箱基外墙外包尺寸水平投影面积的 1/18。

箱形基础的高度应满足结构承载力、整体刚度和使用功能的要求，其值不宜小于箱形基础长度（不包括底板悬挑部分）的 1/20，并不宜小于 3m。

箱基的埋置深度应根据建筑物对地基承载力、基础倾覆及滑移稳定性、建筑物整体倾斜以及抗震设防烈度等的要求确定，一般可取等于箱基的高度，在抗震设防区不宜小于建筑物高度的 1/15。高层建筑同一结构单元内的箱形基础埋深宜一致，且不得局部采用箱形基础。

箱基顶、底板及墙身的厚道应根据受力情况、整体刚度及防水要求确定。一般底板厚度不得小于 300mm，外墙厚度不应小于 250mm，内墙厚度不应小于 200mm。顶、底板厚度应满足受承载力验算的要求，底板尚应满足受冲切承载力的要求。

墙体内应设置双面钢筋，竖向和水平钢筋的直径不应小于 10mm，间距不应大于 200mm。除上部为剪力墙外，内、外墙的墙顶处宜配置两根直径不小于 20mm 的通长构造钢筋。

门洞宜设在柱间居中部位，洞边至上层柱中心的水平距离不宜小于 1.2m，洞门上过梁的高度不宜小于层高的 1/5，洞口面积不宜大于柱距与箱形基础全高乘积的 1/6。墙体洞口四周应设置加强钢筋。

箱基的混凝土强度等级不应低于C20，抗渗等级不应小于0.6MPa。

7.6 控制地基不均匀沉降的措施

任何地基在建筑物荷载作用下总要产生一定的沉降或不均匀沉降。通常地基产生的均匀沉降，对建筑物安全影响不大，可预留沉降标高加以解决。但是，过量的地基不均匀沉降往往使建筑物发生倾斜与墙体开裂，影响正常使用。对建于软弱和不均匀地基上的建筑物，尤其如此。减少或消除不均匀沉降危害的途径，除用改善地基条件外（如改用桩基础或进行地基处理等），还应考虑上部结构、基础和地基三者相互影响共同工作的特点，从建筑、结构和施工等方面采取一些综合技术措施，以达到经济合理的效果。

7.6.1 建筑措施

1. 建筑物的体型力求简单

建筑物的体型系指其平面形状和立面轮廓。平面形状复杂的建筑物，如"T"、"L"、"H"形等，在纵、横单元交叉处地基附加应力相互重叠，使该处的局部沉降增大。同时，此类建筑物整体刚性差，刚度不对称，当地基出现不均匀时容易发生墙体裂缝，如图7.39所示。

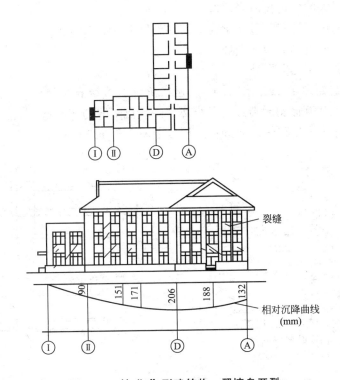

图7.39　某"L"形建筑物一翼墙身开裂

当建筑物立面高差悬殊，作用在地基上的荷载差异较大时，也容易产生过量的不均匀沉降，使建筑物倾斜和开裂，如图7.40所示。

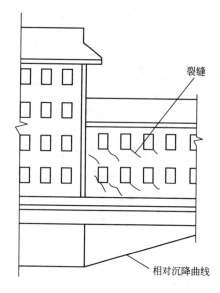

图 7.40　建筑物高差太大而开裂

因此，对于弱地基，在满足使用要求的情况下，设计时可采用下列措施。

（1）采用平面形状简单的"一"字形建筑物。

（2）立面体型高差变化不宜过大，砌体承重结构房屋高差不宜超过 1～2 层。

（3）砌体承重结构应控制其长高比不大于 2.5～3.0，使内外纵墙避免中断、转折，减小横墙间距，以增强建筑物的整体刚度，提高调整不均匀沉降的能力。

2. 设置沉降缝

沉降缝是从屋顶到基础底面，把整栋建筑物竖向断开，分成两个或多个独立的沉降单元。每个单元一般应体型简单、长高比小、结构类型相同以及地基比较均匀。这样的沉降单元具有较大的整体刚度，沉降比较均匀，上部结构一般不会开裂。

为了使各沉降单元的沉降均匀，宜在建筑物的下列部位设置沉降缝。

（1）平面形状复杂的建筑物转折处。

（2）建筑物高度或荷载突变处。

（3）长高比过大的建筑物适当部位。

（4）地基土的压缩性有明显变化或地基基础处理方法不同处。

（5）建筑结构或基础类型不同处。

（6）分期建造房屋的交界处。

沉降缝的构造如图 7.41 和图 7.42 所示。沉降缝应留有足够的宽度，缝内一般不填塞，以防相邻单元相互倾斜时造成挤压损坏。一般沉降缝的宽度是：二、三层房屋为 50～80mm；四、五层房屋为 80～120mm；六层以上不小于 120mm。

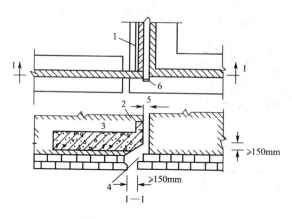

图 7.41　条形基础沉降缝

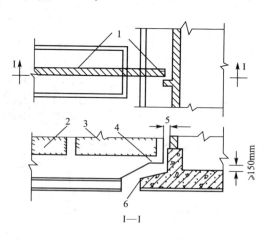

图 7.42　框架基础沉降

1—框架柱；2—框架；3—填充墙；4—挑梁
5—沉陷缝宽度；6—填松散煤渣

3. 控制相邻建筑物基础间的净距

为了防止相邻建筑物因附加应力扩散引起的地基不均匀沉降，造成建筑物的倾斜或裂缝，应控制相邻建筑物基础间的净距。建造在软弱地基上的相邻建筑物基础间的净距，可按表 7-14 选用。

表 7-14　相邻建筑物基础间净距

被影响建筑物的长宽比 影响建筑物的预估平均沉降量 s/mm	$2.0{\leqslant}\dfrac{L}{H_\mathrm{f}}{<}3.0$	$3.0{\leqslant}\dfrac{L}{H_\mathrm{f}}{<}5.0$
70～150	2～3	5～6
160～250	3～6	6～9
260～400	6～9	9～12
＞400	9～12	≥12

 特别提示

(1) 表中 L 为建筑物长度或沉降缝分隔的单元长度(m)；H_f 为自基础地面起算的建筑物高度(m)。

(2) 当被影响建筑物的长高比为 $1.5{<}L/H_\mathrm{f}{<}2.0$ 时，净距可适当缩小。

4. 调整建筑物某些设计标高

由于地基的沉降，会降低建筑物原有的标高，严重时将影响建筑物的正常使用，设计时应根据可能产生的不均匀沉降，采用下列措施调整建筑物的标高。

(1) 根据预估的沉降量，适当提高室内地坪或地下设施的标高。

(2) 建筑物各部分(或设备)之间有联系时，可将沉降较大的标高提高。

(3) 建筑物与设备之间，预留足够的净空。

(4) 当有管道穿过建筑物时，应预留足够尺寸的孔洞，或采用柔性管道接头。

7.6.2　结构措施

1. 减轻建筑物的自重

建筑物的自重，在地基所承受的荷载中，占的比例很大：一般民用建筑约占 60%～75%，工业建筑占 40%～50%。因此为了减少沉降，应尽量减轻建筑物的自重，主要采用下列措施。

(1) 采用轻质高强的墙体材料：如轻质高强混凝土墙板、各种空心砌块、多孔砖及其他轻质墙等，以减轻墙体自重。

(2) 选用轻型结构：如采用预应力钢筋混凝土结构、轻钢结构、铝合金结构及各种轻型空间结构。

(3) 减轻基础及回填土重量：如采用宽基浅埋、空心基础、薄壳基础、无埋式薄板基础，以及架空地板代替厚填土，都可以大幅度减轻基础自重。

2. 设置圈梁

在墙体内适当的部位设置钢筋混凝土圈梁(或钢筋砖圈梁)，可增强建筑物的整体性，提高砌体的抗拉和抗剪能力，防止或减小裂缝的出现和发展（在地震区还可起到抗震作用）。圈梁应按下列要求设置。

（1）在多层房屋的基础和顶层处宜各设置一道，其他各层可隔层设置，必要时也可层层设置。但工业厂房、仓库可结合基础梁、连系梁、过梁等酌情设置。

（2）圈梁应设置在外墙、内纵墙和主要内横墙上，并宜在平面内连成封闭系统。

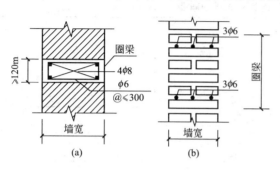

图 7.43　圈梁截面示意图

圈梁有两种，一种是钢筋混凝土圈梁，如图 7.43（a）所示，梁宽一般同墙厚，梁高不应小于 120mm，混凝土强度等级宜采用 C20，纵向钢筋不宜少于 4φ8。另一种是钢筋砖圈梁，如图 7.43（b）所示，即在水平灰缝内夹筋形成钢筋砖带，高度为 4～6 皮砖，用 M5 砂浆砌筑，水平通长钢筋不宜少于 6φ6，水平间距不宜大于 120mm，分上、下两层设置。

3. 减少或调整基底附加压力

（1）设置地下室或半地下室，利用挖除的土重抵消（补偿）一部分甚至全部建筑物重量，以达到减少沉降的目的。

（2）改变基础底面尺寸，使上部结构荷载不同时，基础沉降量接近。

4. 采用对不均匀沉降不敏感的结构

砌体承重结构、钢筋混凝土框架结构对不均匀沉降很敏感，而排架、三铰拱（架）等铰接结构则对不均匀沉降有很大的顺从性，支座发生相对位移时不会引起很大的附加应力，故可以避免不均匀沉降的危害。铰接结构的这类结构型式通常只适用于单层的工业厂房、仓库或某些公共建筑。必须注意的是，严重的不均匀沉降仍会对这类结构的屋盖系统、围护结构、吊车梁及各种纵横联系构件造成损害，因此应采取相应的防范措施，例如避免用连续吊车梁及刚性屋面防水层。

如图 7.44 所示是建造在软土地基上的某仓库所用的三铰门架结构，使用效果良好。

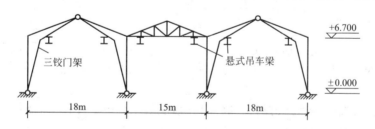

图 7.44　某仓库三铰门架结构示意图

油罐、水池等基础底板常采用柔性底板，以便更好地顺从、适应地基的不均匀沉降。

7.6.3　施工措施

在软弱地基上进行工程建设时，采用合理的施工顺序和施工方法至关重要，这是减少或调整不均匀沉降的有效措施之一。

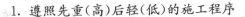

1. 遵照先重(高)后轻(低)的施工程序

当拟建的相邻建筑之间轻(低)重(高)悬殊时，一般应按照先重后轻的程序进行施工，必要时还应在重的建筑物竣工后间歇一段时间再建造轻的邻近建筑物。如果重的主体建筑物与轻的附属部分相连时，也应按上述原则处理。

2. 注意堆载、沉桩和降水等对邻近建筑物的影响

在已建成的建筑物周围，不宜堆放大量的建筑材料或土方等重物，以免地面堆载引起建筑物产生附加沉降。

拟建的密集建筑群内如有采用桩基础的建筑物，桩的设置应首先进行，并应注意采用合理的沉桩顺序。

在进行降低地下水位及开挖深基坑时，应密切注意对邻近建筑物可能产生的不利影响，必要时可以采用设置节水帷幕、控制基坑变形量等措施。

3. 注意保护坑底土体

在淤泥及淤泥质土地基上开挖基坑时，要注意尽可能不扰动土的原状结构。在雨期施工时，要避免坑底土体受雨水浸泡。通常的做法是：在坑底保留大约 200mm 厚的原土层，待施工混凝土垫层时才用人工临时挖去。如发现坑底软土被扰动，可挖去扰动部分，用砂、碎石(砖)等回填处理。

项 目 小 结

浅基础是一般建筑工程常用的基础型式，而天然地基上的浅基础又因它的结构简单、施工简便、造价低，往往是工程设计中的首选。

本项目内容主要包括：地基基础设计的基本规定、浅基础类型及构造、基础埋置深度的选择、基础底面尺寸确定、基础结构设计以及控制地基不均匀沉降的工程措施。

1. 地基基础设计的基本规定

(1) 各级建筑物的地基计算均应满足关于承载力计算的有关规定。

(2) 甲级、乙级的建筑物和表 7-2 所列范围以外的丙级建筑物，均需进行地基变形验算。

(3) 高层、高耸建筑和挡土墙以及建造在斜坡上或边坡附近的建筑物，还应验算其稳定性。

(4) 按地基承载力确定基础底面尺寸时，传至基础底面上的荷载效应应按正常使用极限状态下荷载效应的标准组合，相应的抗力应采用地基承载力特征值；计算地基变形时，传至基础底面上的荷载效应应按正常使用极限状态下荷载效应的准永久组合，不应计入风荷载和地震作用，相应的限值应为地基变形允许值；确定基础高度、基础底板配筋和验算材料强度时，上部结构传来的荷载效应组合和相应的基底反力，应按承载能力极限状态下荷载效应的基本组合。

(5) 由永久荷载效应控制的基本组合值可取标准组合值的 1.35 倍。

2. 浅基础的常见类型

（1）无筋扩展基础是指砖、灰土、三合土、毛石、混凝土和毛石等材料组成的墙下条形或柱下独立基础。这类基础材料的抗压强度高，而抗拉强度低，不能受较大的弯矩作用，应控制基础台阶的宽高比。

（2）扩展基础指柱下钢筋混凝土独立基础和墙下钢筋混凝土条形基础。该类基础材料的抗压、抗拉和抗弯性能好，故是一种应用很广泛的基础型式。

3. 浅基础的设计要点

（1）根据建筑场地的工程地质勘察资料，建筑材料及施工技术资料，建筑物的使用要求和上部结构型式及荷载资料等，综合考虑选择基础类型。

（2）考虑建筑物用途和结构类型、基础上的作用荷载、工程地质和水文地质条件、相邻基础埋深和地基土冻胀和融陷等影响因素，选定基础埋置深度，确定地基持力层和下卧层的承载力。

（3）按持力层修正后的地基承载力特征值计算基础底面积，必要时还要作软弱下卧层承载力、地基变形以及地基稳定性验算。

（4）扩展基础的高度主要与基础的类型有关。墙下钢筋混凝土条形基础的底板高度由基础混凝土的受剪承载力确定；柱下钢筋混凝土独立基础的底板高度由基础混凝土的抗冲切承载力确定。

（5）扩展基础底板受力钢筋的最小直径不应小于10mm，间距不宜大于200mm和小于100mm；墙下钢筋混凝土条形基础纵向分布钢筋直径不小于8mm，间距不大于300mm，每延米分布钢筋面积应不小于受力钢筋面积的1/10；柱下钢筋混凝土独立基础应沿基础短边和长边双向配置受力筋。

4. 控制地基不均匀沉降的措施

有建筑措施、结构措施和施工措施。

习　题

一、简答题

1. 天然地基浅基础的设计，包括哪些内容？

2. 什么是无筋扩展基础和扩展基础？

3. 基础方案选择应注意什么？

4. 基础埋置深度应考虑哪些因素？

5. 控制地基不均匀沉降的措施有哪些？

二、填空题

1. 地基分为＿＿＿＿＿＿＿＿＿＿和＿＿＿＿＿＿＿＿＿＿＿两类。

2. 基础按照埋置深度和施工方法的不同可分为＿＿＿＿＿＿＿＿＿＿和＿＿＿＿两类。

3. 扩展基础系指＿＿＿＿＿＿＿＿＿＿和＿＿＿＿＿＿＿＿＿＿。

4. 墙下钢筋混凝土条形基础的剖面包括确定＿＿＿＿＿＿＿＿＿＿和＿＿＿＿＿＿。

三、计算题

1. 某一承重墙下条形基础，上部结构传来轴向荷载标准值 $F_k=200kN/m$，地基表层为素填土，层厚 1.0m，$\gamma_1 = 17.5\text{kN/m}^3$，$f_{ak} = 90\text{kN/m}^2$；第②层为粉质粘土，层厚 2.5m，地下水位为于第②层层面处，$\gamma_{sat2} = 19.8\text{kN/m}^3$，$f_{ak} = 160\text{kN/m}^2$（$\eta_b = 0.3$，$\eta_d = 1.6$），$E_s = 5.1\text{MPa}$；第③层为淤泥质粘土，$\gamma_{sat3} = 17.5\text{kN/m}^3$，$f_{ak} = 100\text{kN/m}^2$（$\eta_b = 0$，$\eta_d = 1.0$），$E_s = 1.7\text{MPa}$，基础埋深 1.0m，基底宽 1.3m，试验算基底宽度及软弱下卧层强度。

2. 某工厂厂房为框架结构，独立基础。作用在基础顶面的荷载标准值 $F_k = 2400\text{kN}$，弯矩为 $M_k = 850\text{ kN·m}$，水平力 $V_k = 60\text{kN}$。基础埋深 1.9m，地基表层为素填土，厚度为 1.9m，天然重度 $\gamma_1 = 18.0\text{kN/m}^3$；其下为粉质粘土层，厚度 8.6m，$e = 0.9$，$I_L = 0.25$，$\gamma_2 = 18.5\text{kN/m}^3$，$f_{ak} = 210\text{kPa}$。设计基础底面尺寸。

3. 某校宿舍楼设计采用砖混结构，条形基础，墙厚度 240mm，墙基顶面荷载标准值 $F_k = 180\text{kN/m}$。地基表层为耕植土，厚度 0.8m，天然重度 $\gamma_1 = 17\text{kN/m}^3$；其下为粉质粘土，厚度较大，$f_{ak} = 160\text{kPa}$，$\gamma_{sat2} = 19.6\text{kN/m}^3$，$e = 0.75$，$I_L = 0.30$，地下水位埋深 0.8m，初定基础埋深为 0.8m。设计此无筋扩展性基础。

项目8

桩基础与其他深基础

教学内容

当地基浅层的土质不良，采用浅基础无法满足建筑物对地基承载力和变形要求、而又不适宜采取地基处理措施时，就需要考虑采用深基础方案。深基础主要有桩基础、沉井基础、地下连续墙等几种类型。本章重点是桩的分类、按照静载荷试验和现行规范的经验公式确定单桩竖向承载力以及桩基础设计与计算的各项内容和方法。关于其他深基础只需作一般性的了解。

教学要求

知识要点	能力要求	权重
桩基础概念	了解桩基础的适用范围 掌握桩基础的分类内容及设计原则	20%
桩的承载力	掌握桩基础承载力计算理论	30%
桩基础设计	掌握桩基础设计的主要技术要点	40%
其他深基础	了解沉井基础、沉箱基础及地下连续墙工程特点	10%

章节导读

当地基浅层的土质不良，采用浅基础无法满足建筑物对地基承载力和变形要求、而又不适宜采取地基处理措施时，就需要考虑采用深基础方案。深基础是指埋深较大、以地基深处的坚硬土层或岩层作为持力层的基础，深基础主要有桩基础、沉井基础、地下连续墙等几种类型。本章主要介绍工程中应用最为广泛的钢筋混凝土桩基础的设计，对其他深基础仅作简要介绍。

8.1 概　　述

8.1.1　桩基础的适用条件

桩基础通常作为荷载较大的建筑物基础，其具有承载力高、稳定性好、沉降量小而均匀、便于机械化施工，适应性强等突出特点。与其他深基础比较，桩基础的适用范围最为广泛，一般对下述情况可考虑选用桩基方案。

（1）地基上部土层土质太差而下层土质较好，适宜的地基持力层位置较深，或荷载较大，采用浅基础或人工地基在技术上、经济上不合理。

（2）地基软弱，采用地基加固措施不合适，地基土性质特殊，如存在可液化土层、自重湿陷性黄土、膨胀土及季节性冻土等。

（3）不允许地基有过大沉降，上部结构对不均匀沉降敏感，或建筑物受到大面积地面超载的影响，如高层建筑物、重型工业厂房或其他重要的建筑物等。

（4）当施工水位或地下水位较高时，采用其他基础型式施工困难，或位于水中的构筑物基础，如桥梁、码头、钻采平台等。

（5）需要减弱其振动影响的动力机器基础，或以桩基作为地震区建筑物的抗震措施。

（6）需要长期保存、具有重要历史意义的建筑物。

通常，当上层软弱土层很厚，桩底不能达到坚实土层时，桩基设计应考虑沉降等问题；而如果地基上部土质较坚硬，下部土质软弱，一般不宜采用桩基础。因此，在考虑桩基础是否适用时，必须根据上部结构特征与使用要求，认真分析研究建筑场地的工程地质与水文地质条件，考虑不同桩基类型特点和施工环境条件，经多方面比较，精心设计，才能使所选基础类型发挥出最佳效益。

8.1.2　桩基础的类型

根据承台与地面相对位置的高低，桩基础可分为低承台桩基础和高承台桩基础，如图 8.1 所示。

低承台桩基础的承台底面位于地面以下，其受力性能好，具有较强的抵抗水平荷载能力，在工业与民用建筑中，几乎都使用低承台桩基，而且大多采用竖直桩。

高承台桩基础的承台底面位于地面以上，且常处于水下，水平受力性能差，但可避免水下施工及节省基础材料，多用于桥梁及港口工程，且较多采

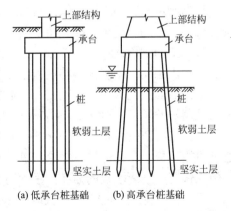

(a) 低承台桩基础　　(b) 高承台桩基础

图 8.1　桩基础示意图

用斜桩，以承受较大的水平荷载。

如果承台下只有一根桩的桩基础称为单桩基础；而承台下有二根或二根以上桩数组成的桩基础称为群桩基础，群桩基础中的单桩称为基桩。

8.1.3 桩基设计原则

桩基是由桩、土和承台共同组成的基础，设计时应结合地区经验考虑桩、土、承台的共同作用。由于相应于地基破坏时的桩基极限承载力甚高，同时桩基承载力的取值在一定范围内取决于桩基变形量控制值的大小，也就是说，大多数桩基的首要问题是在于控制其沉降量。因此，桩基设计应按变形控制设计。

桩基设计时，上部结构传至承台上的荷载效应组合与浅基础相同。桩基设计应满足下列基本条件。

（1）单桩承受的竖向荷载不宜超过单桩竖向承载力特征值。

（2）桩基础的沉降不得超过建筑物的沉降允许值。

（3）对位于坡地岸边的桩基应进行桩基稳定性验算。

此外，对于软土、湿陷性黄土、膨胀土、季节性冻土和岩溶等地区的桩基，应按有关规范的规定考虑特殊性土对桩基的影响，并在桩基设计中采取有效措施。

8.1.4 桩基设计内容

桩基础设计包括下列基本内容：①桩的类型和几何尺寸的选择；②单桩竖向（和水平向）承载力的确定；③确定桩的数量、间距和平面布置；④桩基承载力和沉降验算；⑤桩身结构设计；⑥承台设计；⑦绘制桩基施工图。

8.2 桩 的 分 类

8.2.1 按施工方法分类

根据施工方法的不同，桩可分为预制桩和灌注桩两大类。

1. 预制桩

根据所用材料的不同，预制桩可分为混凝土预制桩、钢桩和木桩 3 类。目前木桩在工程中已很少使用，这里主要介绍混凝土预制桩和钢桩。

1）混凝土预制桩

混凝土预制桩，多为钢筋混凝土预制桩，其横截面有方、圆等多种形状，一般普通实心方桩的截面边长为 300～500mm。混凝土预制桩可以在工厂加工，也可以在现场预制。现场预制桩的长度一般在 25～30m 以内；工厂预制时分节长度一般不超过 12m，沉桩时在现场连接到所需桩长。分节接头应保证质量以满足桩身承受轴力、弯矩和剪力的要求，通常可用钢板、角钢焊接，并涂以沥青以防腐蚀。也可采用钢板垂直插头加水平销连接，其施工快捷，不影响桩的强度和承载力。

混凝土预制桩的配筋主要受起吊、运输、吊立和沉桩等各阶段的应力控制，其用钢量较大。为了减少混凝土预制桩的钢筋用量、提高桩的承载力和抗裂性，可采用预应力混凝土桩。

预应力混凝土管桩(图8.2)采用先张法预应力工艺和离心型法制作。经高压蒸汽养护生产的为预应力高强度混凝土管桩(代号为PHC桩),其桩身混凝土强度等级≥C80;未经高压蒸汽养护生产的为预应力混凝土管桩(代号为PC桩),其桩身混凝土强度等级为C60~C80。建筑工程中常用的PHC桩与PC管桩的外径为300~600mm,分节长度为7~13m,沉桩时桩节处通过焊接端头板接长,桩的下端设置十字型桩尖、圆锥型尖或开口型桩尖,如图8.3所示。

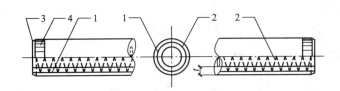
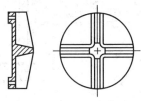

图8.2 预应力混凝土管桩
1—预应力钢筋;2—螺旋箍筋;3—端头板;
4—钢套筋;t—壁厚

图8.3 预应力混凝土管桩的封口十字刃钢桩尖

2)钢桩

工程中常用的钢桩有H型钢桩以及下端开口或闭口的钢管桩等。H型钢桩的横截面大都呈正方型,截面尺寸为200mm×200mm~360mm×410mm,翼缘和腹板的厚度为9~20mm。H型钢桩贯入各种土层的能力强,对桩周土的扰动也较小,但其横截面面积较小,桩端阻力不高。钢管桩的直径一般为400~3000mm,壁厚6~50mm。端部开口的钢管桩易于打入(沉桩困难时,可在管内取土以助沉),但桩端阻力比闭口的钢管桩小。

钢管的穿透能力强,自重轻、锤击沉桩的效果好,承载力高,无论起吊、运输或是沉桩、接桩都很方便。但钢桩耗钢量大,成本高,抗腐蚀性能较差,须做表面防腐蚀处理,目前只在少数重要工程中使用,如上海宝钢工程就采用了直径914.4mm、壁厚16mm、长61m等几种规格的钢管桩。

预制桩的沉桩方法主要有:锤击法、振动法和静压法等。

(1)锤击法沉桩。锤击法沉桩是用桩锤(或辅以高压射水)将桩击入地基中的施工方法,适用于松散的碎石土(不含大卵石或漂石)、砂土、粉土以及可塑状态的粘性土地基。锤击法沉桩噪声大,且存在有振动和地层扰动等问题,在城市建设中应考虑其对环境的影响。

(2)振动法沉桩。振动法沉桩是采用振动锤进行沉桩的施工方法,适用于砂土和可塑状态的粘性土地基,对受振动时土的抗剪强度有较大降低的砂土地基和自重不大的钢桩,沉桩效果更好。

(3)静压法沉桩。静压法沉桩是采用静力压桩机将桩压入地基中的施工方法。静压法沉桩具有无噪声、无振动、无冲击力、施工应力小、桩顶不易损坏和沉桩精度较高等优点。但较长桩分节压入时,接头较多会影响压桩的效果。

2.灌注桩

灌注桩是直接在所设计桩位处成孔,然后在孔内加放钢筋笼(也有直接插筋或省去钢筋的)再浇灌混凝土而成的桩。灌注桩横截面呈圆形,可以做成大直径和扩底桩,保证灌注桩承载力的关键在于桩身的成型及混凝土质量。灌注桩适用于各类地基土，通常可分为以下几种类型。

1) 沉管灌注桩

利用锤击或振动等方法沉管成孔，然后浇灌混凝土，拔出套管，其施工程序，如图 8.4 所示。

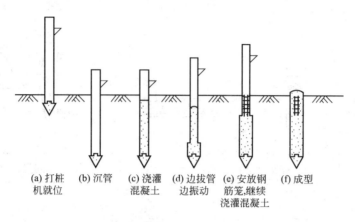

| (a) 打桩机就位 | (b) 沉管 | (c) 浇灌混凝土 | (d) 边拔管边振动 | (e) 安放钢筋笼，继续浇灌混凝土 | (f) 成型 |

图 8.4　沉管灌注桩的施工程序示意

利用锤击或振动等方法沉管成孔一般可分为单打、复打(浇灌混凝土并拔管后，立即在原位再次沉管及浇灌混凝土)和反插法(灌满混凝土后，先振动再拔管，一般拔 0.5～1.0m，再反插 0.3～0.5m)3 种。复打后的桩横截面面积增大，承载力提高，但其造价也相应提高。

振动沉管灌注桩的钢管底端带有活瓣桩尖(沉管时桩尖闭合，拔管时活瓣张开以便浇灌混凝土)，或套上预制混凝土桩尖。桩径一般为 400～500mm，常用振动锤的振动力为 70kN、100kN 和 160kN。在粘性土中，其沉管穿透能力比锤击沉管灌注桩稍差，承载力也比锤击沉管灌注桩要低。

锤击沉管灌注桩的常用桩径(预制桩尖的直径)为 300～500mm，桩长常在 20m 以内，可打至硬塑粘土层或中、粗砂层。其优点是设备简单、打桩进度快、成本低。但在软、硬土层交界处或软弱土层处易发生缩颈(桩身截面局部缩小)现象，此时通常可放慢拔管速度，加大灌注管内混凝土量。此外，也可能由于邻桩挤压或其他振动作用等各种原因使土体上隆，引起桩身受拉而出现断桩现象；或出现局部夹土、混凝土离析及强度不足等质量事故。

2) 钻(冲)孔灌注桩

钻(冲)孔灌注桩用钻(冲)孔机具(如螺旋钻、振动钻、冲抓锥钻、旋转水冲钻等)钻土成孔，然后清除孔底残渣，安放钢筋笼，浇灌混凝土。钻孔灌注桩的施工设备简单，操作方便，适用于各种粘性土、砂性土，也适用于碎石、卵石类土和岩层。有的钻机成孔后，可撑开钻头的扩孔刀刃使之旋转切土扩大桩孔，浇灌混凝土后在底端形成扩大桩端，但扩底直径不宜大于 3 倍桩身直径。

钻(冲)孔灌注桩的最大优点是入土深，能进入岩层，刚度大，承载力高，桩身变形小，并可方便地进行水下施工。钻孔灌注桩在我国公路桥梁的设计与施工中的应用十分广泛，目前国内钻孔灌注桩多用泥浆护壁，施工时泥浆水面应高出地下水面 1m 以上，清孔后在水下浇灌混凝土，其施工程序，如图 8.5 所示。

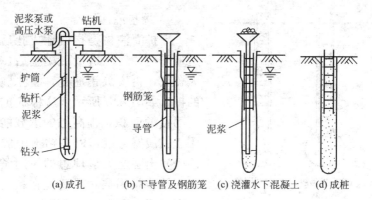

图 8.5　钻孔灌注桩施工程序示意

(a) 成孔　　(b) 下导管及钢筋笼　　(c) 浇灌水下混凝土　　(d) 成桩

3) 挖孔桩

挖孔桩是采用人工或机械挖掘成孔，逐段边开挖边支护，达所需深度后再进行扩孔、安装钢筋笼及浇灌混凝土而成，如图 8.6 所示。挖孔桩一般内径应≥800mm，开挖直径≥1000mm，护壁厚≥100mm；为防止坍孔，每挖约 1m 深，制作一节混凝土护壁，护壁呈斜阶形，每节高 500～1000mm，可用混凝土浇注或砖砌筑。挖孔桩身长度宜限制在 40m 以内。挖孔桩端部分可以形成扩大头，以提高承载能力，但限制扩头端直径与桩身直径之比 $D/d ≤ 3.0$。

扩底变径尺寸一般按 $b/h = 1/3 \sim 1/2$（砂土取 1/3，粉土、粘性土和岩层取 1/2）的要求进行控制。扩底部分可分为平底和弧底两种，平底加宽部分的直壁段高 (h_1) 宜为 300～500mm，且 $(h + h_1) > 1000$mm；弧底的矢高 h_1 取 $(0.10 \sim 0.15)D$，如图 8.7 所示。

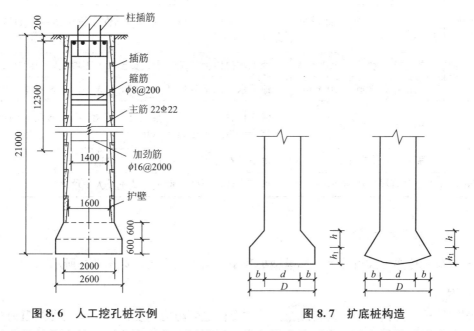

图 8.6　人工挖孔桩示例　　　　　图 8.7　扩底桩构造

挖孔桩的优点是，可直接观察地层情况，孔底易清除干净，设备简单，噪声小，场区内各桩可同时施工，且桩径大、适应性强，比较经济。缺点是桩孔内空间狭小、劳动条件差，可能遇到流砂、坍孔、缺氧、有害气体、触电等危险，易造成安全事故。因此，施工时应严格执行有关安全操作的规定。

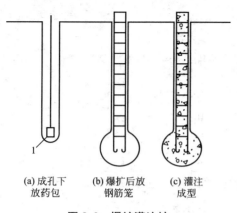

(a) 成孔下   (b) 爆扩后放   (c) 灌注
放药包   钢筋笼   成型

图 8.8 爆扩灌注桩

4）爆扩灌注桩

爆扩灌注桩是指就地成孔后，在孔底放入适量炸药并灌注适量混凝土后，用炸药爆炸扩大孔底，再安放钢筋笼，灌注桩身混凝土而成的桩，如图 8.8 所示。这种桩扩大桩底与地基土的接触面积，提高桩的承载能力。爆扩桩宜用于较浅持力层，以在粘土中成型并支承在坚硬密实土层上为最理想的采用条件。爆扩桩宜用于较浅持力层，最适宜在粘土中成型，并支承在坚硬密实土层上的情况。

我国常用灌注桩的适用范围见表 8-1。

表 8-1 各种灌注桩的适用范围

成孔方法		适用范围
泥浆护壁成孔	冲抓 冲击 600～1500mm 回转钻 400～3000mm	碎石类土、砂类土、粘性土及风化岩。冲击成孔的，进入中等风化和微风化岩层的速度比回转钻快，深度可达 50m
	潜水钻 450～3000mm	粘性土、淤泥、淤泥质土及砂土，深度可达 80m
干作业成孔	螺旋钻 300～1500mm	地下水位以上的粘性土、粉土、砂类土及人工填土，深度可达 30m
	钻孔扩底，底部直径可达 1200mm	地下水位以上坚硬、硬塑的粘性土及中密以上的砂类土，深度在 15m 内
	机动洛阳铲 270～500mm	地下水位以上的粘性土、黄土及人工填土，深度在 20m 内
	人工挖孔 800～3500mm	地下水位以上的粘性土、黄土及人工填土，深度在 25m 内
沉管成孔	锤击 320～800mm	硬塑粘性土、粉土、砂类土，直径 600mm 以上的可达强风化岩，深度可达 20～30m
	振动 300～500mm	可塑的粘性土、中细砂，深度可达 20m
爆扩成孔，底部直径可达 800mm		地下水位以上的粘性土、黄土及人工填土

8.2.2 按荷载传递方式分类

桩按荷载传递方式可分为：端承型桩和摩擦型桩两大类，如图 8.9 所示。

1. 摩擦型桩

摩擦型桩：是指桩顶竖向荷载全部或主要由桩侧阻力承受的桩。根据桩侧阻力分担荷载的比例，摩擦型桩又分为摩擦桩和端承摩擦桩两类。

1）摩擦桩

摩擦桩：是指桩顶竖向荷载绝大部分由桩侧阻力承担，桩端阻力可忽略不计的桩。例如：①桩长径比很大，桩顶荷载只通过桩身压缩产生的桩侧阻力传递给桩周土，桩端土层

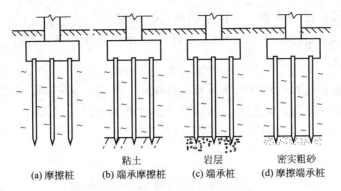

图 8.9　桩按荷载传递方式分类

分担荷载很小；②桩端下无较坚实的持力层；③桩底残留虚土或沉渣的灌注桩；④桩端出现脱空的打入桩等。

2）端承摩擦桩

端承摩擦桩：是指桩顶竖向荷载由桩侧阻力和桩端阻力共同承担，但桩侧阻力分担荷载较大的桩。当桩的长径比不很大，桩端持力层为较坚实的粘性土、粉土和砂类土时，除桩侧阻力外，还有一定的桩端阻力。这类桩所占比例很大。

2．端承型桩

端承型桩：是指桩顶竖向荷载全部或主要由桩端阻力承受的桩。根据桩端阻力分担荷载的比例，又可分为端承桩和摩擦端承桩两类。

1）端承桩

端承桩：是指桩顶竖向荷载绝大部分由桩端阻力承担，桩侧阻力可忽略不计的桩。当桩的长径比较小（一般 $l/d \leqslant 10$），桩身穿越软弱土层，桩端设置在密实砂类、碎石类土层中或位于中等风化、微风化及新鲜岩石顶面（即入岩深度 $h_r \leqslant 0.5d$），桩顶竖向荷载绝大部分由桩端阻力承担，桩侧阻力可忽略不计。

2）摩擦端承桩

摩擦端承桩：是指桩顶竖向荷载由桩侧阻力和桩端阻力共同承担，但桩端阻力分担荷载较大的桩。通常桩端进入中密以上的砂类、碎石类土层，或位于中等风化、微风化及新鲜基岩顶面。这类桩的桩侧阻力虽属次要，但不可忽略，属于摩擦端承桩。

此外，当桩端嵌入完整和较完整的中等风化、微风化及新鲜硬质岩石一定深度以上（$h_r > 0.5d$）时，称为嵌岩桩。对于嵌岩桩，桩侧和桩端分担荷载的比例与孔底沉渣及进入基岩深度有关，桩的长径比不是制约荷载分担的唯一因素。

8.2.3　按设置效应分类

桩的设置方法（打入或钻孔成桩等）不同，桩周土受到的排挤作用也不同。排挤作用将使土的天然结构、应力状态和性质发生很大变化，从而影响桩的承载力，这些影响统称为桩的设置效应。根据设置效应，桩可分为挤土桩、部分挤土桩和非挤土桩 3 种类型。

1．挤土桩

它是指桩在设置过程中对桩周土体有明显排挤作用的桩，如实心的预制桩、下端封闭的管桩、木桩以及沉管灌注桩等打入桩。它们在锤击、振动贯入或压入过程中，都将桩位处的土大量排挤开，使桩周附近土的结构严重扰动破坏，对土的强度和变形性质影响较大。因此，对于挤土桩应采用原状土扰动后再恢复的强度指标来估算桩的承载力。

2. 部分挤土桩

它是指桩在设置过程中对桩周土体稍有排挤作用的桩，如开口的钢管桩、H型钢桩和开口的预应力混凝土管桩。它们在设置过程中都对桩周土体稍有排挤作用，但土的强度和变形性质变化不大，一般可用原状土测得的强度指标估算桩的承载力。

3. 非挤土桩

它是指桩在设置过程中对桩周土体无排挤作用的桩，如钻（冲或挖）孔灌注桩及先钻孔后再打入的预制桩。它们在设置过程中都将与桩体积相同的土体挖出，因而设桩时桩周土不但没有受到排挤，相反可能因桩周土向桩孔内移动而使土的抗剪强度降低，桩的侧阻力也会有所降低。

8.3 桩的承载力

8.3.1 单桩竖向承载力

单桩承载力是指单桩在外荷载作用下，不丧失稳定性、不产生过大变形时的承载能力。确定单桩承载力是桩基础设计的最基本内容，单桩在竖向荷载作用下到达破坏状态前或出现不适于继续承载的变形时所对应的最大荷载，称为单桩竖向极限承载力。在设计时，不应使桩在极限状态下工作，必须有一定的安全储备。

单桩竖向承载力的确定，取决于两方面：一是桩身材料强度；二是地层的支承力。设计时分别按这两方面确定后取其中的小值。如按桩的载荷试验确定，则已兼顾到这两方面。

按材料强度计算低承台桩基的单桩承载力时，可把单桩看成轴心受压杆件，而且不考虑纵向压屈的影响（取纵向弯曲系数为1），这是由于桩周存在土的约束作用之故。对于通过很厚的软粘土层而支承在岩层上的端承型桩或承台底面以下存在可液化土层的桩，以及高承台桩基，则应考虑压屈影响。

单桩竖向极限承载力 Q_u 由桩侧总极限摩阻力 Q_{su} 和桩端总极限阻力 Q_{bu} 组成，若忽略两者间的相互影响，可表达为

$$Q_u = Q_{su} + Q_{bu} \tag{8-1}$$

以单竖向极限承载力 Q_u 除以安全系数 K 即得单桩竖向承载力特征值 R_a：

$$R_a = \frac{Q_u}{K} = \frac{Q_{su}}{K_s} + \frac{Q_{bu}}{K_p} \tag{8-2}$$

通常取 $K=2$，分项安全系数 K_s、K_p 的大小同桩型、桩侧与桩端土的性质、桩的长径比、成桩工艺与质量等诸多因素有关，因此国家标准《建筑地基基础设计规范》仍采用单一安全系数 K 来确定竖向承载力。

1. 按静载荷试验方法确定

静载荷试验是评价单桩承载力最为直观和可靠的方法，其除了考虑到地基土的支承能力外，也计入了桩身材料强度对于承载力的影响。在同一条件下，进行静载荷试验的桩数不宜少于总数的1%，并不应少于3根。

挤土桩在设置后须隔一段时间才开始载荷试验。这是因为打桩时土中产生的孔隙水压力有待消散，土体因打桩扰动而降低的强度有待随时间逐渐恢复，因此，为了使试验能真实反映桩的承载力，要求在桩身强变满足设计要求的前提下，预制桩在砂类土中间歇时间不少于 7 天；粉土和粘性土不少于 15 天；饱和粘性土不少于 25 天。灌注桩应在桩身混凝土达到设计强度后才能进行。

试验装置主要由加荷稳压、提供反力和沉降观测三部分组成，如图 8.10 所示。桩顶的油压千斤顶对桩顶施加压力，千斤顶的反力由锚桩［图 8.10(a)］或压重平台上的重物来平衡［图 8.10(b)］。安装在基准梁上的百分表或电子位移计用于量测桩顶的沉降。

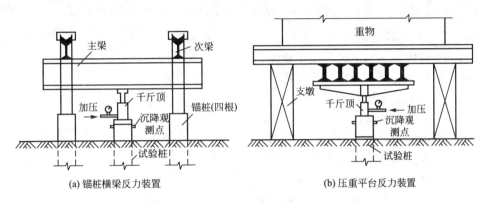

(a) 锚桩横梁反力装置　　　　　　　　　　(b) 压重平台反力装置

图 8.10　单桩静载荷试验的加载装置

根据试验记录，可绘制各种试验曲线，如荷载-桩顶沉降曲线［图 8.11(a)］和沉降-时间对数曲线［图 8.11(b)］，并由曲线确定桩的极限承载力。关于单桩竖向静载荷试验方法详见《建筑地基基础规范》（GB 50007—2011）。

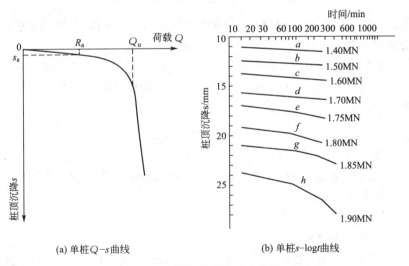

(a) 单桩 $Q-s$ 曲线　　　　　　　　　　(b) 单桩 $s-\lg t$ 曲线

图 8.11　单桩静载荷试验曲线

单桩竖向静载荷试验的极限承载力必须进行统计，计算参加统计的极限承载力的平均值，当满足极差不超过平均值的 30% 时，可取其平均值为单桩竖向极限承载力 Q_u；当极差超过平均值的 30% 时，宜增加试桩数并分析离差过大的原因，结合工程具体情况确定极限承载力 Q_u。将单桩竖向极限承载力 Q_u 除以安全系数 2，作为单桩竖向承载力特征值 R_a。

2. 按土的抗剪强度指标确定

以土力学原理为基础的单桩极限承载力公式在国外广泛采用。这类公式在土的抗剪强度指标的取值上考虑了理论公式所无法概括的某些因素，如：土的类别和排水条件，桩的类型和设置效应等，因此仍带有经验性。

单桩承载力的一般表达式如下。

单桩净极限承载力 Q_u 等于桩侧总极限摩阻力与桩端总极限阻力之和，减去桩的自重 G，即：

$$Q_u = \int_0^l u_p (c_a + K_s \sigma_v \tan\varphi_a) d_z + (\zeta_c c N_c^* + \zeta_q \gamma h N_q^*) A_b - G \tag{8-3}$$

式中　u_p——桩身周边长度；

c_a——桩侧表面与土之间的附着力；

φ_a——桩侧表面与土之间的摩擦角；

K_s——桩侧土的侧压力系数；

σ_v——桩侧土的竖向应力；

ζ_c、ζ_q——桩端的形状系数；

c——土的粘聚力；

γ——桩端平面以上土的重度；

N_c^*、N_q^*——条形基础无量纲的承载力因数，仅与土的内摩擦角有关；

h——桩的入土深度；

A_p——桩端横截面面积；

单桩竖向承载力特征值 R_a 为：Q_u 除以安全系数 K。

3. 按规范经验公式法确定单桩竖向承载力特征值

按本节方法确定单桩竖向承载力特征值时，只考虑了土（岩）对桩的支承阻力，而尚未考虑桩身的材料强度。

单桩竖向承载力特征值应通过单桩竖向静载荷试验确定，对地基基础设计等级为丙级的建筑物，可采用静力触探及标贯试验方法确定。初步设计时，单桩竖向承载力特征值可按下式估算：

$$R_a = u_p \sum q_{sia} l_i + q_{pa} A_p \tag{8-4}$$

式中　R_a——单桩竖向承载力特征值；

q_{sia}、q_{pa}——桩端端阻力、桩侧侧阻力特征值，由当地静载荷试验结果统计分析可得；

u_p——桩身周边长度；

l_i——第 i 层岩土的厚度；

A_p——桩端横截面面积。

当桩端嵌入完整或较完整的硬质岩中时，单桩竖向承载力特征值可按下式估算：

$$R_a = q_{pa} A_p \tag{8-5}$$

式中　q_{pa}——桩端岩石承载力特征值，可根据岩基载荷试验方法确定。

8.3.2　单桩水平承载力

在水平荷载和弯矩作用下，桩身挠曲变形，并挤压桩侧土体，土体则对桩侧产生水平抗力,其大小和分布与桩的变形、土质条件以及桩的入土深度等因素有关。在出现破坏以前,桩身的水平位移与土的变形是协调的,相应地桩身产生内力。随着位移和内力的增大,对于低配筋率的灌注桩而言,通常桩身首先出现裂缝,然后断裂破坏;对于抗弯性能好的混凝土预制桩,桩身虽未断裂,但桩侧土体明显开裂和隆起,桩的水平位移将超出建筑物容许变形值,使桩处于破坏状态。

影响桩水平承载力的因素很多,如桩的断面尺寸、刚度、材料强度、入土深度、间距、桩顶嵌固程度以及土质条件和上部结构的水平位移容许值等。且实践证明,桩的水平承载力远比竖向承载力要低。

确定单桩水平承载力的方法,以水平静载荷试验最能反映实际情况,所得到的承载力和地基土水平抗力系数最符合实际情况,若预先埋设量测元件,还能反映出加荷过程中桩身截面的内力和位移。此外,也可采用理论计算,根据桩顶水平位移容许值,或材料强度、抗裂度验算等确定,还可参照当地经验加以确定。

关于单桩水平承载力的具体确定方法,可参考其他资料。

8.3.3 桩的负摩阻力

在桩顶竖向荷载作用下,当桩相对于桩侧土体向下位移时,土对桩产生向上作用的摩阻力,称为正摩阻力。但是,当桩侧土体因某些原因而下沉,且其下沉量大于桩的沉降(桩侧土体相对于桩向下位移)时,土对桩产生向下作用的摩阻力,称为负摩阻力。

产生负摩阻力的情况有多种,如下。

(1) 位于桩周欠固结的软粘土或新填土在重力作用下产生固结。

(2) 在正常固结或弱超固结的软粘土地区,由于地下水位全面下降,致使有效应力增加,因而引起大面积沉降。

(3) 自重湿陷性黄土浸水后产生湿陷。

(4) 地面因打桩时孔隙水压力剧增而隆起、其后孔压消散而固结下沉等。

桩侧负摩阻力的存在相应于在桩上加了一个外荷载,必然会导致桩的承载力降低、桩基沉降加大。

8.3.4 群桩竖向承载力

由 2 根以上桩组成的桩基称为群桩基础。在竖向荷载作用下,由于承台、桩、土相互作用,群桩基础中的一根桩单独受荷时的承载力和沉降性状,往往与相同地质条件和设置方法的同样独立单桩有显著差别,这种现象称为群桩效应。因此,群桩基础的承载力(Q_g)不等于其中各根单桩的承载力之和(Q_i)。通常用群桩效应系数($\eta = Q_g / \sum Q_i$)来衡量群桩基础中各根单桩的平均承载力比独立单桩降低($\eta < 1$)或提高($\eta > 1$)的幅度。

由摩擦型桩组成的低承台群桩基础,当其承受竖向荷载而沉降时,承台底必产生土反力,从而分担了一部分荷载,使桩基承载力随之提高。但对于低承台群桩基础建成后,承台底面与基土脱开的情况,一般都不考虑承台贴地时承台底土阻力对桩基承载力的贡献。如沉入挤土桩的桩周土体因孔隙水压力剧增所引起的隆起、在承台修筑后孔压继续消散而固结下沉;车辆频繁行驶振动;以及可能产生桩周负摩阻力的各种情况都可引起承台底面与基土脱开。

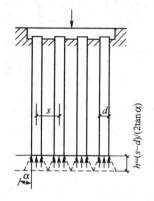

图 8.12 端承型群桩基础

1. 端承型群桩基础

端承型桩基的桩底持力层刚硬，桩端贯入变形较小，由桩身压缩引起的桩顶沉降也不大，因而承台底面土反力（接触应力）很小。这样，桩顶荷载基本上集中通过桩端传给桩底持力层，并近似地按某一压力扩散角(α)向下扩散（图 8.12），且在距桩底深度为 $h=(s-d)/(2\tan\alpha)$ 之下产生应力重叠，但并不足以引起坚实持力层明显的附加变形。因此，端承型群桩基础中各根单桩的工作性状接近于独立单桩，群桩基础承载力等于各根单桩承载力之和，群桩效应系数 $\eta=1$。

2. 摩擦型群桩基础

1）承台底面脱地的情况（非复合桩基）

假设承台底面脱地的群桩基础中的各桩均匀受荷（图 8.13）。如同独立单桩那样，桩顶荷载(Q)主要通过桩侧阻力引起压力扩散角(α)范围内桩周土中的附加应力。各桩在桩端平面附加应力分布面积的直径为 $D=d+2l\tan\alpha$。当桩距 $s<D$ 时，群桩桩端平面上的应力因各邻桩桩周扩散应力的相互叠加而增大（图中虚线所示）。所以，摩擦型群桩的沉降大于独立单桩。摩擦型群桩基础的荷载-沉降曲线属缓变型，群桩效应系数可能小于1，也可能大于1。

2）承台底面贴地的情况（复合桩基）

承台底面贴地的桩基，除了也呈现承台脱地情况下的各种群桩效应外，还通过承台底面土反力分担桩基荷载，使承台兼有浅基础的作用，而被称为复合桩基（图 8.14）。它的单桩，因承载力含有承台底土阻力的贡献在内，特称为复合单桩。承台底分担荷载的作用是随着桩群相对于基土向下位移幅度的加大而增强的。为了保证台底经常贴地并提供足够的土反力，主要依靠桩端贯入持力层促使群桩整体下沉才能实现。

刚性承台底面土反力呈马鞍形分布。如以桩群外围包络线为界，将台底面积分为内外两区（图 8.14），则内区反力比外区反力小而且比较均匀。

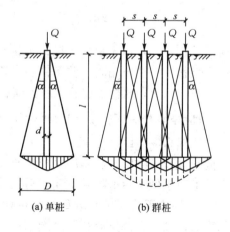

图 8.13 摩擦型桩的桩顶荷载通过侧阻力扩散形成的桩端平面压力分布

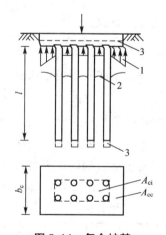

图 8.14 复合桩基

1—台底土反力；2—上层土位移；

3—桩端贯入、桩基整体下沉

8.4 桩基础设计

8.4.1 桩的类型及几何尺寸的选择

桩类和桩型的选择是桩基设计的重要环节，应根据结构类型及层数、荷载情况、地层条件和施工能力等，合理地选择桩的类型（预制桩或灌注桩）、桩的截面尺寸和长度、桩端持力层，并确定桩的承载性状（端承型或摩擦型）。

桩基设计时，首先应根据建筑物的结构类型、荷载情况、地层条件、施工能力及环境限制（噪声、振动）等因素，选择预制桩或灌注桩的类别，桩的截面尺寸和长度以及桩端持力层等。

一般当土中存在大孤石、废金属以及花岗岩残积层中未风化的石英脉时，预制桩将难以穿越；当土层分布很不均匀时，混凝土预制桩的预制长度较难掌握；在场地土层分布比较均匀的条件下，采用质量易于保证的预应力高强混凝土管桩比较合理。

桩的截面尺寸选择应考虑的主要因素是成桩工艺和结构的荷载情况。从楼层数和荷载大小来看（如为工业厂房可将荷载折算成相应的楼层数），10 层以下的建筑桩基，可考虑采用直径 500mm 左右的灌注桩和边长为 400mm 的预制桩；10～20 层的可采用直径 800～1000mm 的灌注桩和边长为 450～500mm 的预制桩；20～30 层的可采用直径 1000～1200mm 的钻（冲、挖）孔灌注桩和边长或直径等于或大于 500mm 的预制桩；30～40 层的可用直径大于 1200mm 的钻（冲、挖）孔灌注桩和直径 500～550mm 的预应力管桩和大直径钢管桩。楼层更多的高层建筑所采用的挖孔灌注桩直径可达 5m 左右。

桩的长度主要取决于桩端持力层的选择。桩端最好进入坚硬土层或岩层，采用嵌岩桩或端承桩；当坚硬土层埋藏很深时，则宜采用摩擦桩基，桩端应尽量达到低压缩性、中等强度的土层上。桩端进入持力层的深度，对于粘性土、粉土不宜小于 $2d$，砂类土不宜小于 $1.5d$，碎石类土不宜小于 $1d$。当存在软弱下卧层时，桩端以下硬持力层厚度不宜小于 $4d$，嵌岩灌注桩的周边嵌入微风化或中等风化岩体的最小深度不宜小于 0.5m，以确保桩端与岩体接触。此外，对于嵌岩桩或端承桩桩端以下 3 倍桩径范围内应无软弱夹层、断裂带、洞穴和空隙分布，尤其是荷载很大的柱下单桩更为如此。由于岩层表面往往起伏不平，且常有隐伏的沟槽，尤其在碳酸盐类岩石地区，岩面石芽、溶槽密布，桩端可能落于岩面隆起或斜面处，有导致滑移的可能，因此在桩端应力扩散范围内应无岩体临空面存在，以确保桩基的稳定性。

当硬持力层较厚且施工条件允许时，桩端进入持力层的深度应尽可能达到桩端阻力的临界深度，以提高桩端阻力。该临界深度值对于砂、砾为 $(3～6)d$，对于粉土、粘性土为 $(5～10)d$。此外，同一建筑物还应避免同时采用不同类型的桩（如摩擦型桩和端承型桩，但用沉降缝分开者除外）。同一基础相邻桩的桩底标高差，对于非嵌岩端承型桩不宜超过相邻桩的中心距，对于摩擦型桩，在相同土层中不宜超过桩长的 $1/10$。

桩的类型和几何尺寸确定后，应初步确定承台底面标高。承台埋深的选择，一般主要考虑结构要求和方便施工等因素。季节性冻土上的承台埋深，应考虑地基土冻胀性的影

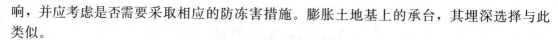

响，并应考虑是否需要采取相应的防冻害措施。膨胀土地基上的承台，其埋深选择与此类似。

初步定出承台底面标高后，便可按8.3节的方法计算单桩竖向及水平承载力。

8.4.2 确定桩数与平面布置

1. 桩的根数

初步估定桩数时，先不考虑群桩效应，根据单桩竖向承载力特征值 R_a，当桩基为轴心受压时，桩数 n 可按下式估算：

$$n \geqslant \frac{F_k + G_k}{R_a} \tag{8-6}$$

式中　F_k——相应于荷载效应标准组合时，作用在承台顶面上的轴向压力，kN；

G_k——承台及其上方填土的重力的标准值，kN。

偏心受压时，对于偏心距固定的桩基，如果桩的布置使得群桩横截面的重心与荷载合力作用点重合，桩数仍可按上式确定。否则，应将上式确定的桩数增加10%～20%。所选的桩数是否合适，尚应等各桩受验算后确定。如有必要，还要通过桩基软弱下卧层承载力和桩基沉降验算后才能最终确定。

承受水平荷载的桩基，在确定桩数时还应满足桩水平承载力的要求。此时，可粗略地以各单桩水平承载力之和作为桩基的水平承载力，其偏于安全。

此外，在层厚较大的高灵敏度流塑粘土中，不宜采用桩距小而桩数多的打入式桩基，而应采用承载力高桩数少的桩基。否则，软粘土结构破坏严重，使土体强度明显降低，加之相邻各桩的相互影响，桩基的沉降和不均匀沉降都将显著增加。

2. 桩在平面上的布置

桩的平面布置可采用对称式、梅花式、行列式和环状排列。为了使桩基在其承受较大弯矩的方向上有较大的抵抗矩，也可采用不等距排列，此时，对柱下单独桩基和整片式的桩基，宜采用外密内疏的布置方式。

为了使桩基中各桩受力比较均匀，群桩横截面的重心应与竖向永久荷载合力的作用点重合或接近。

布置桩位时，桩的中心距一般采用3～4倍桩径，其中心距应符合表8-2的规定。对于大面积桩群，尤其是挤土桩，桩的最小中心距宜表中值适当加大。扩底灌注桩除应符合表8-2的要求外，尚应满足表8-3的规定。

表 8-2　桩的最小中心距

土类与成桩工艺		排数不少于 3 排且桩数不少于 9 根的摩擦型桩基	其他情况
非挤土和小量挤土灌注桩		3.0d	2.5d
挤土灌注桩	穿越非饱和土	3.5d	3.0d
	穿越饱和软土	4.0d	3.5d
挤土预制桩		3.0d	3.0d
打入式敞口管桩和 H 型钢桩		3.5d	3.0d

表 8 - 3　灌注桩扩底端最小中心距

成桩方法	最小中心距
钻、挖孔灌注桩	$1.5d_b$ 或 d_b+1m（当 $d_b>2m$ 时）
沉管扩底灌注桩	$2.0d_b$

特别提示

d_b——扩大端设计直径。

工程实践中，桩群的常用平面布置型式为：柱下桩基多采用对称多边形，墙下桩基采用梅花式或行列式，筏形或箱形基础下宜尽量沿柱网、肋梁或隔墙的轴线设置，如图 8.15 所示。

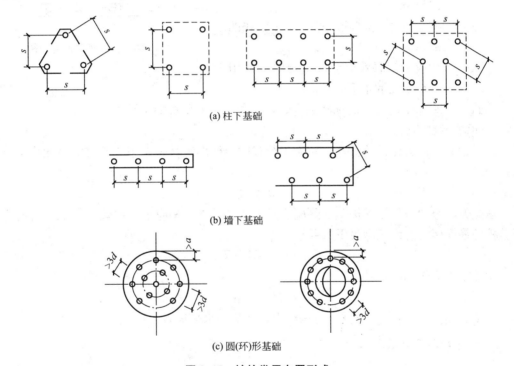

(a) 柱下基础

(b) 墙下基础

(c) 圆(环)形基础

图 8.15　桩的常用布置形式

8.4.3　桩基验算

1. 桩基承载力验算

1）桩顶荷载计算

以承受竖向力为主的群桩基础的单桩桩顶荷载可按下列公式计算(图 8.16)。

轴心竖向力作用下

$$Q_k=\frac{F_k+G_k}{n} \tag{8-7}$$

偏心竖向力作用下

$$Q_{ik} = \frac{F_k + G_k}{n} \pm \frac{M_{xk} y_i}{\sum y_i^2} \pm \frac{M_{yk} x_i}{\sum x_i^2} \qquad (8-8)$$

水平力作用下

$$H_{ik} = \frac{H_k}{n} \qquad (8-9)$$

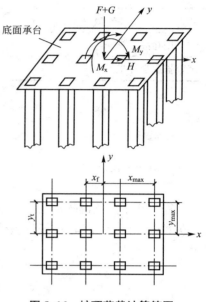

图 8.16　桩顶荷载计算简图

式中　Q_k——相应于荷载效应标准组合轴心竖向力作用下任一单桩的竖向力，kN；

　　　　n——桩基中的桩数；

　　　　Q_{ik}——相应于荷载效应标准组合偏心竖向力作用下第 i 根桩的竖向力，kN；

M_{xk}、M_{yk}——应于荷载效应标准组合作用于承台底面通过桩群形心的 x、y 轴的力矩值，kN·m；

　　x_i、y_i——桩 i 至通过桩群形心的 y、x 轴线的距离，m；

　　　　H_k——相应于荷载效应标准组合时，作用于承台底面的水平力，kN；

　　　　H_{ik}——相应于荷载效应标准组合时，作用于任一单桩的水平力，kN。

2）单桩承载力验算

承受轴心竖向力作用的桩基，相应于荷载效应标准组合时作用于单桩的竖向力应满足下式要求

$$Q_k \leqslant R_a \qquad (8-10)$$

承受偏心竖向力作用的桩基，除应满足上式要求外，相应于荷载效应标准组合时作用于单桩的最大竖向力尚应满足下式要求

$$Q_{kmax} \leqslant 1.2 R_a \qquad (8-11)$$

承受水平力作用的桩基

$$H_{ik} \leqslant R_{Ha} \qquad (8-12)$$

式中　R_a、R_{Ha}——分别为单桩竖向承载力特征值和水平承载力特征值。

2. 桩基软弱下卧层承载力验算

当桩基的持力层下存在软弱下卧层，尤其是当桩基的平面尺寸较大、桩基持力层厚度相对较薄时，应考虑桩端平面下受力层范围内的较软弱下卧层发生强度破坏的可能性。对于桩距 $s \leqslant 6d$ 的非端承群桩基础，以及 $s > 6d$，但各单桩桩端冲切锥体扩散线在硬持力层中相交重叠的非端承群桩基础，需要验算软弱下卧层承载力。桩基软弱下卧层承载力验算常将桩与桩间土的整体视作实体深基础，按与浅基础软弱下卧层承载力验算方法相同的方法进行验算。

3. 桩基沉降验算

一般来说，对地基基础设计等级为甲级的建筑物桩基，体型复杂、荷载不均匀或桩端下存在软弱土层的设计等级为乙级的建筑物桩基，以及摩擦型桩基，应进行沉降验算。目

前尚未有较为完善的桩基沉降计算方法，对于桩距不大于 $6d$ 的桩基，可不考虑桩间土的压缩变形对沉降的影响，采用实体深基础单向压缩分层总和法计算桩基础的最终沉降量。

8.4.4 桩身结构设计

桩身混凝土强度应满足桩的承载力设计要求。桩身强度应符合下式要求。

桩轴心受压时

$$Q \leqslant A_p f_c \psi_c \qquad (8-13)$$

式中 f_c——混凝土轴心抗压强度设计值，kPa；

     Q——相应于荷载效应基本组合时的单桩竖向力设计值，kN；

     A_p——桩身横截面面积，m²；

     ψ_c——工作条件系数，预制桩取 0.75，灌注桩取 0.6～0.7（水下灌注桩或长桩时用低值）。

桩的主筋应经计算确定。桩的最小配筋率：打入式预制桩不宜小于 0.8%；静压预制桩不宜小于 0.6%；灌注桩不宜小于 0.2%～0.65%（小直径桩取大值）。

配筋长度规定如下。

(1) 受水平荷载和弯矩较大的桩，配筋长度应通过计算确定。

(2) 桩基承台下存在淤泥、淤泥质土或液化土层时，配筋长度应穿过淤泥、淤泥质土层或液化土层。

(3) 坡地岸边设置的桩、8 度及 8 度以上设防的地震区的桩、抗拔桩、嵌岩端承桩应通长配筋。

(4) 桩径大于 600mm 的钻孔灌注桩，构造钢筋的长度不宜小于桩长的 2/3。

8.4.5 承台设计

桩基承台的作用是将各桩联成一整体，把上部结构传来的荷载转换、调整、分配给各桩。桩基承台可分为柱下独立承台、柱下或墙下条形承台(梁式承台)，以及筏板承台和箱形承台等。各种承台均应按国家现行《混凝土结构设计规范》进行受弯、受冲切、受剪切和局部承压承载力计算。

承台设计包括选择承台的材料及其强度等级、几何形状及其尺寸、进行承台结构承载力计算，并使其构造满足一定的要求。

1. 构造要求

承台的最小宽度不应小于 500mm，为满足桩顶嵌固及抗冲切的需要，边桩中心至承台边缘的距离不宜小于桩的直径或边长，且桩的外边缘至承台边缘的距离不小于 150mm。对于墙下条形承台，考虑到墙体与条形承台的相互作用可增强结构的整体刚度，并不至于产生桩顶对承台的冲切破坏，桩的外边缘至承台边缘的距离不小于 75mm。

为满足承台的基本刚度、桩与承台的连接等构造需要，条形承台和柱下独立桩基承台的最小厚度为 300mm，其最小埋深为 500mm。

承台混凝土强度等级不应低于 C20，纵向钢筋的混凝土保护层厚度不应小于 70mm，当有混凝土垫层时，不应小于 40mm。

承台的配筋，对于矩形承台，钢筋应按双向均匀通长布置 [图 8.17(a)]，钢筋直径不宜小于10mm，间距不宜大于200mm；对于三桩承台，钢筋应按三向板带均匀布置，且最里面的三根钢筋围成的三角形应在柱截面范围内 [图 8.17(b)]。承台梁的主筋除满足计算外，尚应符合现行《混凝土结构设计规范》(GB 50010—2011)关于最小配筋率的规定，主筋直径不宜小于12mm，架立筋不宜小于10mm，箍筋直径不宜小于6mm [图 8.17(c)]。

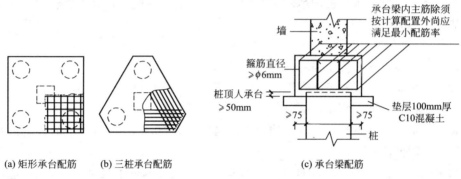

(a) 矩形承台配筋　　(b) 三桩承台配筋　　　　　　(c) 承台梁配筋

图 8.17　承台配筋示意图

桩顶嵌入承台的长度对于大直径桩，还不宜小于100mm；对于中等直径桩不宜小于50mm。混凝土桩的桩顶主筋应伸入承台内，其锚固长度不宜小于钢筋直径(HPB300 级钢筋)的30倍和钢筋直径(HRB335 级钢筋和 HRB400 级钢筋)的35倍，对于抗拔桩基不应小于钢筋直径的40倍。下面主要介绍柱下桩基独立承台设计计算。

2. 承台的受弯计算

模型试验研究表明，柱下独立桩基承台(四桩及三桩承台)在配筋不足的情况下将产生弯曲破坏，其破坏特征呈梁式破坏。其破坏特征呈梁式破坏。所谓梁式破坏，指挠曲裂缝在平行于柱边两个方向交替出现，承台在两个方向交替呈梁式承担荷载 [图 8.18(a)]，最大弯矩产生在平行于柱边两个方向的屈服线处。利用极限平衡原理可导得两个方向的承台正截面弯矩计算公式。

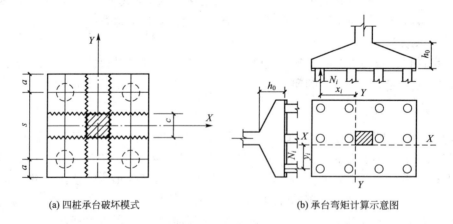

(a) 四桩承台破坏模式　　　　　　(b) 承台弯矩计算示意图

图 8.18　矩形承台

1) 柱下多桩矩形承台

柱下多桩矩形承台计算截面应取在柱边和承台高度变化处杯口外侧或台阶边缘，图 [8.18(b)]按下式计算：

$$M_x = \sum N_i y_i$$
$$M_y = \sum N_i x_i \qquad (8-14)$$

式中　M_x、M_y——分别为垂直 y 和 x 轴方向计算截面处的弯矩设计值，$kN \cdot m$；

　　　　x_i、y_i——垂直于 y 轴和 x 轴方向自桩轴线到相应计算截面的距离，m；

　　　　N_i——扣除承台和承台上土自重后相应于荷载效应基本组合时的第 i 桩竖向力设计值，kN。

根据计算的柱边截面和截面高度变化处的弯矩，分别计算同一方向各截面的配筋量后，取各向的最大值按双向均匀配置［图 8.17(a)］。

2）柱下三桩三角形承台

柱下三桩三角形承台分等边和等腰 2 种形式，其受弯破坏模式有所不同(图 8.19)，后者呈明显的梁式破坏特征。

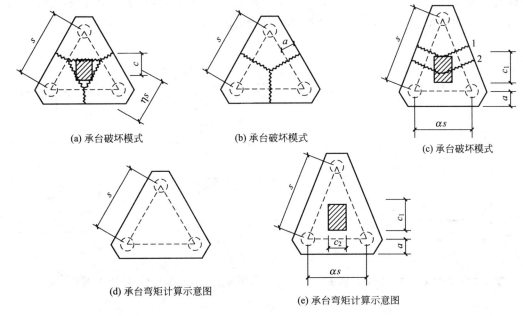

(a) 承台破坏模式　　(b) 承台破坏模式　　(c) 承台破坏模式

(d) 承台弯矩计算示意图　　(e) 承台弯矩计算示意图

图 8.19　三桩三角形承台

（1）等边三桩承台。

取如图 8.19(a)和(b)所示两种破坏模式所确定的弯矩平均值作为设计值

$$M = \frac{N_{max}}{3}\left(s - \frac{\sqrt{3}}{4}c\right) \qquad (8-15)$$

式中　M——由承台形心至承台边缘距离范围内板带的弯矩设计值，$kN \cdot m$；

　　　　N_{max}——扣除承台和其上填土自重后的三桩中相应于荷载效应基本组合时的最大单桩竖向力设计值，kN；

　　　　s——桩的中心距距，m；

　　　　c——方柱边长，圆柱时 $c = 0.866d$（d 为圆柱直径），m。

（2）等腰三桩承台(图 8.19(c))，承台弯矩计算，即

$$M_1 = \frac{N_{max}}{3}\left(s - \frac{0.75}{\sqrt{4-a^2}}c_1\right) \qquad (8-16)$$

$$M_2 = \frac{N_{\max}}{3}\left(as - \frac{0.75}{\sqrt{4-a^2}}c_2\right) \tag{8-17}$$

式中　M_1、M_2——分别为由承台形心到承台两腰和底边的距离范围内板带的弯矩设计值，kN·m；

　　　　s——长向桩距，m；

　　　　a——短向桩距与长向桩距之比，当 $a<0.5$ 时，应按变截面的二桩承台设计；

　　　　c_1、c_2——分别为垂直于、平行于承台底边的柱截面边长，m。

3. 受冲切计算

若承台有效高度不足，将产生冲切破坏。其破坏方式可分为沿柱（墙）边的冲切和角桩对承台的冲切两类。冲切破坏锥体斜面与承台底面的夹角大于或等于45°，柱边冲切破坏锥体的顶面在柱与承台交界处或承台变阶处，底面在桩顶平面处（图8.20）；而角桩冲切破坏锥体的顶面在角桩内边缘处，底面在承台上方（图8.21）。

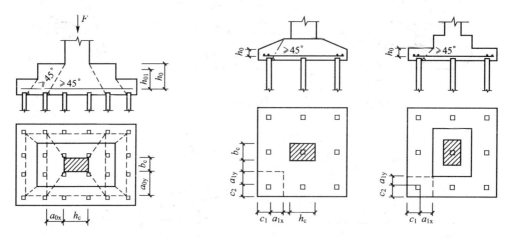

图 8.20　柱对承台冲切计算示意图　　图 8.21　矩形承台角桩冲切计算示意图

（1）柱对承台冲切的承载力可按下式计算。

$$F_l = 2[\beta_{0x}(b_c + a_{0y}) + \beta_{0y}(h_c + a_{0x})]\beta_{hp}f_t h_0 \tag{8-18}$$

$$F_l = F - \sum N_i \tag{8-19}$$

$$\beta_{0x} = \frac{0.84}{\lambda_{0x} + 0.2} \tag{8-20}$$

$$\beta_{0y} = \frac{0.84}{\lambda_{0y} + 0.2} \tag{8-21}$$

式中　F_l——扣除承台及其上填土自重，作用在冲切破坏锥体上相应于荷载效应基本组合的冲切力设计值，冲切破坏锥体应采用自柱边或承台变阶处至相应桩顶边缘连线构成的锥体，锥体与承台底面的夹角不小于45°，kN；

　　　　β_{hp}——受冲切承载力截面高度影响系数，当 h 不大于800mm 时，$\beta_{hp}=1.0$，当 h 大于等于2000mm 时，$\beta_{hp}=0.9$，其间按线性内插法取用；

　　　　f_t——承台混凝土轴心抗拉强度设计值，kPa；

　　　　h_0——冲切破坏锥体的有效高度，m；

β_{0x}、β_{0y}——冲切系数；

λ_{0x}、λ_{0y}——冲跨比，$\lambda_{0x}=a_{0x}/h_0$，$\lambda_{0y}=a_{0y}/h_0$，a_{0x}、a_{0y} 为柱边或承台变阶处到桩边的水平距离；当 $a_{0x}(a_{0y})<0.20h_0$ 时，取 $a_{0x}(a_{0y})=0.20h_0$；当 $a_{0x}(a_{0y})>h_0$ 时，取 $a_{0x}(a_{0y})=h_0$；

F——柱根部轴力设计值，kN；

$\sum N_i$——冲切破坏锥体范围内各桩的净反力设计值之和，kN。

对中、低压缩性土上的承台，当承台与地基土之间没有脱空现象时，可根据地区经验适当减小柱下桩基独立承台受冲切计算的承台厚度。

（2）角桩对承台的冲切。

多桩矩形承台受角桩冲切的承载力应按下式计算：

$$N_l=\left[\beta_{1x}\left(c_2+\frac{a_{1y}}{2}\right)+\beta_{1y}\left(c_1+\frac{a_{1x}}{2}\right)\right]\beta_{hp}f_th_0 \tag{8-22}$$

$$\beta_{1x}=\frac{0.56}{\lambda_{1x}+0.2} \tag{8-23}$$

$$\beta_{1y}=\frac{0.56}{\lambda_{1y}+0.2} \tag{8-24}$$

式中　$\sum N_l$——扣除承台和其上填土自重后角桩桩顶相应于荷载效应基本组合时的竖向力设计值，kN；

β_{1x}、β_{1y}——角桩冲切系数；

λ_{1x}、λ_{1y}——角桩冲跨比，其值满足 $0.2\sim1.0$，$\lambda_{1x}=a_{1x}/h_0$、$\lambda_{1y}=a_{1y}/h_0$；

c_1、c_2——从角桩内边缘至承台外边缘的距离，m；

a_{1x}、a_{1y}——从承台底角桩内边缘引 $45°$ 冲切线与承台顶面或承台变阶处相交点至角桩内边缘的水平距离（图8.21），m；

h_0——承台外边缘的有效高度，m。

4. 受剪切计算

桩基承台的抗剪计算，在小剪跨比的条件下具有深梁的特征。

柱下桩基独立承台应分别对柱边和桩边、变截面和桩边联线形成的斜截面进行受剪计算（图8.22）。当柱边外有多排桩形成多个剪切斜截面时，尚应对每个斜截面进行验算。

斜截面受剪承载力可按下列公式计算：

$$V\leqslant\beta_{hs}\beta f_tb_0h_0 \tag{8-25}$$

$$\beta=\frac{1.75}{\lambda+1.0} \tag{8-26}$$

式中　V——扣除承台及其上填土自重后相应于荷载效应基本组合时斜截面的最大剪力设计值，kN；

β_{hs}——受剪切承载力截面高度影响系数，$\beta_{hs}=(800/h_0)^{1/4}$，当 h_0 小于 800mm 时，$h_0=800$mm，当 h_0 大于 2000mm 时，取 $h_0=2000$mm；

β——剪切系数；

λ——计算截面的剪跨比，$\lambda_x=a_x/h_0$，$\lambda_y=a_y/h_0$，其中 a_x、a_y 为柱边或承台变阶处至 x、y 方向计算一排桩的桩边水平距离，当 $\lambda<0.3$ 时，取 $\lambda=0.3$；当 $\lambda>3$时，取 $\lambda=3$；

b_0——承台计算截面处的计算宽度，m；

h_0——计算宽度处的承台有效高度，m。

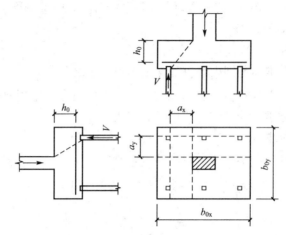

图 8.22　承台斜截面受剪计算示意图

5. 局部受压计算

当承台的混凝土强度等级低于柱或桩的混凝土强度等级时，尚应验算柱下或桩上承台的局部受压承载力。

当进行承台的抗震验算时，应根据现行《建筑抗震设计规范》的规定对承台的受弯、受剪承载力进行抗震调整。

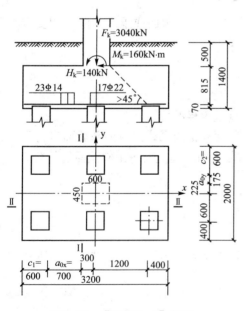

图 8.23　[例题 8-1] 例图

[**例题 8-1**]　如图 8.23 所示，柱截面边长为 $b_c=450\text{mm}$ 及 $h_c=600\text{mm}$，相应于荷载效应标准组合时作用于柱底(标高为 -0.5m)的荷载为：$F_k=3040\text{kN}$，M_k(作用于长边方向)= 160kN·m，$H_k=140\text{kN}$，拟采用混凝土预制桩基础，桩的方形截面边长为：$b_p=400\text{mm}$，桩长 15m。已确定单桩竖向承载力特征值 $R_a=540\text{kN}$，单桩水平承载力特征值 $R_{Ha}=60\text{kN}$，承台混凝土等级取 C20，$f_t=1100\text{kPa}$，配置 HRB335 级钢筋，$f_y=300\text{N/mm}^2$，试设计该桩基。

解：桩的类型和尺寸已选定，桩身结构计算从略。

(1) 初选桩的根数：

$n \geqslant F_k/R_a = 3040/540 = 5.6$(根)

暂取 6 根。

(2) 初选承台尺寸。

按表 8-2 桩距　　　$s = 3.0b_p = 3.0 \times 0.4 = 1.2\text{(m)}$

承台长边：　　　　$a = 2 \times (0.4+1.2) = 3.2\text{(m)}$

承台短边：　　　　$b = 2 \times (0.4+0.6) = 2.0\text{(m)}$

暂取承台埋深为 1.4m，承台高度 $h=0.9m$，桩顶伸入承台 50mm，钢筋保护层厚度取 70mm，则承台有效高度为：$h_0=900-70=830(mm)$。

（3）计算桩顶荷载。

桩顶平均竖向力：

$$Q_k=\frac{F_k+G_k}{n}=\frac{3040+20\times3.2\times2.0\times1.4}{6}=536.5(kN)<R_a=540(kN)$$

$$Q_{kmin}^{kmax}=Q_k\pm\frac{(M_k+H_kh)x_{max}}{\sum x_i^2}=536.5\pm\frac{(160+140\times0.9)\times1.2}{4\times1.2^2}$$

$$=596.1(kN)<1.2R_a=648(kN)$$

$$476.9(kN)>0$$

符合要求。

单桩水平力设计值：$H_{ik}=\dfrac{H_k}{n}=\dfrac{140}{6}=23.3(kN)<R_{Ha}=60(kN)$，符合要求。

所以取桩数为 6 根满足承载力要求。

相应于荷载效应基本组合时作用于柱底的荷载值：

$$F=1.35F_k=1.35\times3040=4104(kN)$$

$$M=1.35M_k=1.35\times160=216(kN\cdot m)$$

$$H=1.35H_k=1.35\times140=189(kN)$$

扣除承台及其上填土自重后的桩顶竖向力设计值：

$$N=\frac{F}{n}=\frac{4104}{6}=684(kN)$$

$$N_{min}^{max}=N\pm\frac{(M+Hh)x_{max}}{\sum x_i^2}$$

$$=684\pm\frac{(216+189\times0.9)\times1.2}{4\times1.2^2}=\begin{matrix}764.4(kN)\\603.6(kN)\end{matrix}$$

（4）承台受冲切承载力计算。

① 柱边冲切。

$$F_l=F-\sum N_i=4104-0=4104(kN)$$

受冲切承载力截面高度影响系数：

$$\beta_{hp}=1-\frac{1-0.9}{2000-800}\times(900-800)=0.992$$

冲跨比 λ 与冲切系数 β：

$$\lambda_{0x}=\frac{a_{0x}}{h_0}=\frac{0.7}{0.83}=0.843<1.0;\quad \beta_{0x}=\frac{0.84}{\lambda_{0x}+0.2}=0.805$$

$$\lambda_{0y}=\frac{a_{0y}}{h_0}=\frac{0.175}{0.83}=0.210>0.20;\quad \beta_{0y}=\frac{0.84}{\lambda_{0y}+0.2}=2.049$$

$$2[\beta_{0x}(b_c+a_{0y})+\beta_{0y}(h_c+a_{0x})]\beta_{hp}f_th_0$$

$$=2\times[0.805\times(0.450+0.175)+2.049\times(0.6+0.7)]\times0.992\times1100\times0.830$$

$$=5736(kN)>F_l=4104(kN)（可以）$$

② 角桩向上冲切，$c_1=c_2=0.6m$，$a_{1x}=a_{0x}$，$\lambda_{1x}=\lambda_{0x}$，$a_{1y}=a_{0y}$，$\lambda_{1y}=\lambda_{0y}$。

$$\beta_{1x}=\frac{0.56}{\lambda_{1x}+0.2}=0.537,\quad \beta_{1y}=\frac{0.56}{\lambda_{1y}+0.2}=1.366$$

$$\left[\beta_{1x}\left(c_2+\frac{a_{1y}}{2}\right)+\beta_{1y}\left(c_1+\frac{a_{1x}}{2}\right)\right]\beta_{hp}f_th_0$$

$$=2\times[0.537\times(0.6+0.175/2)+1.366\times(0.6+0.7/2)]\times0.992\times1100\times0.830$$

$$=3019.4(kN)>N_{max}=764.4(kN)(可以)$$

（5）承台受剪切承载力计算。

剪跨比和以上冲跨比相同。

受剪切承载力截面高度影响系数 β_{hs} 计算：

$$\beta_{hs}=\left(\frac{800}{h_0}\right)^{1/4}=\left(\frac{800}{830}\right)^{1/4}=0.991$$

对 Ⅰ—Ⅰ 斜截面：　$\lambda_x=\lambda_{0x}=0.843$　（介于 $0.3\sim3$ 之间）

剪切系数：　　　$\beta=\dfrac{1.75}{\lambda+1.0}=\dfrac{1.75}{0.843+1.0}=0.950$

$$\beta_{hs}\beta f_tb_0h_0=0.991\times0.950\times1100\times3.2\times0.830$$
$$=1719.1kN>2N_{max}=2\times764.4=1528.8kN(可以)$$

对 Ⅱ—Ⅱ 斜截面：　$\lambda_y=\lambda_{0y}=0.21(<0.3)$，取 $\lambda_y=0.3$

剪切系数：　　　$\beta=\dfrac{1.75}{\lambda+1.0}=\dfrac{1.75}{0.3+1.0}=1.346$

$$\beta_{hs}\beta f_tb_0h_0=0.991\times1.346\times1100\times3.2\times0.830$$
$$=2750.5(kN)>3N=3\times684=2052(kN)(可以)$$

从以上计算可知，该承台高度首先取决于对 Ⅰ—Ⅰ 斜截面受剪切承载力，其次取决于沿柱边的受冲切承载力。

（6）承台受弯承载力计算。

$$M_x=\sum N_iy_i=3\times684\times0.375=769.5(kN\cdot m)$$

$$A_s=\frac{M_x}{0.9f_yh_0}=\frac{769.5\times10^6}{0.9\times300\times830}=3433.7(mm^2)$$

选用 23 Φ 14，$A_s=3540mm^2$，沿平行于 y 轴方向均匀布置。

$$M_y=\sum N_ix_i=3\times764.4\times0.9=2063.9(kN\cdot m)$$

$$A_s=\frac{M_y}{0.9f_yh_0}=\frac{2063.9\times10^6}{0.9\times300\times830}=9209.6(mm^2)$$

选用 17 Φ 22，$A_s=6426mm^2$，沿平行于 x 轴方向均匀布置。

8.5　其他深基础简介

8.5.1　沉井基础

沉井（图 8.24）通常是用钢筋混凝土或砖石、混凝土等材料制成的井筒状结构物，一般分数节制作。施工时，先在场地上整平地面铺设砂垫层，设支承枕木，制作第一节沉井，然后在井筒内挖土（或水力吸泥），使沉井失去支承下沉，边挖边排边下沉，再逐节接长井筒。当井筒下沉达设计标高后，用素混凝土封底，最后浇注钢筋混凝土底板，构成地下结构物，或在井筒内用素混凝土或砂砾石填充，构成深基础。

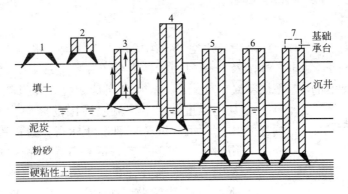

图 8.24　沉井施工顺序示意图

沉井主要由井壁、刃脚、隔墙、凹槽、封底和盖板等部分组成(图 8.25)。

井壁是沉井的主要部分,施工完毕后也是建筑物的基础部分。沉井在下沉过程中,井壁需挡土、挡水,承受各种最不利荷载组合产生的内力,因此应有足够的强度;同时井壁还需有足够的厚度和重量(一般壁厚 0.5~1.8m),以便在自重作用下克服侧壁摩阻力下沉至设计标高。刃脚位于井壁的最下端,其作用是使沉井易于切土下沉,并防止土层中的障碍物损坏井壁。

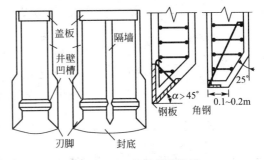

图 8.25　一般沉井的构造

刃脚应有足够的强度,以免挠曲或破坏。靠刃脚处应设置约 0.15~0.25m 深、1.0m 高的凹槽,使封底混凝土嵌入井壁形成整体结构。需要时,井筒内可设置隔墙以减少外壁的净跨距,加强沉井的刚度,同时把沉井分成若干个取土小间,施工时便于掌握挖土位置以控制沉降和纠偏。

当沉井下沉到达设计标高后,在井底用混凝土封底,以防止地下水渗入井内。封底混凝土标号一般不低于 C15。当井孔内不填料或填以砂砾等时,还应在井顶浇注钢筋混凝土盖板。

沉井的横截面形状,根据使用要求可作成方形、矩形、圆形、椭圆形等多种。井筒内的井孔有单孔、单排多孔及多孔等。当沉井下沉困难时,其立面也可作成台阶形。

沉井的优点是占地面积小,井筒在施工过程中可作支承围护,不需另外的挡土结构,技术上操作简便,不需放坡,挖土量少,节约投资,施工稳妥可靠。通常适用于地基深层土的承载力大,而上部土层比较松软、易于开挖的地层;或由于建筑物的使用要求,基础埋深很大;或因施工原因,例如在已有浅基础邻近修建深埋较大的设备基础时,为了避免基坑开挖对已有基础的影响,也可采用沉井法施工。

沉井在下沉过程中常会发生各种问题:如遇到大块石、残留基础或大树根等障碍物阻碍下沉;穿过地下水位以下的细、粉砂层时,大量砂土涌入井内,使沉井倾斜;这些都会对施工造成很大困难,甚至工作无法进行。因此,对于准备用沉井法施工的场地,必须事先做好地基勘探工作,并对可能发生的问题事先加以预防。当问题发生时,要及时采取措施进行处理。

8.5.2 沉箱基础

当把沉箱沉入水下时，在沉箱外用空气压缩机把工作室内的水压出室外。工作人员就可经人用变气闸，从中央气闸及气筒内的扶梯进到工作室内工作。在沉箱工作室里，工作人员用挖土机具等挖除沉箱底下的土石，排除各种障碍物，使沉箱在其自重及其上其他压重作用下，克服周围的摩阻力及压缩空气的反力而下沉。沉箱下到设计标高并经检验、处理地基后，用圬工填充工作室，拆除气闸气筒，这时沉箱就成了基础的组成部分。在其上面可在围堰保护下继续修筑所需要的建筑物，如桥梁墩台、水底隧道、地下铁道等。

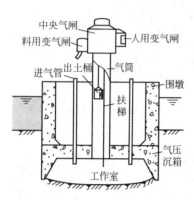

图 8.26 气压沉箱示意图

中央气闸
料用变气闸
人用变气闸
进气管 出土桶
气筒
围墩
扶梯
气压沉箱
工作室

沉箱的特点及作用：沉箱由顶盖和侧壁组成（图 8.26），其侧壁也称刃脚。顶盖留有孔洞，以安设向上接高的气筒（井管）和各种管路。气筒上端连以气闸，气闸由中央气闸、人用变气闸及料用变气闸（或进料筒、出土筒）组成。在沉箱顶盖上安装围堰或砌筑永久性外壁。顶盖下的空间称工作室。

8.5.3 地下连续墙

地下连续墙是 20 世纪 50 年代由意大利米兰 ICOS 公司首先开发成功的一种新的支护型式。它是在泥浆护壁条件下，使用专门的成槽机械，在地面开挖一条狭长的深槽，然后在槽内设置钢筋笼，浇注混凝土，逐步形成一道连续的地下钢筋混凝土连续墙。用以作为基坑开挖时防渗、挡土和对邻近建筑物基础的支护以及直接成为承受上部结构荷载的基础的一部分。

地下连续墙的优点是土方量小、施工期短、成本低，可在沉井作业、板桩支护等方法难以实施的环境中进行无噪声、无振动施工，并穿过各种土层进入基岩，无须采取降低地下水的措施，因此可在密集建筑群中施工，尤其是用于二层以上地下室的建筑物，可配合"逆筑法"施工（从地面逐层而下修筑建筑物地下部分的一种施工技术），而更显出其独特的作用。目前，地下连续墙已发展有后张预应力、预制装配和现浇预制等多种形式，其使用日益广泛，目前在泵房、桥台、地下室、箱基、地下车库、地铁车站、码头、高架道路基础、水处理设施，甚至深埋的下水道等，都有成功应用的实例。

地下连续墙的成墙深度由使用要求决定，大都在 50m 以内，墙宽与墙体的深度以及受力情况有关，目前常用 600mm 及 800mm 两种，特殊情况下也有 400mm 及 1200mm 的薄型及厚型地下连续墙。地下连续墙的施工工序如下。

（1）修筑导墙。沿设计轴线两侧开挖导沟，修筑钢筋混凝土（钢、木）导墙，以供成槽机械钻进导向、维护表土和保持泥浆稳定液面。导墙内壁面之间的净空应比地下连续墙设计厚度加宽 40~60mm，埋深一般为 1~2m，墙厚 0.1~0.2m。

（2）制备泥浆。泥浆以膨润土或细粒土在现场加水搅拌制成，用以平衡侧向地下水压力和土压力，保护槽壁不致坍塌，并起到携渣、防渗等作用。泥浆液面应保持高出地下水位 0.5~1.0m，比重（1.05~1.10）应大于地下水的比重。其浓度、粘度、pH 值、含水量、泥皮厚度以及胶体率等多项指标应严格控制并随时测定、调整，以保证其稳定性。

（3）成槽。是地下连续墙施工中最主要的工序，对于不同土质条件和槽壁深度应采用不同的成槽机具开挖槽段。例如大卵石或孤石等复杂地层可用冲击钻；切削一般土层，特别是软弱土，常用导板抓斗、铲斗或回转钻头抓铲。采用多头钻机开槽，每段槽孔长度可取 6～8m，采用抓斗或冲击钻机成槽，每段长度可更大。墙体深度可达几十米。

（4）槽段的连接：地下连续墙各单元槽段之间靠接头连接。接头通常要满足受力和防渗要求，并施工简单。国内目前使用最多的接头型式是用接头管连接的非刚性接头。在单元槽段内土体被挖除后，在槽段的一端先吊放接头管，再吊入钢筋笼，浇筑混凝土，然后逐渐将接头管拔出，形成半圆形接头，如图 8.27 所示。

地下连续墙既是地下工程施工时的围护结构，又是永久性建筑物的地下部分。因此，设计时应针对墙体施工和使用阶段的不同受力和支承条件下的内力进行简化计算；或采用能考虑土的非线性力学性状以及墙与土的相互作用的计算模型以有限单元法进行分析。

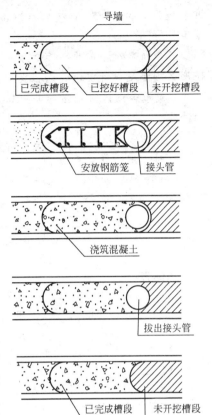

图 8.27　分段施工连接图

项 目 小 结

桩基础设计较复杂，需要考虑的因素很多，本项目简要介绍了桩基础的设计问题，主要内容包括：桩基设计原则与设计内容、桩的分类、桩的承载力、桩基础设计以及其他深基础简介。

（1）桩基是由桩、土和承台共同组成的基础，设计时应结合地区经验考虑桩、土、承台的共同作用；大多数桩基的首要问题是在于控制其沉降量，因此，桩基设计应按变形控制设计；桩基设计应满足：单桩承受的竖向荷载不宜超过单桩竖向承载力特征值；桩基础的沉降不得超过建筑物的沉降允许值等基本条件。

（2）桩基础包括低承台桩与高承台桩；桩按施工方法可分为预制桩与灌注桩，按荷载传递方式可分为端承型桩和摩擦型桩；按设置效应分类可分为非挤土桩、部分挤土桩和挤土桩。

（3）单桩承载力是桩基础设计的最基本内容。单桩竖向承载力取决于两方面：一是桩身材料强度；二是地层的支承力。单桩的竖向承载力特征值可按静载荷试验、土的抗剪强度指标以及规范经验公式确定。

（4）由 2 根以上桩组成的桩基称为群桩基础。端承型群桩基础承载力等于各根单桩承载力之和，即群桩效应系数 $\eta=1$；摩擦型群桩效应系数可能小于 1，也可能大于 1。

(5) 桩基础计算时包括桩身设计和承台设计两大部分。桩身设计时，桩身混凝土强度必须满足设计要求，而桩身的配筋一般按构造要求处理。

(6) 承台设计，包括局部受压、抗冲切、抗剪及抗弯计算，同时还应符合承台的构造要求。

(7) 桩基础设计时应注意：确定桩数时，用荷载效应标准组合值；确定承台高度及配筋时，用荷载效应基本组合值。

(8) 除桩基础外的其他深基础主要有：沉井基础、沉箱基础和地下连续墙。

习　题

一、简答题

1. 试分别根据桩的承载力性状和桩的施工方法对桩进行分类。

2. 什么叫做负摩阻力？产生负摩阻力的情况有哪些？

3. 什么叫做群桩效应？

4. 端承型群桩基础和摩擦型群桩基础的桩群效应有什么不同？

二、填空题

1. 根据承台与地面相对位置的高低，桩基础可分为＿＿＿＿＿＿和＿＿＿＿＿＿。

2. 根据施工方法的不同，桩可分为＿＿＿＿＿＿和＿＿＿＿＿＿两大类。

3. 桩按荷载传递方式可分为＿＿＿＿＿＿和＿＿＿＿＿＿两大类。

4. 根据桩的设置效应，桩可分为＿＿＿＿＿＿、＿＿＿＿＿＿和＿＿＿＿＿＿3 种类型。

5. 土对桩产生向下作用的摩阻力，称为＿＿＿＿＿＿＿＿＿＿＿。

三、计算题

1. 某场区从天然地面起往下的土层分布是：粉质粘土，厚度 $l_1=3\text{m}$，$q_{s1a}=24\text{kPa}$；粉土，厚度 $l_2=6\text{m}$，$q_{s2a}=20\text{kPa}$；中密的中砂，$q_{s3a}=30\text{kPa}$，$q_{pa}=2600\text{kPa}$。拟采用截面边长为 350mm×350mm 的预制桩，承台底面在天然地面以下 1.0m，桩端进入中密中砂的深度为 1.0m，试确定单桩竖向承载力特征值。

2. 某场地自上而下土层情况：第一层为杂填土，厚度 1.0m；第二层为淤泥，软塑状态，厚度 6.50m，$q_{sa}=6.0\text{kPa}$；第三层为粉质粘土，厚度较大，$q_{sa}=40.0\text{kPa}$，$q_{pa}=1800\text{kPa}$。现需设计一框架内柱(截面为 300mm×450mm)的预制桩基础。柱底在地面处的荷载为：竖向力 $F_k=1850\text{kN}$，弯矩 $M_k=135\text{kN}\cdot\text{m}$，水平力 $H_k=75\text{kN}$，初选预制桩截面为 350mm×350mm。已知单桩水平承载力特征值 $R_{Ha}=35.0\text{kN}$，试设计该桩基础。

项目9

地基处理

教学内容

在工程建设中，经常会遇到各种各样的软弱地基或不良地基遇到各种地基问题，这些地基通常情况下不能满足建(构)筑物对地基的要求，需要进行加固处理。本章主要介绍复合地基理论，软弱土及特殊土地基常用地基处理方法的加固原理、适用范围。

教学要求

知识要点	能力要求	权重
复合地基理论	掌握复合地基概念、分类；了解形成复合地基的条件复合地基的常用形式及复合地基的破坏模式	20%
软弱土地基处理	了解软弱土的特性及地基处理方法分类	10%
换土垫层法	掌握换土垫层法设计与施工方法	20%
强夯法和强夯置换法	掌握强夯法和强夯置换法设计与施工要点	20%
灰土挤密桩法和土挤密桩法	掌握灰土挤密桩法和土挤密桩法的设计与施工要点	20%
特殊土地基处理	了解湿陷性黄土、膨胀土、红粘土、季节性冻土地基的工程特性及地基处理措施	10%

在现代土木工程建设中，土木工程师常会遇到各种各样的软弱地基或不良地基，主要包括：软土、杂填土、多年冻土、盐渍土、岩溶、土洞和山区不良地基等。这些地基通常情况下不能满足建(构)筑物对地基的要求，需要进行加固处理，其目的主要是改善地基土的性质，达到满足建筑物对地基稳定和变形的要求，包括改善地基土的变形特性和渗透性，提高其抗剪强度和抗液化能力。

地基处理方法众多，各有其适用，局限性，针对每一具体工程都要进行具体细致分析，应从地基条件、处理要求等方面进行综合分析比较，以确定合适的地基处理办法。

9.1 复合地基

在现代土木工程建设中，土木工程师常会遇到各种各样的软弱地基或不良地基，主要包括软土、杂填土、多年冻土、盐渍土、岩溶、土洞和山区不良地基等。这些地基通常情况下不能满足建(构)筑物对地基的要求，需要进行加固处理。对于需经过人工加固处理的地基统称为人工地基，其大致可分为 3 类：均质地基、双层地基和复合地基。

9.1.1 复合地基概念、分类

人工地基中的均质地基是指天然地基在地基处理过程中加固区土体性质得到全面改良，加固区土体的物理力学性质基本上是相同的，加固区的范围，无论是平面位置及深度，与荷载作用对应的地基持力层或压缩层范围相比较都已满足一定的要求。人工地基的分类如图 9.1(a)所示，均质人工地基承载力和变形计算方法基本上与均质天然地基的计算方法相同。

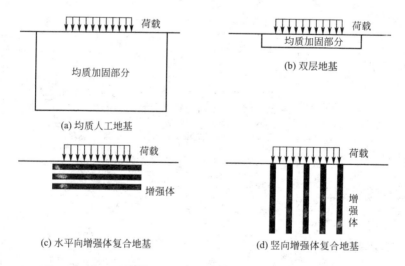

图 9.1 人工地基的分类

人工地基中的双层地基是指天然地基经地基处理形成的均质加固区的厚度与荷载作用面积或者与其相应持力层和压缩厚度相比较为较小时，在荷载作用影响区内，地基由两层性质相差较大的土体组成。双层地基示意图如图 9.1(b)所示，采用换填法或表层压实法处理形成的人工地基可归属于双层地基。双层人工地基承载力和变形计算方法基本上与天然双层地基的计算方法相同。

复合地基是指天然地基在地基处理过程中部分土体得到增强，或被置换，或在天然地基中设置加筋材料，加固区是由基体（天然地基土体或被改良的天然地基土体）和增强体两部分组成的人工地基。在荷载作用下，基体和增强体共同承担荷载的作用。根据地基土体中增强体的方向又可分为水平向增强体复合地基和竖向增强体复合地基。人工地基的分类如图 9.1(c)、图 9.1(d)所示。

水平向增强体复合地基中水平向增强体常常是土工聚合物或其他金属杆和板带。在水平向加筋增强体所加固地基中的土工聚合物、镀锌钢片、铝合金等材料充分利用其抗拉性能和与土之间产生的摩擦力承担外荷载。

竖向增强体复合地基中竖向增强体以桩（柱）或墩的形式出现，通常称为桩体复合地基。

根据竖向增强体的性质，桩体复合地基又可分为 3 类：散体材料桩复合地基、柔性桩复合地基和刚性桩复合地基。散体材料桩复合地基，如碎石桩复合地基、砂桩复合地基等，散体材料桩只有依靠周围土体的围箍作用才能形成桩体，桩体材料本身单独不能形成桩体。柔性桩复合地基，如水泥土桩复合地基、灰土桩复合地基等；刚性桩复合地基，如钢筋混凝土桩复合地基、低强度混凝土桩复合地基等。

复合地基中增强体方向不同、所用材料不同、刚度大小不同，复合地基性状也不同。根据复合地基工作机理可作如图 9.2 所示的分类。

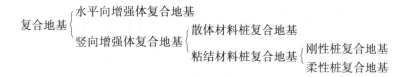

图 9.2　复合地基分类

9.1.2　形成复合地基的条件

按照复合地基的定义，没有任何形式的加筋增强体的地基就不是复合地基。例如，换填法、夯实法、排水固结法所加固的地基就不是复合地基；同时应注意并非地基中有了加筋增强体就叫复合地基。复合地基的本质是在荷载作用下，增强体和地基土共同承担上部结构传来的荷载。但如何设置增强体以保证增强体与天然地基土体能够共同承担上部结构的荷载是有条件的，这也是在地基中设置增强体能否形成复合地基的条件。

在荷载作用下，增强体与天然地基土体通过变形协调共同承担荷载作用是形成复合地基的基本条件。例如，钢筋混凝土桩可以看作竖向增强体，当其端部位于坚硬或不可压缩岩土层时，最初，桩与桩间土共同承担外荷，随着桩间土固结或蠕变，桩分担的荷载越来越大以至于最终承担了全部外荷。显然，这不是复合地基，不能用复合地基的原理来分析其工作机理或设计计算，而只能将桩视为桩基础，按深基础看待而不是当作地基形式看待。如将其作为复合地基进行设计计算是不安全的且十分危险，严重时可能导致事故。但是，如果将散体材料桩（碎石桩、砂桩等）置于坚实或不可压缩层上，则不会出现上述像钢筋混凝土桩所发生的情况，这是因为在荷载作用下，散体材料桩发生鼓胀变桩与桩间土始终能保持变形协调从而共同承担荷载，显然属于复合地基。

复合地基的形成，在地基中设置的增强体只是形成复合地基的必要条件，而能自始至终保持增强体与原地基土协同工作共同承担外荷才是复合地基的充分条件，当然没有必要条件也就谈不上充分条件。

9.1.3　复合地基的常用形式

在工程实践中应用的复合地基形式很多，一般可从下述3方面分类：①增强体设置方向；②增强体材料；③基础刚度及是否设置垫层。

1. 按增强体设置方向分类

复合地基中增强体除可竖向设置[图9.3(a)]和水平向设置[图9.3(b)]外，还可斜向设置[图9.3(c)]，如树根桩复合地基。在形成复合地基中，竖向增强体可以采用同一长度，也可采用长短形式[图9.3(d)]，长桩和短桩可采用同一材料制桩，也可采用不同材料制桩。

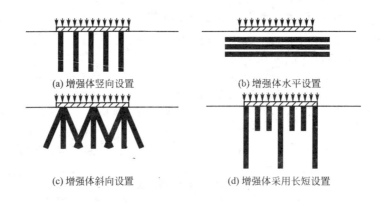

(a) 增强体竖向设置　　　　(b) 增强体水平设置

(c) 增强体斜向设置　　　　(d) 增强体采用长短设置

图 9.3　复合地基形式示意图

2. 按增强体材料分类

对增强体材料，水平向增强体多采用土工合成材料，如土工格栅、土工布等；竖向增强体可采用砂石桩、水泥土桩、低强度混凝土桩、土桩与灰土桩、钢筋混凝土桩等。

3. 按基础刚度及是否设置垫层分类

在建筑工程中桩体复合地基承担的荷载通常通过钢筋混凝土基础或筏板传给的，而在路基工程中，荷载是由刚度比钢筋混凝土板小得多的路基直接传给复合地基的，前者基础刚度比增强体刚度大，而后者路基材料刚度往往比材料刚度小。人们将前者称为刚性基础下复合地基，填土路基下复合地基则称为柔性基础下复合地基。柔性基础下复合地基的沉降远比刚性基础下复合地基的沉降大。为了减少柔复合地基的沉降，应在桩体复合地基加固区上面设置一层刚度较大的垫层，防止桩体刺入上层土体。

综上所述，复合地基常用形式分类如图9.4所示。

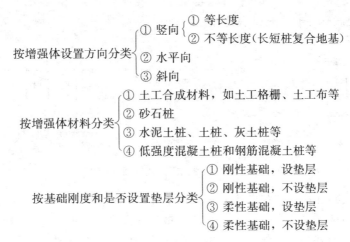

图9.4　复合地基常用形式分类

9.1.4　复合地基的破坏模式

水平增强体复合地基通常的破坏模式是整体破坏。受天然地基土体强度、加筋体强度和刚度以及加筋体的布置形式的因素影响而具有多种破坏形式。目前主要有3种破坏形式。

（1）加筋体以上土体剪切破坏。如图9.5（a）所示，在荷载作用下，最上层加筋体以上土体发生剪切破坏，也把它称为薄层挤出破坏，这种破坏多发生在加筋体埋深较深、加筋体强度大，并且具有足够锚固长度，加筋层上部土体强度较弱的情况。这种情况下，上部土体中的剪切破坏无法通过加筋层，剪切破坏局限于加筋体上部土体中。

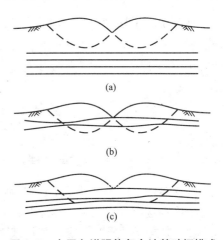

（2）加筋体在剪切过程中被拉出或与土体产生过大相对滑动产生破坏。如图9.5（b）所示，在荷载作用下，加筋体与土体间产生过大的相对滑动，甚至加筋体被拉出，加筋体复合地基发生破坏而引起整体破坏。这种破坏形式多发生在加筋体埋深较浅，加筋层较少，加筋体强度高但锚固长度过短，两端加筋体与土体界面不能提供足够的摩擦力以阻止加筋体拉出的情况。

图9.5　水平向增强体复合地基破坏模式

（3）加筋体在剪切过程中被拉断而产生剪切破坏。如图9.5（c）所示，在荷载作用下，剪切过程中加筋体被绷断，引起整体剪切破坏。这种破坏形式多发生筋体埋深较浅，加筋层数较多，并且加筋体足够长，两端加筋体与土体界面提供足够的摩擦力防止加筋体被拉断，然后一层一层逐步向下发展。

竖向增强体复合地基的破坏形式首先可以分成下述两种情况：①桩间土首先破坏进而发生复合地基全面破坏；②桩体首先破坏进而发生复合地基全面破坏。在实际工程中，桩间土和桩体同时达到破坏是很难遇到的。大多数情况下，桩体复合地基都是桩体先破坏，继而引起复合地基全面破坏。

竖向增强体复合地基中桩体破坏的模式可以分成下述4种形式：刺入破坏、鼓胀破坏、桩体剪切破坏和滑动剪切破坏，如图 9.6 所示。

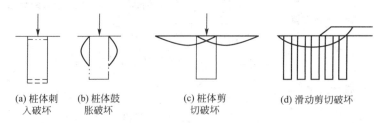

(a) 桩体刺　　(b) 桩体鼓　　(c) 桩体剪　　(d) 滑动剪切破坏
入破坏　　　　胀破坏　　　　切破坏

图 9.6　竖向增强体复合地基破坏模式

桩体发生刺入破坏模式，如图 9.6(a)所示，桩体刚度较大，地基上承载力较低的情况下较易发生刺入破坏。桩体发生刺入破坏，承担荷载大幅度降低，进而引起复合地基桩间土破坏，造成复合地基全面破坏。刚性桩复合地基较易发生刺入破坏，特别是柔性基础下刚性桩复合地基更易发生刺入破坏。

桩体鼓胀破坏模式，如图 9.6(b)所示，在荷载作用下，桩周土不能提供桩足够的围压，以防止桩体发生过大的侧向变形，产生桩体鼓胀破坏。在刚性基基础下和柔性基础下散体材料桩复合地基均可能发生桩体鼓胀破坏。

桩体剪切破坏模式，如图 9.6(c)所示，在荷载作用下，复合地基中桩体发生剪切破坏，进而引起复合地基全面破坏。低强度的柔性桩较易产生桩体剪切破坏。刚性基础下和柔性基础下低强度柔性桩复合地基均可产生桩体剪切破坏。相比较柔性基础下发生可能性更大。

滑动剪切破坏模式，如图 9.6(d)所示，在荷载作用下，复合地基沿某一滑动面产生滑动破坏。在滑动面上，桩体和桩间土均发生剪切破坏。各种复合地基均发生滑动破坏。柔性基础下的比刚性基础下的发生可能性更大。

9.2　软弱土地基处理

9.2.1　软弱土的特性及地基处理方法分类

当软弱地基或不良地基不能满足沉降或稳定的要求，且采用桩基础等深基础在技术或经济上不合理时，往往采用地基处理。地基处理的目的主要体现在以下几点。

（1）提高土的强度，使地基承载力达到设计要求。

（2）增加土的刚度，使基础的沉降量满足设计要求。

（3）改善地基土的水力特性，提高地基的防渗、渗透稳定性及抗冻性。

（4）改善抗震性能，改善地基土的抗液化性，减少地基土的震陷现象。

1．软弱土的种类和性质

软弱地基是指主要由淤泥、淤泥质土、冲填土、杂填土或松砂及特殊区域性高压缩性土层构成的地基。其工程特性表现在：含水量高，孔隙比较大；抗剪强度很低；压缩性较高；渗透性很小；具有明显的结构性、流变形性。

1）淤泥及淤泥质土

淤泥土是指孔隙比 $e>1.5$，含水量 $w>w_L$（$I_L>1.0$）的土质；淤泥质土是指孔隙

比 $e=1.0\sim1.5$，含水量 $w>w_L(I_L>1.0)$ 的土质。这两种土的性质主要表现在：高含水量 $w=40\%\sim90\%$；高压缩性 $\alpha_{1-2}>0.5\sim3.0\text{MPa}^{-1}$；高流变性；次固结量随时间增加；低强度 $C_u<20\text{kPa}$；低渗透性，固结过程长。

这种土组成的地基承载力低，基础沉降大，极易产生较大的不均匀沉降，沉降稳定历时比较长，是工程建设中遇到最多的软弱地基。它广泛地分布在我国沿海地区、内陆平原及山区。例如，上海、宁波、天津、温州、连云港、杭州、福州、厦门、湛江和广州等沿海地区，以及南京、昆明、武汉等内陆地区。

2) 泥炭、泥炭质土

泥炭是指孔隙比 $e>1.5$、含水量 $w>w_L(I_L>1.0)$ 且有机含量超过 30% 以上的土质；泥炭质土是指孔隙比 $e=1.0\sim1.5$，含水量 $w>w_L(I_L>1.0)$ 有机含量 10%～30% 的土质。

这种土组成的地基承载力低，含水量及压缩性高，压缩快而不均匀，流变性高和渗透性低。

3) 杂填土、回填土

（1）杂填土。人类活动所形成的无规则堆积物，由大量建筑垃圾、工业废料或生活垃圾组成，其成分复杂，性质也不相同，且无规律性。在大多数情况下，杂填土是比较疏松和不均匀的，在同一场地不同位置，地基承载力和压缩性也可能有较大的差异。杂填土的性质随着堆填龄期而变化，其承载力随着时间增长而提高。杂填土的主要特点是强度低、压缩性高和均匀性差，一般未经处理不宜作为持力层。某些杂填土含有腐殖质及亲水和水溶性物质，会给地基带来更大的沉降及浸水湿陷性。

（2）冲填土。在我国长江、黄浦江、珠江两岸均分布着不同性质的冲填土。冲填土的物质成分比较复杂，若以黏性土为主，由于土中含有大量水分，且难以排出，土体在形成初期处于流动状态，强度要经过一定的固结时间，才能逐渐提高。因而，这类土属于强度低和压缩性较高的欠固结土。冲填土的工程性质主要取决于颗粒组成、均匀性和排水固结条件，与自然沉积的同类土相比，强度低、压缩性高，易产生触变的现象。

4) 松砂

松砂是指相对密度 $D_r<1/3$ 或孔隙比 $e>0.85$ 的土质。饱和松散粉细砂及部分粉土，虽然在静载作用下具有较高的强度，但在机械振动、车辆荷载、波浪或地震的反复作用下，有可能发生液化或震陷变形。地基会因液化而丧失承载力，基坑开挖时易产生管涌。

2. 软弱土地基处理方法分类及应用范围

软弱土地基处理的基本方法主要有置换、夯实、挤密、排水、胶结、加筋和热学等方法。选择地基处理的方法遵循的原则为技术可靠，经济合理。常用地基处理方法的原理、作用及适用范围如下。

1) 换土垫层法

垫层法基本原理是挖除浅层软弱土或不良土，分层回填新材料并碾压或夯实，按回填的材料可分为砂（或砂石）垫层、碎石垫层、粉煤灰垫层、干渣垫层、土（灰土、二灰）垫层等。干渣分为分级干渣、混合干渣和原状干渣；粉煤灰分为湿排灰和调湿灰。换土垫层法可提高持力层的承载力，减少沉降量；常用机械碾压、平板振动和重锤夯实进行施工。

该法常用于基坑面积宽大和开挖土方量较大的回填土方工程，一般适用于处理浅层软弱土层（淤泥质土、松散素填土、杂填土以及已完成自重固结的冲填土等）与低洼区域的填

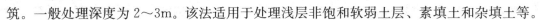

筑。一般处理深度为2~3m。该法适用于处理浅层非饱和软弱土层、素填土和杂填土等。

2）振密、挤密法

振密、挤密法的原理是采用一定的手段，通过振动、挤压使地基土体孔隙比减小，强度提高，达到地基处理的目的。例如，强夯法是利用强大的夯击能，迫使深层土液化和动力固结，使土体密实，用以提高地基土的强度并降低其压缩性。

3）排水固结法

基本原理是软土地基在附加荷载的作用下，逐渐排出孔隙水，使孔隙比减小，产生固结变形。在这个过程中，随着土体超静孔隙水压力的逐渐消散，土的有效应力增加，地基抗剪强度相应增加，并使沉降提前完成或提高沉降速率。

排水固结法主要由排水和加压两个系统组成。排水可以利用天然土层本身的透水性，尤其是上海地区多夹砂薄层的特点，也可设置砂井、袋装砂井和塑料排水板之类的竖向排水体。加压主要是地面堆载法、真空预压法和井点降水法。为加固软弱的黏土，在一定条件下，采用电渗排水井点也是合理而有效的。

（1）堆载预压法。在建造建筑物以前，通过临时堆填土石等方法对地基加载预压，达到预先完成部分或大部分地基沉降，并通过地基土固结提高地基承载力，然后撤除荷载，再建造建筑物。

临时的预压堆载一般等于建筑物的荷载，但为了减少由于次固结而产生的沉降，预压荷载也可大于建筑物荷载，称为超载预压。

（2）砂井法（包括袋装砂井、塑料排水带等）。在软黏土地基中，设置一系列砂井，在砂井之上铺设砂垫层或砂沟，人为地增加土层固结排水通道，缩短排水距离，从而加速固结，并加速强度增长。砂井法通常辅以堆载预压，称为砂井堆载预压法。该法适用于透水性低的软弱黏性土，但对于泥炭土等有机质沉积物不适用。

（3）真空预压法。在黏土层上铺设砂垫层，然后用薄膜密封砂垫层，用真空泵对砂垫层及砂井抽气，利用大气压与薄膜下的压力差为荷载，使地基固结。该法适用于能在加固区形成（包括采取措施后形成）稳定负压边界条件的软土地基。

（4）真空-堆载联合预压法。当真空预压达不到要求的预压荷载时，可与堆载预压联合使用，其堆载预压荷载和真空预压荷载可叠加计算。

（5）降低地下水位法。通过降低地下水位使土体中的孔隙水压力减小，从而增大有效应力，促进地基固结。该法适用于地下水位接近地面，而开挖深度不大的工程，特别适用于饱和粉、细砂地基。

（6）电渗排水法。在土中插入金属电极并通以直流电，由于直流电场作用，土中的水从阳极流向阴极，然后将水从阴极排除，而不让水在阳极附近补充，借助电渗作用可逐渐排除土中水。在工程上常利用它降低勃性土中的含水量或降低地下水位来提高地基承载力或边坡的稳定性。

4）置换法

置换法的原理是以砂、碎石等材料置换软土，与未加固部分形成复合地基，达到提高地基强度的目的。

（1）振冲置换法（或称碎石桩法）。振冲置换法是利用一种单向或双向振动的冲头，边喷高压水流边下沉成孔，然后填入碎石边振实，形成碎石桩。桩体和原来的黏性土构成复合地基，以提高地基承载力和减小沉降。该法适用于地基土的不排水抗剪强度大于

20kPa 的淤泥、淤泥质土、砂土、粉土、赫性土和人工填土等地基。对不排水抗剪强度小于 20kPa 的软土地基，采用碎石桩时须慎重。

（2）石灰桩法。在软弱地基中用机械成孔，填入作为固化剂的生石灰并夯实形成桩体。利用生石灰的吸水、膨胀、放热作用以及土与石灰的物理化学作用，改善桩体周围土体的物理力学性质，同时桩与土形成复合地基，达到地基加固的目的。该法适用于软弱黏性土地基。

（3）强夯置换法。对厚度小于 6m 的软弱土层，边夯边填碎石，形成深度 3～6m、直径为 2m 左右的碎石柱体，与周围土体形成复合地基。该法适用于软黏土。

（4）水泥粉煤灰碎石桩(CFG 桩)。它是在碎石桩基础上加进一些石屑、粉煤灰和少量水泥，加水拌和，用振动沉管打桩机或其他成桩机具制成的具有一定黏结强度的桩。桩和桩间土通过褥垫层形成复合地基，适用于填土、饱和及非饱和黏性土、砂土、粉土等地基。

（5）EPS 超轻质料填土法。发泡聚苯乙烯的重度只有土的 $1/50～1/100$，并具有较好的强度和压缩性能，用于填料可有效减少作用在地基的荷载上，需要时也可置换部分地基土，以达到更好的效果。该法适用于软弱地基上的填方工程。

5）加筋法

通过在土层中埋设强度较大的土工聚合物、拉筋、受力杆件等提高地基承载力、减少沉降或维持建筑物稳定。

（1）土工合成材料。土工合成材料是岩土工程领域中的一种新型建筑材料，是用于土工技术和土木工程，而以聚合物为原料的具渗透性的材料名词的总称。它是将由煤、石油、天然气等原材料制成的高分子聚合物通过纺丝和后处理制成纤维，再加工制成各种类型的产品，置于土体内部、表面或各层土体之间，发挥加强或保护土体的作用。常见的这类纤维有：聚酰胺纤维(PA，如尼龙、锦纶)、聚醋纤维(如涤纶)、聚丙烯纤维(PP，如腈纶)、聚乙烯纤维(PE，如维纶)以及聚氯乙烯纤维(PVC，如氯纶)等。

利用土工合成材料的高强度、韧性等力学性能，扩散土中应力，增大土体的抗拉强度。改善土体或构成加筋土以及各种复合土工结构。土工合成材料的功能是多方面的，主要包括排水作用、反滤作用、隔离作用和加筋作用。它适用于砂土、黏性土和软土，或用作反滤、排水和隔离材料。

（2）加筋土。把抗拉能力很强的拉筋埋置在土层中，通过土颗粒和拉筋之间的摩擦力形成一个整体，用以提高土体的稳定性。它适用于人工填土的路堤和挡墙结构。

（3）土层锚杆。土层锚杆是依赖于土层与锚固体之间的黏结强度来提供承载力的，它适用在一切需要将拉应力传递到稳定土体中去的工程结构，如边坡稳定、基坑围护结构的支护、地下结构抗浮、高耸结构抗倾覆等。它适用于一切需要将拉应力传递到稳定土体中去的工程。

（4）土钉。土钉技术是在土体内放置一定长度和分布密度的土钉体，与土共同用以弥补土体自身强度的不足。该技术不仅提高了土体整体刚度，又弥补了土体的抗拉和抗剪强度低的弱点，显著提高了整体稳定性，适用于开挖支护和天然边坡的加固。

（5）树根桩法。在地基中沿不同方向，设置直径为 75～250mm 的细桩，可以是竖直桩，也可以是斜桩，形成如树根状的群桩，以支撑结构物，或用以挡土，稳定边坡。该法适用于软弱黏性土和杂填土地基。

6）胶结法

在软弱地基中部分土体内掺入水泥、水泥砂浆以及石灰等物，形成加固体，与未加固部分形成复合地基，以提高地基承载力和减小沉降。

（1）注浆法。其原理是用压力泵把水泥或其他化学浆液注入土体，以达到提高地基承载力、减小沉降、防渗、堵漏等目的。它适用于处理岩基、砂土、粉土、淤泥质黏黏土、粉质黏土、黏土和一般人工填土，也可加固暗洪和使用在托换工程中。

（2）高压喷射注浆法。将带有特殊喷嘴的注浆管，通过钻孔置入要处理土层的预定深度，然后将水泥浆液以高压冲切土体，在喷射浆液的同时，以一定速度旋转、提升，形成水泥土圆柱体；若喷嘴提升而不旋转，则形成墙状固结体。该法可以提高地基承载力、减少沉降、防止砂土液化、管涌和基坑隆起，适用于淤泥、淤泥质土、人工填土等地基，对既有建筑物可进行托换加固。

（3）水泥土搅拌法。利用水泥、石灰或其他材料作为固化剂的主剂，通过特别的深层搅拌机械，在地基深处就地将软土和固化剂（水泥或石灰的浆液或粉体）强制搅拌，形成坚硬的拌和柱体，与原地层共同形成复合地基。该法适用于淤泥、淤泥质土、粉土和含水量较高且地基承载力标准值不大于 120kPa 的黏性土地基。

7）冷热处理法

冻结法是通过人工冷却，使地基温度低到孔隙水的冰点以下，使之冷却，从而具有理想的截水性能和较高的承载力。它适用于软黏土或饱和的砂土地层中的临时措施。

9.2.2　换土垫层法

换土垫层法是将基础下一定深度内的软弱土层挖去，回填强度较高的砂、碎石或灰土等，并夯至密实的一种地基处理方法。当建筑物荷载不大，软弱土层厚度较小时，采用换土垫层法能取得较好的效果。

目前，常用的垫层有：砂垫层、砂卵石垫层、碎石垫层、灰土或素土垫层、煤渣垫层、矿渣垫层以及用其他性能稳定、无侵蚀性的材料做的垫层等。

换土垫层法按其原理可体现以下 5 个方面的作用。

（1）提高浅层地基承载力。因地基中的剪切破坏从基础底面开始，随应力的增大而向纵深发展。故以抗剪强度较高的砂或其他填筑材料置换基础下较弱的土层，可避免地基的破坏。

（2）减少沉降量。一般浅层地基的沉降量占总沉降量比例较大。如以密实砂或其他填筑材料代替上层软弱土层，就可以减少这部分的沉降量。由于砂层或其他垫层对应力的扩散作用，使作用在下卧层土上的压力较小，这样也会相应减少下卧层土的沉降量。

（3）加速软弱土层的排水固结。砂垫层和砂石垫层等垫层材料透水性强，软弱土层受压后会呈现出良好的排水面，使基础下面的孔隙水压力迅速消散，加速垫层下软弱土层的固结和提高其强度，避免地基发生塑性破坏。

（4）防止冻胀。因为粗颗粒的垫层材料孔隙大，不易产生毛细管现象，因此可以防止寒冷地区土中结冰所造成的冻胀。

（5）消除膨胀土的胀缩作用。

上述作用中以前 3 种为主要作用，并且在各类工程中，垫层所起的主要作用有时也是不同的，如房屋建筑物基础下的砂垫层主要起换土的作用；而在路堤及土坝等工程中，往往以排水固结为主要作用。

垫层剖面图如图 9.7 所示，设计应满足地基变形和稳定要求。重点是确定合理的垫层宽度和厚度，防止产生局部破坏。

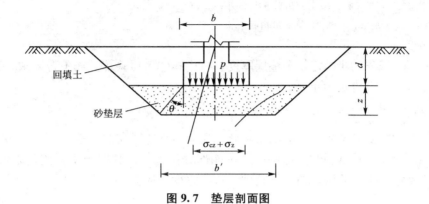

图 9.7 垫层剖面图

1. 垫层厚度计算

垫层厚度一般不宜大于 3m，太厚施工较困难，太薄（<0.5m）则换土垫层的作用不显著，根据下卧层的承载力可先假定一个厚度，按下式进行验算。

$$\sigma_{cz}+\sigma_z \leqslant f_z \tag{9-1}$$

式中　f_z——垫层底面处软弱土层的承载力设计值，kPa；

　　　σ_{cz}——垫层底面处土的自重应力，kPa；

　　　σ_z——垫层底面处土的附加应力，kPa。

垫层底面处的附加应力，可按应力扩散法简化计算，即

条形基础时：　　　　$$\sigma_z=\frac{[(p-\sigma_c)b]}{(b+2z\cdot\tan\theta)} \tag{9-2a}$$

矩形基础时：　　　　$$\sigma_z=\frac{[(p-\sigma_c)l\cdot b]}{[(l+2z\cdot\tan\theta)(b+2z\cdot\tan\theta)]} \tag{9-2b}$$

式中　p——为基础底面平均压力设计值，kPa；

　　　σ_c——基础底面标高处的自重应力，kPa；

　　　l——矩形基础底面长度，m；

　　　b——基础底面的宽度，m；

　　　z——垫层的厚度，m；

　　　θ——垫层的应力扩散角，按表 9-1 选取。

表 9-1　垫层应力扩散角 θ

换填材料 （z/b）	中砂、粗砂、砾砂、碎石类土、石屑	粘性土和粉土（$8<I_p<14$）	灰土
0.25	20°	6°	30°
≥0.50	30°	23°	

**特别提示**

(1) 表中当 $z/b < 0.5$ 时，除灰土仍取 $\theta = 30°$ 外，其余材料均取 $\theta = 0°$。

(2) 当 $0.25 < z/b < 0.50$ 时，θ 值可用内插求得。

计算时，一般先初步拟定一个垫层厚度，再用式(9-1)验算。如不合要求，则改变厚度，重新验算，直至满足为止。

2. 垫层底面宽度 b' 的确定

垫层的宽度除要满足应力扩散的要求外，还应防止垫层向两边挤动。如果垫层宽度不足，四周侧面土质又较软弱时，垫层就有可能部分挤入侧面软弱土中，使基础沉降增大。宽度计算通常可按扩散角法，如条形基础，垫层宽度 b' 应为

$$b' \geqslant b + 2z \cdot \tan\theta \qquad (9-3)$$

扩散角 θ 仍按表 9-1 选取。底宽确定后，再根据开挖基坑所要求的坡度延伸至地面，即得垫层的设计断面。

[例 9-1] 某砖混结构办公楼，承重墙下为条形基础，宽 1.2m，埋深 1m，承重墙传至基础荷载 $F = 180\text{kN/m}$，地表为 1.5m 厚的杂填土，$\gamma = 16\text{kN/m}^3$，$\gamma_{sat} = 17\text{kN/m}^3$，下面为淤泥层，$\gamma_{sat} = 19\text{kN/m}^3$，基承载力标准值 $f_k = 66.5\text{kPa}$，地下水距地表深 1m。试设计基础的垫层。

解：(1) 垫层材料选中砂，并设垫层厚度 $z = 1.5\text{m}$，则垫层的应力扩散角 $\theta = 30°$。

(2) 垫层厚度的验算，据题意，基础底面平均压力设计值为

$$p = \frac{F + G}{b} = \frac{180 + 1.2 \times 1 \times 20}{1.2} = 170 \text{(kPa)}$$

基底处的自重应力 $\sigma_c = 16\text{kPa}$。

垫层底面处的附加应力得

$$\sigma_z = \frac{(p - \sigma_c)b}{b + 2 \times z\tan\theta} = \frac{(170 - 16) \times 1.2}{1.2 + 2 \times 1.5\tan 30°} = 63.0 \text{(kPa)}$$

垫层底面处的自重应力 $\sigma_{cz} = 16 \times 1.0 + (17 - 10) \times 0.5 + (19 - 10) \times 1.0 = 28.5 \text{(kPa)}$

地基承载力标准值 $f_k = 66.5\text{kPa}$。经深度修正得地基承载力设计值(查表得 $\eta_d = 1.1$)，即

$$f_z = f_k + \eta_d \gamma_0 (d - 0.5)$$

$$= 66.5 + 1.1 \times (2.5 - 0.5) \times \frac{16 \times 1 + (17 - 10) \times 0.5 + (19 - 10) \times 1.0}{2.5} = 91.6 \text{(kPa)}$$

则 $\sigma_z + \sigma_{cz} = 63.0 + 28.5 = 91.5 \text{(kPa)} \leqslant 91.6\text{kPa}$，说明满足强度要求，垫层厚度选定为 1.5m 合适。

(3) 确定垫层底宽 b'。

$$b' = b + 2z \cdot \tan\theta = 1.2 + 2 \times 1.5 \times \tan 30° = 2.93 \text{(m)}$$

取 b' 为 3m，按 1:1.5 边坡开挖。

9.2.3 强夯法和强夯置换法

强夯法是法国 Menard 技术公司于 1969 年首创的一种地基加固方法，它通过 10～40t 重锤和 10～40m 的落距，对地基土施加很大的冲击能，在地基土中所出现的冲击波和动应力，形成夯坑，并对周围土进行动力挤压，可提高地基土的强度、降低土的压缩性、改善砂土的抗液化条件、消除湿陷性黄土的湿陷性等。同时，夯击能还可提高土层的均匀程度，减少将来可能出现的差异沉降。

强夯法适用于处理碎石土、砂土、低饱和度的粉土与黏性土、湿陷性黄土、素填土和杂填土等地基。强夯置换法适用于高饱和度的粉土与软塑至流塑的黏性土等，上部结构对变形控制要求不严的工程，同时应在设计前通过现场试验确定其适用性和处理效果。

工程实践表明，强夯法具有施工简单、加固效果好、使用经济等优点，因而被世界各国工程界所重视。对各类土强夯处理都取得了十分良好的技术经济效果。但对饱和软土的加固效果，必须给予排水的出路。

目前，强夯法加固地基有 3 种不同的加固机理：动力密实、动力固结和动力置换，它取决于地基土的类别和强夯施工工艺。

1. 设计计算

1）有效加固深度

有效加固深度既是选择地基处理方法的重要依据，又是反映处理效果的重要参数。一般可按下列公式估算有效加固深度，或按表 9 - 2 预估为

$$H = \alpha \sqrt{M \cdot h} \tag{9-4}$$

式中　H——有效加固深度，m；

　　　M——夯锤重，t；

　　　h——落距，m；

　　　α——系数，须根据所处理地基土的性质而定，对软土可取 0.5，对黄土可取 0.34～0.5。

表 9 - 2　强夯的有效加固深度(m)

单击夯击能/(kN·m)	碎石土、砂土等粗颗粒土	粉土、黏性土、湿陷性黄土等细颗粒土
1000	5.0～6.0	4.0～5.0
2000	6.0～7.0	5.0～6.0
3000	7.0～8.0	6.0～7.0
4000	8.0～9.0	7.0～8.0
5000	9.0～9.5	8.0～8.5
6000	9.5～10.0	8.5～9.0
8000	10.0～10.5	9.0～9.5

注：强夯的有效加固深度应从最初起夯面算起。

强夯置换墩的深度由土质条件决定，除厚层饱和粉土外，应穿透软土层，到达较硬土层上，深度不宜超过 7m。

2) 夯锤和落距

单击夯击能为夯锤重 M 与落距 h 的乘积。一般夯击时最好锤重和落距大，则单击能量大，夯击击数少，夯击遍数也相应减少，加固效果和技术经济较好。

在设计中，根据需要加固的深度初步确定采用的单击夯击能，然后再根据机具条件因地制宜地确定锤重和落距。

一般国内夯锤可取 10～25t。夯锤材质最好用铸钢，也可用钢板为外壳内灌混凝土的锤。夯锤的平面一般为圆形，夯锤中设置若干个上下贯通的气孔，孔径可取 250～300mm，它可减小起吊夯锤时的吸力(在上海金山石油化工厂的试验工程中测出，夯锤的吸力达 3 倍锤重)；又可减少夯锤着地前的瞬时气垫的上托力。锤底面积宜按土的性质确定，锤底静压力值可取 25～40kPa，对砂性土和碎石填土，一般锤底面积为 2～4m²；对一般第四纪黏性土建议用 3～4m²；对于淤泥质土建议采用 4～6m²；对于黄土建议采用 4.5～5.5m²。同时应控制夯锤的高宽比，以防止产生偏锤现象，如黄土，高宽比可采用 1：2.5～1：2.8。强夯置换锤底静接地压力值可取 100～200kPa。

夯锤确定后，根据要求的单点夯击能量，就能确定夯锤的落距。国内通常采用的落距是 8～25m。对相同的夯击能量，常选用大落距的施工方案，这是因为增大落距可获得较大的接地速度，能将大部分能量有效地传到地下深处，增加深层夯实效果，减少消耗在地表土层塑性变形的能量。

3) 夯击点布置及间距

(1) 夯击点布置。强夯夯击点位置可根据基底平面形状，采用等边三角形、等腰三角形或正方形布置。同时夯击点布置时应考虑施工时吊机的行走通道。强夯置换墩位布置宜采用等边三角形或正方形。对独立基础或条形基础可根据基础形状与宽度相应布置。

对一般建筑物，每边超出基础外缘的宽度宜为设计处理深度的 1/2～2/3，并不宜小于 3m。

(2) 夯击点间距。强夯第一遍夯击点间距可取夯锤直径的 2.5～3.5 倍，第二遍夯击点位于第一遍夯击点之间。以后各遍夯击点间距可适当减小。强夯置换墩间距应根据荷载大小和原土的承载力选定，当满堂布置时可取夯锤直径的 2～3 倍。对独立基础或条形基础可取夯锤直径的 1.5～2.0 倍。墩的计算直径可取夯锤直径的 1.1～1.2 倍。

4) 夯击击数与遍数

(1) 夯击击数。强夯夯点的夯击击数，应按现场试夯得到的夯击击数和夯沉量关系曲线确定，且应同时满足下列条件。

① 最后两击的平均夯沉量不宜大于下列数值：当单击夯击能量小于 4000kN·m 时为 50mm；当夯击能为 4000～6000kN·m 时为 100mm；当夯击能大于 6000kN·m 时为 200mm。

② 夯坑周围地面不应发生过大隆起。

③ 不因夯坑过深而发生起锤困难。

强夯置换夯点的夯击次数应通过现场试夯确定，且应同时满足下列条件。

① 墩底穿透软弱土层，且达到设计墩长。

② 累计夯沉量为设计墩长的 1.5～2.0 倍。

③ 最后两击的平均夯沉量不大于强夯的规定值。

(2) 夯击遍数。夯击遍数应根据地基土的性质确定，可采用点夯 2～3 遍，对于渗透性较差的细颗粒土，必要时夯击遍数可适当增加。最后再以低能量满夯 2 遍，满夯可采用轻锤或低落距锤多次夯击，锤印搭接。

5）垫层铺设

对场地地下水位在 2m 深度以下的砂砾石土层，可直接施行强夯，无需铺设垫层；对地下水位较高的饱和黏性土与易液化流动的饱和砂土，都需要铺设砂、砂砾或碎石垫层才能进行强夯，否则土体会发生流动。垫层厚度随场地的土质条件、夯锤重量及其形状等条件而定。当场地土质条件好，夯锤小或形状构造合理，起吊时吸力小者，也可减少垫层厚度。垫层厚度一般为 0.5～2.0m。铺设的垫层不能含有黏土。

6）间歇时间

对于需要分两遍或多遍夯击的工程，两遍夯击间应有一定的时间间隔。各遍间的间歇时间取决于加固土层中孔隙水压力消散所需要的时间。对砂性土，孔隙水压力的峰值出现在夯完后的瞬间，消散时间只有 2～4min，故对渗透性较大的砂性土，两遍夯间的间歇时间很短，即可连续夯击。

对黏性土，由于孔隙水压力消散较慢，故当夯击能逐渐增加时，孔隙水压力亦相应地叠加，其间歇时间取决于孔隙水压力的消散情况，一般为 3～4 周。目前国内有的工程对黏性土地基的现场埋设了袋装砂井（或塑料排水带），以便加速孔隙水压力的消散，缩短间歇时间。有时根据施工流水顺序先后，两遍间也能达到连续夯击的目的。

2．施工方法

我国绝大多数强夯工程只具备小吨位起重机的施工条件，所以只能使用滑轮组起吊夯锤，利用自动脱钩的装置，使锤形成自由落体。拉动脱钩器的钢丝绳，其一端拴在桩架的盘上，以钢丝绳的长短控制夯锤的落距，夯锤挂在脱钩器的钩上，当吊钩提升到要求的高度时，张紧的钢丝绳将脱钩器的伸臂拉转一个角度，致使夯锤突然下落。有时为防止起重臂在较大的仰角下突然释重而有可能发生后倾，可在履带起重机的臂杆端部设置辅助门架，或采取其他安全措施，防止落锤时机架倾覆。自动脱钩装置应具有足够的强度，且施工时要求灵活。

强夯施工结束后应间隔一定时间方能对地基加固质量进行检验。对碎石土和砂土地基其间隔时间可取 1～2 周；对粉土和黏性土地基可取 2～4 周。强夯置换地基间隔时间可取 4 周。

质量检验方法可采用：①室内试验；②十字板试验；③动力触探试验（包括标准贯入试验）；④静力触探试验；⑤旁压仪试验；⑥荷载试验；⑦波速试验。

强夯法检测点位置可分别布置在夯坑内、夯坑外和夯击区边缘。其数量应根据场地复杂程度和建筑物的重要性确定。对简单场地上的一般建筑物，每个建筑物地基的检验点不应少于 3 处；对复杂场地或重要建筑物地基应增加检验点数。检验深度应不小于设计处理的深度。在强夯置换施工中可采用超重型或重型圆锥动力触探检查置换墩着底情况，强夯置换地基荷载试验检验和置换墩着底情况检验数量均不应少于墩点数的 1%，且不应少于 3 点。

在强夯处理后的地基竣工验收时，承载力检验应采用原位测试和室内土工试验；在强夯置换后的地基竣工验收时，承载力检验除应采用单墩荷载试验检验外，还应采用动力触探等有效手段查明置换墩着底情况及承载力与密度随深度的变化。对饱和粉土地基允许采用单墩复合地基荷载试验代替单墩荷载试验。

9.2.4 灰土挤密桩法和土挤密桩法

灰土挤密桩法和土挤密桩法适用于处理地下水位以上的素填土、湿陷性黄土和杂填土等地基，可处理地基的深度为5～15m，当以消除地基土的湿陷性为主要目的时，宜选用土挤密桩法；当以提高地基土的承载力或增强其水稳性为主要目的时，宜选用灰土挤密桩法。

对重要工程或在缺乏经验的地区，施工前应按设计要求，在现场进行试验，如土性基本相同，试验可在一处进行，如土性差异明显，应在不同地段分别进行试验。

1. 设计

1) 处理范围

灰土挤密桩和土挤密桩处理地基的面积，应大于基础或建筑物底面的面积，并应符合下列规定。

(1) 当采用局部处理时，超出基础底面的宽度：对非自重湿陷性黄土、素填土和杂填土等地基，每边不应小于基底宽度的0.25倍，并不应小于0.50m。对自重湿陷性黄土地基，每边不应小于基底宽度的0.75倍，并不应小于1.00m。

(2) 当采用整片处理时，超出建筑物外墙基础底画外缘的宽度，每边不宜小于处理土层厚度的1/2，并不应小于2m。

2) 处理深度

灰土挤密桩和土挤密桩处理地基的深度，应根据建筑场地的土质情况、工程要求和成孔及夯实设备等综合因素确定。对湿陷性黄土地基，应符合现行国家标准《湿陷性黄土地区建筑规范》(GB 50025—2004)的有关规定。

3) 桩径

桩孔直径宜为300～450mm，并可根据所选用的成孔设备或成孔方法确定。

4) 桩距

土(或灰土)桩的挤密效果与桩距有关。而桩距的确定又与土的原始干密度和孔隙比有关。桩距的设计一般应通过试验或计算确定。而设计桩距的目的在于使桩间土挤密后达到一定密实度(指平均压实系数$\bar{\lambda}$和土干密度ρ_d的指标)不低于设计要求标准，一般规定桩间土的最小干密度不得小于1.5t/m³，桩间土的平均压实系数$\bar{\lambda}=0.90～0.93$。

桩孔宜按等边三角形布置，桩孔之间的中心距离，可为桩孔直径的2.0～2.5倍，也可按下式估算为

$$s=0.95d\sqrt{\frac{\bar{\lambda}_c\rho_{dmax}}{\bar{\lambda}_c\rho_{dmax}-\bar{\rho}_d}} \tag{9-5}$$

式中　s——桩孔之间的中心距离；

d——桩孔直径，m；

ρ_{dmax}——桩间土的最大干密度，t/m³；

$\bar{\rho}$——地基处理前土的平均干密度，t/m³；

$\bar{\lambda}_c$——桩间土经成孔挤密后的平均挤密系数，对重要工程不宜小于0.93，对一般工程不应小于0.90。

桩间土的平均挤密系数$\overline{\lambda_c}$，应按下式计算为

$$\overline{\lambda_c}=\frac{\overline{\rho_{d1}}}{\rho_{dmax}} \tag{9-6}$$

式中　$\overline{\rho_{d1}}$——在成孔挤密深度内，桩间土的平均干密度，平均试样数不应少于 6 组。

桩孔的数量可按下式估算为

$$n=\frac{A}{A_e} \tag{9-7}$$

式中　n——桩孔的数量；

　　　A——拟处理地基的面积，m^2；

　　　A_e——1 根土或灰土挤密桩所承担的处理地基面积，m^2，即

$$A_e=\frac{\pi d_e^2}{4} \tag{9-8}$$

　　　d_e——一根桩分担的处理地基面积的等效圆直径，m，桩孔按等边三角形布置，$d_e=1.05s$。

处理填土地基时，鉴于其干密度值变动较大，一般不易按 $s=0.95d\sqrt{\dfrac{\overline{\lambda_c}\rho_{dmax}}{\overline{\lambda_c}\rho_{dmax}-\rho_d}}$ 式计算桩孔间距。为此，可根据挤密前地基土的承载力特征值 f_{sk} 和挤密后处理地基要求达到的承载力特征值 f_{spk}，利用下式计算桩孔间距为

$$s=0.95d\sqrt{\frac{f_{pk}-f_{sk}}{f_{spk}-f_{sk}}} \tag{9-9}$$

式中　f_{pk}——灰土桩体的承载力特征值，kPa，可取 $f_{pk}=500kPa$。

5）填料和压实系数

桩孔内的填料，应根据工程要求或地基处理的目的确定，并应用压实系数$\overline{\lambda_c}$控制夯实质量。当桩孔内用灰土或素土分层回填、分层夯实时，桩体内平均压实系数$\overline{\lambda_c}$值均不应小于 0.96；消石灰与土的体积配合比宜为 2∶8 或 3∶7。桩顶标高以上应设置 300～500mm 厚的 2∶8 灰土垫层，其压实系数不应小于 0.95。

6）承载力

灰土挤密桩和土挤密桩复合地基承载力特征值，应通过现场单桩或多桩复合地基荷载试验确定。初步设计当无试验资料时，可按当地经验确定，但对灰土挤密桩复全地基的承载力特征值，不宜大于处理前的 2.0 倍，并不宜大于 250kPa；对土挤密桩复合也基的承载力特征值，不宜大于处理前的 1.4 倍，并不宜大于 180kPa。

7）灰土挤密桩和土挤密桩复合地基的变形计算

应符合现行国家标准《建筑地基础设计规范》（GB 50007—2011)中的有关规定，其中复合土层的复合模量，应通过试验或结合当地经验确定。

2. 施工方法

1）施工工艺

土（或灰土）桩的施工应按设计要求和现场条件选用沉管（振动或锤击）、冲击或爆扩等方法进行成孔，使土向孔的周围挤密。

桩顶设计标高以上的预留覆盖土层厚度宜符合下列要求。

（1）沉管（锤击、振动)成孔，宜为 0.50～0.70m。

（2）冲击成孔，宜为 1.20～1.5m。

成孔时，地基土宜接近最优（或塑限）含水量，当土的含水量低于 12% 时，宜对拟处理范围内的土层进行增湿，增湿土的加水量可按下式估算为

$$Q = v \overline{\rho_d}(w_{op} - \overline{w})k \tag{9-10}$$

式中　Q——计算加水量，m^3；

　　　v——拟加固土的总体积，m^3；

　　　$\overline{\rho_d}$——地基处理前土的平均干密度，t/m^3；

　　　w_{op}——土的最优含水量，（%），通过室内击实试验求得；

　　　$\overline{w}$——地基处理前土的平均含水量，（%）；

　　　k——损耗系数，可取 1.05～1.10.

应于地基处理前 4～6 天，将需增湿的水通过一定数量和一定深度的渗水孔，均匀地浸入拟处理范围内的土层中。

成孔和孔内回填夯实应符合下列要求。

成孔和孔内回填夯实的施工顺序，当整片处理时，宜从里（或中间）向外间隔 1～2 孔进行，对大型工程，可采取分段施工；当局部处理时，宜从外向里间隔 1～2 孔进行；向孔内填料前，孔底应夯实，并应抽样检查桩孔的直径、深度和垂直度；桩孔的垂直度偏差不宜大于 1.5%；桩孔中心点的偏差不宜超过桩距设计值的 5%；经检验合格后，应按设计要求，向孔内分层填入筛好的素土、灰土或其他填料，并应分层夯实至设计标高。

桩孔填料夯实机目前有两种：一种是偏心轮夹杆式夯实机；另一种是采用电动卷扬机提升式夯实机。前者可上、下自动夯实，后者需用人工操作。

夯锤形状一般采用下端呈抛物线锤体形的梨形锤或长锤形。两者重量均不小于 0.1t。夯锤直径应小于桩孔直径 100mm 左右，使夯锤自由下落时将填料夯实。填料时每一锹料夯击一次或二次，夯锤落距一般在 600～700mm，每分钟夯击 25～30 次，长 6m 桩可在 15～20min 内夯击完成。

2）施工中可能出现的问题和处理方法

（1）夯打时桩孔内有渗水、涌水、积水现象时，可将孔内水排出地表，或将水下部分改为混凝土桩或碎石桩，水上部分仍为土（或灰土）桩。

（2）沉管成孔过程中遇障碍物时可采取以下措施处理。

① 用洛阳铲探查并挖除障碍物，也可在其上面或四周适当增加桩数，以弥补局部处理深度的不足，或从结构上采取适当措施进行弥补。

② 对未填实的墓穴、坑洞、地道等，如面积不大，挖除不便时，可将桩打穿通过，并在此范围内增加桩数，或从结构上采取适当措施进行弥补。

（3）夯打时出现缩径、堵塞、挤密成孔困难、孔壁坍塌等情况时，可采取以下措施处理。

① 当含水量过大，缩径比较严重时，可向孔内填干砂、生石灰块、碎砖碴、干水泥、粉煤灰；如含水量过小，可预先浸水，使之达到或接近最优含水量。

② 遵守成孔顺序，由外向里间隔进行（硬土由里向外）。

③ 施工中宜打一孔，填一孔，或隔几个桩位跳打夯实。

④ 合理控制桩的有效挤密范围。

3. 质量检验

对一般工程，主要应检查施工记录、检测全部处理深度内桩体和桩间土的干密度，并将其分别换算为平均压实系数$\bar{\lambda}$和平均挤密系数$\bar{\eta_c}$；重要工程，除检测上述内容外，还应测定全部处理深度内桩间土的压缩性和湿陷性。

抽样检验的数量，对一般工程不应少于桩总数的1%；对重要工程不应少于桩总数的1.5%。

夯实质量的检验方法有下列几种。

（1）轻便触探检验法。通过试验夯填，求得"检定锤击数"，施工检验时以实际锤击数不小于检定锤击数为合格。

（2）环刀取样检验法。洛阳铲在桩孔中心挖孔或通过开剖桩身，从基底算起沿深度方向每隔1.0～1.5m用带长把的小环刀分层取出原状夯实土样，测定其干密度。

（3）荷载试验法。大型工程应进行现场荷载试验和浸水荷载试验，直接测试承载力和湿陷情况。

上述前两项检验法，其中对灰土桩应在桩孔夯实后48h内进行，二灰桩应在36h内进行，否则将由于灰土或二灰的胶凝强度的影响而无法进行检验。

9.3 特殊土地基处理

9.3.1 湿陷性黄土地基

湿陷性黄土是指饱和浸水的湿陷系数超过0.015的黄土和黄土状土。黄土因其特殊的生成条件常具有密度小、湿度低、粘粒少、欠压密、大空隙、垂直节理、富含碳酸盐类等特点。黄土在一定压力作用下受水浸湿，土结构迅速破坏，强度迅速降低并发生显著附加下沉，导致建筑物破坏的黄土，称为黄土的湿陷性。天然状态的黄土，如未受水浸湿，一般强度较高，压缩性较小。其物质主要来源于沙漠与戈壁。

1. 黄土的分布及特征

1）黄土的分布

黄土在全世界的分布比较广泛，分布面积达1300万km²，约占陆地总面积的9.3%，主要分布于中纬度干旱或半干旱地区。我国黄土分布非常广泛，面积达64万km²，其中有湿陷性黄土约占四分之三。以黄河中游最发育，主要分布在甘肃、陕西、山西、宁夏、河南、青海等省区，其他地区也有零星分布。

2）湿陷性黄土的特征

黄土是第四纪地质历史时期，干旱条件下形成的黄色粉状沉积物，它的内部物质成分和外部形态特征都不同于同时期的其他沉积物，主要是具有大孔隙和湿陷性。在自然界中用肉眼可见土中有大孔隙，在一定压力下浸水，则土的结构迅速破坏，并发生显著沉陷。黄土的湿陷性主要是由黄土的结构构造与矿物成分决定的。

（1）矿物成分。湿陷性黄土主要矿物成分是石英、长石、碳酸盐、粘土矿物等。此外，湿陷黄土中含有较多的水溶盐，呈固态或半固态分布在各种颗粒表面上。

（2）颗粒组成。湿陷性黄土颗粒以粉粒为主，约占总重的50%～70%，而粉粒中又以

0.05～0.01mm 的粗粉粒为多，小于 0.005ram 的粘粒颗粒较少，大于 0.1mm 的颗粒含量在 5% 以内，大于 0.25mm 的中砂以上颗粒不多见。根据大量资料分析，湿陷性黄土有从西北向东南变细的趋势。

（3）黄土的结构。黄土主要由粗粉粒构成土的骨架，细砂粒浮在以粉粒组成的架空结构中，以石英与碳酸钙等细粉粒作为填充土料。由于胶结物的凝聚、结晶作用，土粒被牢固地粘结，使黄土具有较高的强度。但当黄土受水浸湿时，结合水膜增厚并楔入颗粒之间，使盐类溶于水中，各种胶结物软化，从而使黄土骨架的强度降低，结构破坏，导致黄土湿陷。

2. 物理力学性质

（1）黄土外观比较杂乱，一般具肉眼可见的大孔隙，主要呈黄色、褐黄色和灰黄色。

（2）黄土以粉粒为主，一般大于 60%。

（3）含水量低，一般 $\omega = 10\% \sim 20\%$。

（4）孔隙比大，$e > 1.0$。

（5）天然密度小，$\rho = (1.40 \sim 1.65) \text{g/cm}^3$。

（6）含有较多的可溶性盐类，例如：重碳酸盐、硫酸盐、氯化物。

（7）塑性指数偏低，$I_P = 7 \sim 13$，属粉土或粉质粘土。

（8）压缩系数值 $a_v = (0.2 \sim 0.6) \text{MPa}^{-1}$，属中、高压缩性土。

3. 工程性质

黄土在天然含水量时往往具有较高的强度和较小的压缩性，但遇水浸湿后强烈崩解，有的黄土即使在其自重作用下也会发生急剧而大量的变形，强度也随着迅速降低，膨胀量较小，透水性较强，称为自重湿陷性黄土；黄土的湿陷性随天然含水量的增加而减弱，天然孔隙比越大，湿陷性越强。它还随着压力增大而增加，当压力增加到一定后，湿陷量又随压力增加而减小。

4. 湿陷性评价

在黄土地区勘察中，湿陷性评价正确与否，直接影响设计措施的采取。黄土的湿陷性计算与评价内容主要有：①判别湿陷性与非湿陷性黄土；②判别自重与非自重湿陷性黄土；③判别湿陷性黄土场地的湿陷类型；④判别湿陷等级等。

1）湿陷性与非湿陷性黄土的判别

（1）湿陷性系数 δ_s。

黄土的湿陷性试验是在室内的固结仪内进行的，其方法是：分级加荷至规定压力，当下沉稳定后，使土样浸水直至湿陷稳定为止，其湿陷系数 δ_s 的计算式为

$$\delta_s = \frac{h_p - h_p'}{h_0} \tag{9-11}$$

式中　h_0——原状土样的原始高度，cm；

　　　h_p——原状土样在规定压力下，下沉稳定后的高度，cm；

　　　h_p'——加压稳定后的土样，在浸水作用下，下沉稳定后的高度，cm。

（2）判别标准。利用 δ_s 的值，可判定黄土是否有湿陷性。

当 $\delta_s < 0.015$ 时，为非湿陷性黄土；$\delta_s \geqslant 0.015$ 时，为湿陷性黄土，且该值越大，湿陷性越强烈。

工程实际中认为（一般压力为 200kPa 作用下）：δ_s 为 0.015～0.03 时，属于轻微湿陷性黄土，δ_s 为 0.03～0.07 时，属于中等湿陷性黄土；$\delta_s > 0.07$ 时，属于强烈湿陷性黄土。

2）自重与非自重湿陷性黄土的判别

（1）基本概念。某一深处的黄土层被水浸湿后，仅在其上覆土层的自重压力（饱和度 $s_r = 85\%$）下产生湿陷变形的，称自重湿陷性黄土。相反，非自重湿陷性黄土是指某一深度处的黄土层浸水后，除上覆土的饱和自重外，尚需要一定的附加荷载才能发生湿陷的黄土。

（2）自重湿陷系数 δ_{zs}。测定方法：在室内固结仪上分级加荷至上覆土层的饱和自重压力，当下沉稳定后，使土样浸水湿陷，直到稳定为止。

自重湿陷系数 δ_{zs} 可按下式计算：

$$\delta_{zs} = \frac{h_z - h_z'}{h_0} \qquad (9-12)$$

式中　h_0——土样的原始高度，cm；

h_z——原始土样加压至土的饱和自重压力时，下沉稳定后的高度，cm；

h_z'——上述加压稳定后的土样，在浸水作用下，下沉稳定后的高度，cm。

（3）判别标准。$\delta_{zs} < 0.015$ 时，为非自重湿陷性黄土；$\delta_{zs} \geqslant 0.015$ 时，为自重湿陷性黄土。

黄土的湿陷性一般是自地表以下逐渐减弱，埋深 7～8m 以上的黄土湿陷性较强。不同地区，不同时代的黄土其湿陷性不同，这与土的成因、固结作用、所处的环境等条件有关。

3）湿陷性黄土场地湿陷类型的划分

在黄土地区地基勘察中，应按照实测自重湿陷量或计算自重湿陷量，制定建筑物场地的湿陷类型。

（1）自重湿陷量 Δ_{zs}。实测自重湿陷量应根据现场试坑浸水试验确定。自重湿陷量按下式计算：

$$\Delta_{zs} = \beta_0 \sum_{i=1}^{n} \delta_{zsi} h_i \qquad (9-13)$$

式中　δ_{zsi}——第 i 层土在上覆土的饱和（$S_r = 85\%$）自重应力作用下的湿陷系数；

h_i——第 i 层土的厚度，cm；

n——总计算厚度内湿陷土层的数目。总计算厚度应从天然地面算起（当挖、填方厚度及面积较大时，自设计地面算起）至其下全部湿陷性黄土层的底面为止，但其中 $\delta_{sz} < 0.015$ 土层不计；

β_0——修正系数，对陕西地区取 1.5；陇东地区取 1.2，关中地区取 0.7，其他地区取 0.5。

（2）判别标准。实际工程中当 $\Delta_{zs} \leqslant 7cm$，定为非自重湿陷性黄土场地；$\Delta_{zs} > 7cm$，定为自重湿陷性黄土场地。

4）黄土地基的湿陷等级

（1）总湿陷量 Δ_s。

总湿陷量可按下式计算：

$$\Delta_s = \beta_0 \sum_{i=1}^{n} \delta_{si} \cdot h_i \qquad (9-14)$$

式中 δ_{si}——第 i 层土的湿陷系数；

h_i——第 i 层土的厚度，cm。

计算时，土层厚度自基础底面(初勘时从地面下 1.5m)算起；对非自重湿陷性黄土地基，累计算至其下 5m 深度或沉降计算深度为止；对自重湿陷性黄土，应根据建筑物类别和地区建筑经验决定，其中非湿陷性土层不累计。

(2)湿陷性黄土地基的湿陷等级。湿陷性黄土地基的湿陷等级，应根据基底下各土层累积的总湿陷量、计算自重湿陷量的大小和场地湿陷类型等因素，判别为Ⅰ、Ⅱ、Ⅲ、Ⅳ四级，见表 9-3。

表 9-3 湿陷性黄土地基的湿陷等级

湿陷类型 / 自重湿陷量/cm / 总湿陷量/cm	非自重湿陷性场地 $\Delta_{zs} \leqslant 7$	自重湿陷 性场地	
		$7 < \Delta_{zs} \leqslant 35$	$\Delta_{zs} > 35$
$\Delta_s \leqslant 30$	Ⅰ(轻微)	Ⅱ(中等)	—
$30 < \Delta_s \leqslant 60$	Ⅱ(中等)	Ⅱ或Ⅲ	Ⅲ(严重)
$\Delta_s > 60$	—	Ⅲ(严重)	Ⅳ(很严重)

5. 湿陷性黄土的设计措施

当湿陷性黄土地基的压缩变形、湿陷变形或强度不能满足工程要求时，应针对不同的土质条件和建筑物的类别，采取相应的措施。

(1)地理处理措施。消除地基的全部或部分湿陷量，或采用深基础、桩基础穿透全部湿陷土层。

(2)防水措施。在建筑物布置、场地排水、地面排水、散水、排水沟、管道敷设、管道材料和接口等方面，应采取防止雨水或生产、生活用水渗入浸湿地基。

(3)结构措施。减小建筑物的不均匀沉降，或使结构适应地基变形。

9.3.2 膨胀土地基

在工程建设中，经常会遇到一种具有特殊变形性质的粘性土，它的体积随含水量增加而膨胀，随含水量减少而收缩，具有这种膨胀和收缩性的土，称为膨胀土。

我国膨胀土常给人类活动带来危害，还常是崩塌、滑坡、泥石流等地质灾害产生的缘源。据估计，全世界每年因膨胀土造成的经济损失大约为 50 亿美元以上。

1. 分布和成因

膨胀土在我国分布广泛，以黄河流域及其以南方地区较多，先后已有 20 多个省区发现有膨胀土。一般分布在丘陵地带和山前缓坡地带以及二、三级阶地上。所处地形平缓，无明显自然陡坎。

我国膨胀土形成年代大多数是晚更新世及其以前的，具有黄、红、灰、白等色，大多数为残坡积，也有冲积、洪积物，也有晚第三纪至第四纪的湖泊沉积及其风化层。埋藏较浅，常见于地表。

2. 一般特征

膨胀土以粘土为主，土中粘粒成分主要是由亲水性矿物组成，粘土占总数的98％，粘土矿物多为蒙脱石、伊利石和高岭石。蒙脱石含量越多，膨胀性越强烈。有显著的吸水膨胀软化和失水收缩开裂的特点。裂隙发育是膨胀土的一个重要特征，常见光滑面或擦痕。结构致密，压缩性较低。膨胀土往复变形特性非常显著，造成建在膨胀土地基上的建筑物，随季节气候变化会反复产生不均匀的抬升和下沉，而使建筑物破坏。

3. 物理力学特性

(1) 粘粒含量高，一般占24％～40％。

(2) 膨胀土的液限、塑限和塑性指数都较大，液性指数小。液限ω_L为38％～55％，塑限ω_p为17％～35％，塑性指数I_p为18～35，在天然状态下呈硬塑或坚硬状态。

(3) 膨胀土的饱和度S_r一般较大，常在85％以上，天然含水率较小为17％～30％。

(4) 天然孔隙偏小，e为0.5～0.8。

(5) 抗剪强度指标浸水前后相差较大，尤其是c值可差2～3倍。

(6) 压缩性小，多属于低压缩性土。

4. 膨胀土的工程特性指标

1) 自由膨胀率δ_{ef}

自由膨胀率指人工制备的烘干土，在水中增加的体积与原体积的比，以百分率表示。按下式计算

$$\delta_{ef} = \frac{V_W - V_0}{V_0} \tag{9-15}$$

式中　V_w——土样在水中膨胀稳定后的体积，ml；

V_0——土样原有体积，ml。

2) 膨胀率

膨胀率是在一定压力作用下，浸水膨胀后，试样增高的高度与原高度之比，按下式计算：

$$\delta_{ep} = \frac{h_W - h_0}{h_0} \tag{9-16}$$

3) 收缩系数λ_s

原状土在直线收缩阶段，含水量减少1％时竖向线缩率之差(％)，用下式计算：

$$\lambda_s = \frac{\Delta \delta_s}{\Delta \omega} \tag{9-17}$$

式中　$\Delta \delta_s$——收缩过程中与两点含水量之差对应的竖向线缩率之差，％；

$\Delta \omega$——收缩过程中直线变化阶段两点含水量之差，％。

5. 膨胀土判别

凡是具有前面所述的特征，且自由膨胀率$\delta_{ef} \geqslant 40％$者，应判定为膨胀土。

6. 膨胀土地基处理措施

膨胀土地基上修建筑物，应从上部结构、地基基础设计各个方面采取措施，以保证建筑物的安全可靠。如水利工程上采用预湿法，工业与民用建筑工程中采用设置沉降缝、换

土垫层与排水、适当增大基底压力或加大基础埋深、设置钢筋混凝土圈梁等措施以减小或消除膨胀土的危害。

膨胀土一般避免作为土坝填料，如必须用膨胀土作填料时，在施工与设计中应采取必要的措施，例如：填筑标准(干容重 γ_d)不宜过高，施工含水量较最优含水量略高，这样对减小膨胀有利。

9.3.3 红粘土地基

红粘土是指碳酸盐类岩石(石灰岩、白云岩、泥质泥岩等)在亚热带温湿气候条件下，经风化而成的残积、坡积或残～坡积的褐红色、棕红色或黄褐色的高塑性粘土。它一般具有表面收缩、上硬下软、裂隙发育的特点。

1. 分布与成因

红粘土分布在我国云南、贵州、广西、安徽、四川东部等最为广泛，通常堆积在山坡、山麓、盆地或洼地中，成因类型主要为残积、坡积。一般上部为坡积、下部为残积的情况居多。常为岩溶地区的覆盖层，因受基岩起伏影响，厚度变化较大。

2. 工程地质特征

红粘土的粘粒组分(粒径<0.005mm)含量高，一般可达 55%～70%，粒度较均匀，高分散性。粘土颗粒主要是多水高岭石、水云母、伊利石类粘土矿物为主。

红粘土主要化学成分以 SiO_2(33.5%～68.9%)、Al_2O_3(9.6%～12.7%)、Fe_2O_3(13.4%～36.4%)为主，硅铝率一般均小于2。

红粘土常呈蜂窝状结构，常有很多裂隙(网状裂隙)、结核和土洞。

3. 物理力学性质

1) 高塑性和分散性

液限 ω_L 一般为 50%～80%，塑限 ω_P 为 30%～60%，塑性指数 I_P 一般为 20～50，饱和度大于 85%，孔隙率在 1.1～1.7 之间。

2) 高含水率、低密度

天然含水率 ω 一般为 30%～60%，$S_r>85\%$，密实度低，大孔隙明显，$e>1.0$；$I_L<0.4$；坚硬和硬塑状态。

3) 强度较高，压缩性较低

固结快剪 ϕ 值 8°～18°，c 值可达 0.04～0.09MPa，多属中压缩性土或低压缩性土，压缩模量 5～15MPa。

4) 不具湿陷性，但收缩性明显

失水后强烈收缩，原状土体缩率可达 25%。

5) 上硬下软现象

红粘土地层从地表向下由硬变软。上部坚硬、硬塑状态的土约占红粘土层的 75% 以上，厚度一般都大于 5m，可塑状态的占 10%～20%，接近基岩处，软塑、流塑状态的土约小于 10%，位于基岩凹部溶槽内。相应地，土的强度逐渐降低，压缩性逐渐增大。

红粘土具有这些特殊性质，是与其生成环境及其相应的组成物质有关。

(1)沿深度上，随着深度的加大，红粘土的天然含水率、孔隙比、压缩系数都有较大的增高，状态由坚硬、硬塑可变为可塑、软塑，而强度则大幅度降低。

（2）在水平方向上，由于地形地貌、下伏基岩起伏变化，性质变化也很大，地势较高的，由于排水条件好，天然含水率和压缩性较低，强度较高，而地势较低的则相反。

4. 红粘土的工程性质评价

在红粘土地区修建建筑物，应根据其工程性质特征，采取适当的工程措施。

（1）岩溶地区的红粘土常有土洞，应注意进行处理。

（2）当土层下部存在局部软弱下卧层，或岩层起伏过大时，容易引起不均匀沉降，需要进行必要的变形计算，通过分析研究，可采取适当处理措施，如改变基宽，调整相邻地段的基底压力，增减基础埋深，使基底下可压缩土层厚相对均匀。

（3）红粘土的底层接近下卧基岩面尤其是基岩面低洼处，常因地下水聚集，成软塑或流塑状态，其强度较低，应进行处理。

（4）红粘土表层常常呈坚硬至硬塑状态，强度高，压缩性低，为良好地基，基础应尽量浅埋，可以用其作为天然持力层。

（5）红粘土在浸水时膨胀，失水时干缩，并具有网状裂隙等特征，对建筑物有不利的影响。在施工时不能让基槽受日晒风干以及水的浸泡影响，以减小胀缩的不利影响。

9.3.4 季节性冻土地基

当温度在摄氏零度以下，含有冰的土称为冻土。

1. 冻土的类别

根据冻土存在的时间可分为多年冻土与季节性冻土。

1）多年冻土

所谓多年冻土是指冻结状态持续 3 年以上的冻土。这种冻土很厚，常年不融化，具有特殊的性质。当温度变化时，其物理力学性质也随之变化，并产生冻胀、融陷、热融滑塌等现象。

2）季节性冻土

季节性冻土又称融冻层，是指每年冬季冻结、夏季融化的冻土。因此冻土深度不大。冻结深度随气候条件不同而不同，一般为 0.5～2.0m。对于多年冻土的地基表层在受到温度影响时，也会产生冻融现象。

2. 冻土的分布

我国季节性冻土分布广泛，普遍分布于长江流域以北十余个省，如东北、华北、西北等地区；多年冻土主要分布于黑龙江、大兴安岭、青藏高原和甘肃、新疆的高山地区，总面积约为 215 万 km²，约占我国面积的 22%。

3. 季节性冻土及其对建筑物的危害

对于季节性冻土，冻胀的危害是主要的；对于多年冻土，融陷性的危害是主要的。

由于温度的变化，土中水分冻结与融化引起物态的变化，严重地影响土的性质，从而影响建筑物的稳定性。多年冻土地区每年融化季节所能影响到冻土的最大深度，称为季节融化层。它将随季节变化产生冻胀和融化沉陷，使建筑物丧失稳定性或产生强度破坏。一些建筑物，常常因为这种不均匀冻胀与沉陷而不能正常使用。融化期间，季节融化层内含水量较大，可能使地基饱和，甚至超饱和状态而丧失承载力，道路出现翻浆冒泥，房屋由于沉陷而遭受破坏。

4. 防止冻害的措施

1) 换填法

用粗砂、砾石等不冻胀材料填筑在基础底下。

2) 物理化学法

(1) 人工盐渍化改良土，如加入 $NaCl$、$CaCl_2$、KCl 等降低冰点的温度，减轻冻害。

(2) 用憎水物质改良土，以减少地基的含水量。

(3) 使土颗粒聚集，以降低冻胀。

3) 排水隔水法

在建筑物基础底部或四周设排水沟，防止雨水渗入地基，同时在基础的两侧与底部填入石料，并设排水管将渗水排除。

4) 结构措施

(1) 采用深基础，埋于当地冻深以下。

(2) 锚固式基础：包括深桩基础与扩大基础。

(3) 回避性措施，如架空法、埋入法、隔离法等。

项 目 小 结

(1) 在工程建设中，经常会遇到各种各样的软弱地基或不良地基，遇到各种地基问题，这些地基通常情况下不能满足建(构)筑物对地基的要求，需要进行加固处理。对于需经过人工加固处理的地基统称为人工地基。复合地基是指天然地基在地基处理过程中部分土体得到增强，或被置换，或在天然地基中设置加筋材料，加固区是由基体(天然地基土体或被改良的天然地基土体)和增强体两部分组成的人工地基。其本质是在荷载作用下，增强体和地基土共同承担上部结构传来的荷载。

(2) 软弱土地基泛指主要由淤泥、淤泥质土、冲填土、杂填土或其他高压缩性土层构成的地基。其具有强度低，压缩性高，渗水性小，高灵敏度和流变性等特点。这种地基往往达不到设计的要求，必须进行人工处理后才能建造房屋和构筑物。

(3) 地基处理方法较多，按其原理及作用，大致可分为碾压夯实法、换土垫层法、深层挤密法、排水固结法、化学加固法。工程应用时采用何种方法为宜，应综合土质情况、建筑物荷载、施工条件及经济效果等确定。

(4) 湿陷性黄土、膨胀土、红粘土、季节性冻土地基的工程特性及地基处理措施。

习 题

一、简答题

1. 什么是复合地基? 复合地基的常用形式有哪些?

2. 什么是软土? 软土有哪些特性?

3. 地基处理的方法有哪几类？它们的适用条件和效果如何？

4. 什么是换垫法？其适用范围是什么？

5. 如何确定砂垫层的厚度和宽度？

6. 强夯法与重锤夯实法在夯实机理和效果上有什么区别？

二、填空题

1. 软弱土地基处理的基本方法主要有 _____、_____、_____、_____、_____、_____ 和 _____。

2. 换土垫层法常用的垫层有：砂垫层、砂卵石垫层、_____、_____、_____ 以及用其他性能稳定、无侵蚀性的材料做的垫层等。

3. 湿陷性黄土是 _____ 黄土和黄土状土。

4. 膨胀土是具有 _____ 和 _____ 的土。

5. 红粘土一般具有 _____、_____ 和 _____ 的特点。

6. 季节性冻土根据冻土存在的时间可分为 _____ 和 _____。

参 考 文 献

[1] 秦植海. 土力学与地基基础 [M]. 北京：中国水利水电出版社，2008.

[2] 王启亮，刘亚军. 工程地质与土力学 [M]. 北京：中国水利水电出版社，2009.

[3] 莫海鸿，杨水平. 基础工程. [M]. 2版. 北京：中国建筑工业出版社，2008.

[4] 张荫. 土木工程地基处理. [M]. 2版. 北京：科学出版社，2009.

[5] 中华人民共和国国家标准. 建筑地基基础设计规范(GB 20007—2002) [S]. 北京：中国建筑工业出版社，2002.

[6] 中华人民共和国国家标准. 混凝土结构设计规范(GB 20010—2002) [S]. 北京：中国建筑工业出版社，2002.

[7] 中华人民共和国国家标准. 土工试验方法标准(GB/T 50123—1999) [S]. 北京：中国计划出版社，1999.

[8] 中华人民共和国行业标准. 土工试验规程(SL 237—1999) [S]. 北京：中国水利水电出版社，1999.

[9] 中华人民共和国行业标准. 公路土工试验规程(JTG E40—2007) [S]. 北京：人民交通出版社，2007.

北京大学出版社高职高专土建系列规划教材

序号	书名	书号	编著者	定价	出版时间	印次	配套情况	
			基 础 课 程					
1	工程建设法律与制度	978-7-301-14158-8	唐茂华	26.00	2012.7	6	ppt/pdf	
2	建设法规及相关知识	978-7-301-22748-0	唐茂华等	34.00	2013.8	1	ppt/pdf	
3	建设工程法规	978-7-301-16731-1	高玉兰	30.00	2013.8	13	ppt/pdf/答案/素材	★
4	建筑工程法规实务	978-7-301-19321-1	杨陈慧等	43.00	2012.1	4	ppt/pdf	★
5	建筑法规	978-7-301-19371-6	董伟等	39.00	2013.1	4	ppt/pdf	★
6	建设工程法规	978-7-301-20912-7	王先恕	32.00	2012.7	1	ppt/ pdf	
7	AutoCAD 建筑制图教程(第2版)(新规范)	978-7-301-21095-6	郭 慧	38.00	2013.8	2	ppt/pdf/素材	★
8	AutoCAD 建筑绘图教程(2010版)	978-7-301-19234-4	唐英敏等	41.00	2011.7	4	ppt/pdf	★
9	建筑CAD项目教程(2010版)	978-7-301-20979-0	郭 慧	38.00	2012.9	1	pdf/素材	
10	建筑工程专业英语	978-7-301-15376-5	吴承霞	20.00	2013.8	8	ppt/pdf	★
11	建筑工程专业英语	978-7-301-20003-2	韩薇等	24.00	2012.1	1	ppt/ pdf	★
12	建筑工程应用文写作	978-7-301-18962-7	赵立等	40.00	2012.6	3	ppt/pdf	★
13	建筑构造与识图(第2版)(新规范)	978-7-301-14465-7	郑贵超	40.00	2013.11	1	ppt/pdf/答案	★
14	建筑构造(新规范)	978-7-301-21267-7	肖 芳	34.00	2013.5	2	ppt/ pdf	
15	房屋建筑构造	978-7-301-19883-4	李少红	26.00	2012.1	3	ppt/pdf	★
16	建筑工程制图与识图	978-7-301-15443-4	白丽红	25.00	2013.7	9	ppt/pdf/答案	
17	建筑制图习题集	978-7-301-15404-5	白丽红	25.00	2013.7	8	pdf	
18	建筑制图(第2版)(新规范)	978-7-301-21146-5	高丽荣	32.00	2013.2	1	ppt/pdf	★
19	建筑制图习题集(第2版)(新规范)	978-7-301-21288-2	高丽荣	28.00	2013.1	1	pdf	
20	建筑工程制图(第2版)(附习题册)(新规范)	978-7-301-21120-5	肖明和	48.00	2012.8	5	ppt/pdf	
21	建筑制图与识图	978-7-301-18806-4	曹雪梅等	24.00	2012.2	5	ppt/pdf	★
22	建筑制图与识图习题册	978-7-301-18652-7	曹雪梅等	30.00	2012.4	4	pdf	★
23	建筑制图与识图(新规范)	978-7-301-20070-4	李元玲	28.00	2012.8	4	ppt/pdf	★
24	建筑制图与识图习题集(新规范)	978-7-301-20425-2	李元玲	24.00	2012.3	4	ppt/pdf	★
25	新编建筑工程制图(新规范)	978-7-301-21140-3	方筱松	30.00	2012.8	1	ppt/ pdf	★
26	新编建筑工程制图习题集(新规范)	978-7-301-16834-9	方筱松	22.00	2012.9	1	pdf	
27	建筑识图(新规范)	978-7-301-21893-8	邓志勇等	35.00	2013.1	2	ppt/ pdf	
28	建筑识图与房屋构造	978-7-301-22860-9	贠禄等	54.00	2013.8	1	ppt/pdf /答案	★
29	建筑构造与设计	978-7-301-23506-5	陈玉萍	38.00	2014.1	1	ppt/pdf /答案	★
30	房屋建筑构造	978-7-301-23588-1	李元玲等	45.00	2014.1	1	ppt/pdf	★
			建 筑 施 工 类					
1	建筑工程测量	978-7-301-16727-4	赵景利	30.00	2013.8	10	ppt/pdf /答案	★
2	建筑工程测量(第2版)(新规范)	978-7-301-22002-3	张敬伟	37.00	2013.5	2	ppt/pdf /答案	★
3	建筑工程测量	978-7-301-19992-3	潘益民	38.00	2012.2	2	ppt/ pdf	★
4	建筑工程测量实验与实训指导(第2版)	978-7-301-23166-1	张敬伟	27.00	2013.9	1	pdf/答案	
5	建筑工程测量	978-7-301-13578-5	王金玲等	26.00	2011.8	3	pdf	
6	建筑工程测量实训	978-7-301-19329-7	杨凤华	27.00	2013.5	4	pdf	★
7	建筑工程测量(含实验指导手册)	978-7-301-19364-8	石 东等	43.00	2012.6	2	ppt/pdf/答案	★
8	建筑工程测量	978-7-301-22485-4	景 铎等	34.00	2013.6	1	ppt/pdf	
9	数字测图技术(新规范)	978-7-301-22656-8	赵 红	36.00	2013.6	1	ppt/pdf	★
10	数字测图技术实训指导（新规范)	978-7-301-22679-7	赵 红	27.00	2013.6	1	ppt/pdf	★
11	建筑施工技术(新规范)	978-7-301-21209-7	陈雄辉	39.00	2013.6	2	ppt/pdf	★
12	建筑施工技术	978-7-301-12336-2	朱永祥等	38.00	2012.4	7	ppt/pdf	
13	建筑施工技术	978-7-301-16726-7	叶 雯等	44.00	2013.5	5	ppt/pdf /素材	
14	建筑施工技术	978-7-301-19499-7	董伟等	42.00	2011.9	2	ppt/pdf	
15	建筑施工技术	978-7-301-19997-8	苏小梅	38.00	2013.5	3	ppt/pdf	
16	建筑工程施工技术(第2版)(新规范)	978-7-301-21093-2	钟汉华等	48.00	2013.8	2	ppt/pdf	★

序号	书名	书号	编著者	定价	出版时间	印次	配套情况	
17	基础工程施工(新规范)	978-7-301-20917-2	董伟等	35.00	2012.7	2	ppt/pdf	★
18	建筑施工技术实训	978-7-301-14477-0	周晓龙	21.00	2013.1	6	pdf	★
19	建筑力学(第2版)(新规范)	978-7-301-21695-8	石立安	46.00	2013.9	3	ppt/pdf	★
20	土力学与地基基础	978-7-301-23675-8	叶火炎等	35.00	2014.1	1	ppt/pdf	★
21	土木工程实用力学	978-7-301-15598-1	马景善	30.00	2013.1	4	pdf/ppt	★
22	土木工程力学	978-7-301-16864-6	吴明军	38.00	2011.11	2	ppt/pdf	★
23	PKPM软件的应用(第2版)	978-7-301-22625-4	王娜等	34.00	2013.6	1	pdf	★
24	建筑结构(第2版)(上册)(新规范)	978-7-301-21106-9	徐锡权	41.00	2013.4	1	ppt/pdf/答案	★
25	建筑结构(第2版)(下册)(新规范)	978-7-301-22584-4	徐锡权	42.00	2013.6	1	ppt/pdf/答案	★
26	建筑结构	978-7-301-19171-2	唐春平等	41.00	2012.6	3	ppt/pdf	
27	建筑结构基础(新规范)	978-7-301-21125-0	王中发	36.00	2012.8	2	ppt/pdf	★
28	建筑结构原理及应用	978-7-301-18732-6	史美东	45.00	2012.8	2	ppt/pdf	
29	建筑力学与结构(第2版)(新规范)	978-7-301-22148-8	吴承霞等	49.00	2013.12	1	ppt/pdf/答案	★
30	建筑力学与结构(少学时版)	978-7-301-21730-6	吴承霞	34.00	2013.12	1	ppt/pdf/答案	★
31	建筑力学与结构	978-7-301-20988-2	陈水广	32.00	2012.8	1	pdf/ppt	
32	建筑结构与施工图(新规范)	978-7-301-22188-4	朱希文等	35.00	2013.3	1	ppt/pdf	★
33	生态建筑材料	978-7-301-19588-2	陈剑峰等	38.00	2013.7	2	ppt/pdf	
34	建筑材料	978-7-301-13576-1	林祖宏	35.00	2012.6	9	ppt/pdf	★
35	建筑材料与检测	978-7-301-16728-1	梅杨等	26.00	2012.11	8	ppt/pdf/答案	★
36	建筑材料检测试验指导	978-7-301-16729-8	王美芬等	18.00	2013.7	5	pdf	
37	建筑材料与检测	978-7-301-19261-0	王辉	35.00	2012.6	3	ppt/pdf	★
38	建筑材料与检测试验指导	978-7-301-20045-2	王辉	20.00	2013.1	3	ppt/pdf	★
39	建筑材料选择与应用	978-7-301-21948-5	申淑荣等	39.00	2013.3	1	ppt/pdf	★
40	建筑材料检测实训	978-7-301-22317-8	申淑荣等	24.00	2013.4	1	pdf	
41	建设工程监理概论(第2版)(新规范)	978-7-301-20854-0	徐锡权	43.00	2013.7	3	ppt/pdf/答案	★
42	建设工程监理	978-7-301-15017-7	斯庆	26.00	2013.1	6	ppt/pdf/答案	★
43	建设工程监理概论	978-7-301-15518-9	曾庆军等	24.00	2012.12	5	ppt/pdf	
44	工程建设监理案例分析教程	978-7-301-18984-9	刘志麟等	38.00	2013.2	2	ppt/pdf	★
45	地基与基础(第2版)	978-7-301-23304-7	肖明和等	42.00	2014.1	1	ppt/pdf/答案	★
46	地基与基础	978-7-301-16130-2	孙平平等	26.00	2013.2	3	ppt/pdf	
47	地基与基础实训	978-7-301-23174-6	肖明和等	25.00	2013.10	1	ppt/pdf	
48	建筑工程质量事故分析(第2版)	978-7-301-22467-0	郑文新	32.00	2013.9	1	ppt/pdf	★
49	建筑工程施工组织设计	978-7-301-18512-4	李源清	26.00	2013.5	5	ppt/pdf	★
49	建筑工程施工组织实训	978-7-301-18961-0	李源清	40.00	2012.11	3	ppt/pdf	★
50	建筑施工组织与进度控制(新规范)	978-7-301-21223-3	张廷瑞	36.00	2012.9	2	ppt/pdf	★
51	建筑施工组织项目式教程	978-7-301-19901-5	杨红玉	44.00	2012.1	1	ppt/pdf/答案	
52	钢筋混凝土工程施工与组织	978-7-301-19587-1	高雁	32.00	2012.5	1	ppt/pdf	
53	钢筋混凝土工程施工与组织实训指导(学生工作页)	978-7-301-21208-0	高雁	20.00	2012.9	1	ppt	
54	建筑力学与结构	978-7-301-23348-1	杨丽君等	44.00	2014.1	1	ppt/pdf	
55	土力学与基础工程	978-7-301-23590-4	宁培淋等	32.00	2014.1	1	ppt/pdf	
	工 程 管 理 类							
1	建筑工程经济(第2版)	978-7-301-22736-7	张宁宁等	30.00	2013.11	2	ppt/pdf/答案	★
2	建筑工程经济	978-7-301-20855-7	赵小娥等	32.00	2013.7	2	ppt/pdf	
3	施工企业会计	978-7-301-15614-8	辛艳红等	26.00	2013.11	6	ppt/pdf/答案	★
4	建筑工程项目管理	978-7-301-12335-5	范红岩等	30.00	2012.4	9	ppt/pdf	★
5	建设工程项目管理	978-7-301-16730-4	王辉	32.00	2013.5	5	ppt/pdf/答案	★
6	建设工程项目管理	978-7-301-19335-8	冯松山等	38.00	2013.11	3	pdf/ppt	
7	建设工程招投标与合同管理(第2版)(新规范)	978-7-301-21002-4	宋春岩	38.00	2013.8	5	ppt/pdf/答案/试题/教案	★
8	建筑工程招投标与合同管理(新规范)	978-7-301-16802-8	程超胜	30.00	2012.9	2	pdf/ppt	★
9	建筑工程商务标编制实训	978-7-301-20804-5	钟振宇	35.00	2012.7	1	ppt	★
10	工程招标与合同管理实务	978-7-301-19035-7	杨甲奇等	48.00	2011.8	2	pdf	★
11	工程招标与合同管理实务	978-7-301-19290-0	郑文新等	43.00	2012.4	2	ppt/pdf	★
12	建设工程招投标与合同管理实务	978-7-301-20404-7	杨云会等	42.00	2012.4	1	ppt/pdf/答案/习题库	

序号	书名	书号	编著者	定价	出版时间	印次	配套情况	
13	工程招投标与合同管理(新规范)	978-7-301-17455-5	文新平	37.00	2012.9	1	ppt/pdf	★
14	工程项目招投标与合同管理	978-7-301-15549-3	李洪军等	30.00	2013.11	8	ppt	★
15	工程项目招投标与合同管理(第2版)	978-7-301-22462-5	周艳冬	35.00	2013.7	1	ppt/pdf	★
16	建筑工程安全管理	978-7-301-19455-3	宋健等	36.00	2013.5	3	ppt/pdf	
17	建筑工程质量与安全管理	978-7-301-16070-1	周连起	35.00	2013.2	5	ppt/pdf/答案	
18	施工项目质量与安全管理	978-7-301-21275-2	钟汉华	45.00	2012.10	1	ppt/pdf	
19	工程造价控制	978-7-301-14466-4	斯庆	26.00	2013.8	9	ppt/pdf	★
20	工程造价管理	978-7-301-20655-3	徐锡权等	33.00	2013.8	2	ppt/pdf	
21	工程造价控制与管理	978-7-301-19366-2	胡新萍等	30.00	2013.1	2	ppt/pdf	★
22	建筑工程造价管理	978-7-301-20360-6	柴琦等	27.00	2013.1	2	ppt/pdf	
23	建筑工程造价管理	978-7-301-15517-2	李茂英等	24.00	2012.1	4	pdf	
24	建筑工程造价	978-7-301-21892-1	孙咏梅	40.00	2013.2	1	ppt/pdf	★
25	建筑工程计量与计价(第2版)	978-7-301-22078-8	肖明和等	58.00	2013.8	2	pdf/ppt	★
26	建筑工程计量与计价实训（第2版）	978-7-301-22606-3	肖明和等	29.00	2013.7	1	pdf	★
27	建筑工程计量与计价综合实训	978-7-301-23568-3	龚小兰	28.00	2014.1	1	pdf	★
28	建筑工程估价	978-7-301-22802-9	张英	43.00	2013.8	1	ppt/pdf	★
29	建筑工程计量与计价——透过案例学造价	978-7-301-16071-8	张强	50.00	2013.9	7	ppt/pdf	★
30	安装工程计量与计价（第2版）	978-7-301-22140-2	冯钢等	50.00	2013.7	2	pdf/ppt	★
31	安装工程计量与计价实训	978-7-301-19336-5	景巧玲等	36.00	2013.5	3	pdf/素材	★
32	建筑水电安装工程计量与计价(新规范)	978-7-301-21198-4	陈连姝	36.00	2013.8	2	ppt/pdf	★
33	建筑与装饰装修工程工程量清单	978-7-301-17331-2	翟丽旻等	25.00	2012.8	3	pdf/ppt/答案	
34	建筑工程清单编制	978-7-301-19387-7	叶晓容	24.00	2011.8	1	ppt/pdf	★
35	建设项目评估	978-7-301-20068-1	高志云等	32.00	2013.6	2	ppt/pdf	★
36	钢筋工程清单编制	978-7-301-20114-5	贾莲英	36.00	2012.2	1	ppt / pdf	
37	混凝土工程清单编制	978-7-301-20384-2	顾娟	28.00	2012.5	1	ppt / pdf	
38	建筑装饰工程预算	978-7-301-20567-9	范菊雨	38.00	2013.6	2	pdf/ppt	★
39	建设工程安全监理(新规范)	978-7-301-20802-1	沈万岳	28.00	2012.7	1	pdf/ppt	★
40	建筑工程安全技术与管理实务(新规范)	978-7-301-21187-8	沈万岳	48.00	2012.9	2	pdf/ppt	★
41	建筑工程资料管理	978-7-301-17456-2	孙刚等	36.00	2013.8	3	pdf/ppt	
42	建筑施工组织与管理(第2版)(新规范)	978-7-301-22149-5	翟丽旻等	43.00	2013.4	1	ppt/pdf/答案	★
43	建设工程合同管理	978-7-301-22612-4	刘庭江	46.00	2013.6	1	ppt/pdf/答案	★
44	工程造价案例分析	978-7-301-22985-9	甄凤	30.00	2013.8	1	pdf/ppt	★
建 筑 设 计 类								
1	中外建筑史	978-7-301-15606-3	袁新华	30.00	2013.8	9	ppt/pdf	★
2	建筑室内空间历程	978-7-301-19338-9	张伟孝	53.00	2011.8	1	pdf	★
3	建筑装饰CAD项目教程(新规范)	978-7-301-20950-9	郭慧	35.00	2013.1	1	ppt/素材	
4	室内设计基础	978-7-301-15613-1	李书青	32.00	2013.5	3	ppt/pdf	
5	建筑装饰构造	978-7-301-15687-2	赵志文等	27.00	2012.11	5	ppt/pdf/答案	★
6	建筑装饰材料(第2版)	978-7-301-22356-7	焦涛等	34.00	2013.5	4	ppt/pdf	
7	建筑装饰施工技术	978-7-301-15439-7	王军等	30.00	2013.7	6	ppt/pdf	
8	装饰材料与施工	978-7-301-15677-3	宋志春等	30.00	2010.8	2	ppt/pdf/答案	★
9	设计构成	978-7-301-15504-2	戴碧锋	30.00	2012.10	2	ppt/pdf	
10	基础色彩	978-7-301-16072-5	张军	42.00	2011.9	1	pdf	★
11	设计色彩	978-7-301-21211-0	龙黎黎	46.00	2012.9	1	ppt	★
12	设计素描	978-7-301-22391-8	司马金桃	29.00	2013.4	1	ppt	★
13	建筑素描表现与创意	978-7-301-15541-7	于修国	25.00	2012.11	3	Pdf	★
14	3ds Max 效果图制作	978-7-301-22870-8	刘晗等	45.00	2013.7	1	ppt	★
15	3ds Max 室内设计表现方法	978-7-301-17762-4	徐海军	32.00	2010.9	1	pdf	
16	3ds Max2011 室内设计案例教程(第2版)	978-7-301-15693-3	伍福军等	39.00	2011.9	1	ppt/pdf	
17	Photoshop 效果图后期制作	978-7-301-16073-2	脱忠伟等	52.00	2011.1	1	素材/pdf	★
18	建筑表现技法	978-7-301-19216-0	张峰	32.00	2013.1	2	ppt/pdf	
19	建筑速写	978-7-301-20441-2	张峰	30.00	2012.4	1	pdf	★
20	建筑装饰设计	978-7-301-20022-3	杨丽君	36.00	2012.2	1	ppt/素材	
21	装饰施工读图与识图	978-7-301-19991-6	杨丽君	33.00	2012.5	1	ppt	
22	建筑装饰工程计量与计价	978-7-301-20055-1	李茂英	42.00	2013.7	2	ppt/pdf	

序号	书名	书号	编著者	定价	出版时间	印次	配套情况	
			规划园林类					
1	居住区景观设计	978-7-301-20587-7	张群成	47.00	2012.5	1	ppt	★
2	居住区规划设计	978-7-301-21031-4	张 燕	48.00	2012.8	2	ppt	★
3	园林植物识别与应用(新规范)	978-7-301-17485-2	潘利等	34.00	2012.9	1	ppt	★
4	城市规划原理与设计	978-7-301-21505-0	谭婧婧等	35.00	2013.1	1	ppt/pdf	★
5	园林工程施工组织管理(新规范)	978-7-301-22364-2	潘利等	35.00	2013.4	1	ppt/pdf	★
			房地产类					
1	房地产开发与经营(第2版)	978-7-301-23084-8	张建中等	33.00	2013.8	1	ppt/pdf/答案	★
2	房地产估价(第2版)	978-7-301-22945-3	张 勇等	35.00	2013.8	1	ppt/pdf/答案	★
3	房地产估价理论与实务	978-7-301-19327-3	褚菁晶	35.00	2011.8	1	ppt/pdf/答案	★
4	物业管理理论与实务	978-7-301-19354-9	裴艳慧	52.00	2011.9	1	ppt/pdf	★
5	房地产测绘	978-7-301-22747-3	唐春平	29.00	2013.7	1	ppt/pdf	★
6	房地产营销与策划(新规范)	978-7-301-18731-9	应佐萍	42.00	2012.8	1	ppt/pdf	★
			市政路桥类					
1	市政工程计量与计价(第2版)	978-7-301-20564-8	郭良娟等	42.00	2013.8	3	pdf/ppt	
2	市政工程计价	978-7-301-22117-4	彭以舟等	39.00	2013.2	1	ppt/pdf	★
3	市政桥梁工程	978-7-301-16688-8	刘 江等	42.00	2012.10	2	ppt/pdf/素材	
4	市政工程材料	978-7-301-22452-6	郑晓国	37.00	2013.5	1	ppt/pdf	★
5	路基路面工程	978-7-301-19299-3	偶昌宝等	34.00	2011.8	1	ppt/pdf/素材	
6	道路工程技术	978-7-301-19363-1	刘 雨等	33.00	2011.12	1	ppt/pdf	
7	城市道路设计与施工(新规范)	978-7-301-21947-8	吴颖峰	39.00	2013.1	1	ppt/pdf	★
8	建筑给水排水工程	978-7-301-20047-6	叶巧云	38.00	2012.2	1	ppt/pdf	
9	市政工程测量(含技能训练手册)	978-7-301-20474-0	刘宗波等	41.00	2012.5	1	ppt/pdf	
10	公路工程任务承揽与合同管理	978-7-301-21133-5	邱 兰等	30.00	2012.9	1	ppt/pdf/答案	
11	道桥工程材料	978-7-301-21170-0	刘水林等	43.00	2012.9	1	ppt/pdf	
12	工程地质与土力学(新规范)	978-7-301-20723-9	杨仲元	40.00	2012.6	1	ppt/pdf	★
13	数字测图技术应用教程	978-7-301-20334-7	刘宗波	36.00	2012.8	1	ppt	
14	水泵与水泵站技术	978-7-301-22510-3	刘振华	40.00	2013.5	1	ppt/pdf	★
15	道路工程测量(含技能训练手册)	978-7-301-21967-6	田树涛等	45.00	2013.2	1	ppt/pdf	
			建筑设备类					
1	建筑设备基础知识与识图	978-7-301-16716-8	靳慧征	34.00	2013.11	12	ppt/pdf	★
2	建筑设备识图与施工工艺	978-7-301-19377-8	周业梅	38.00	2011.8	3	ppt/pdf	★
3	建筑施工机械	978-7-301-19365-5	吴志强	30.00	2013.7	3	pdf/ppt	★
4	智能建筑环境设备自动化(新规范)	978-7-301-21090-1	余志强	40.00	2012.8	1	pdf/ppt	★

相关教学资源如电子课件、电子教材、习题答案等可以登录 www.pup6.com 下载或在线阅读。

扑六知识网(www.pup6.com)有海量的相关教学资源和电子教材供阅读及下载(包括北京大学出版社第六事业部的相关资源),同时欢迎您将教学课件、视频、教案、素材、习题、试卷、辅导材料、课改成果、设计作品、论文等教学资源上传到 pup6.com,与全国高校师生分享您的教学成就与经验,并可自由设定价格,知识也能创造财富。具体情况请登录网站查询。

如您需要免费纸质样书用于教学,欢迎登录第六事业部门户网(www.pup6.cn)填表申请,并欢迎在线登记选题以到北京大学出版社来出版您的大作,也可下载相关表格填写后发到我们的邮箱,我们将及时与您取得联系并做好全方位的服务。

扑六知识网将打造成全国最大的教育资源共享平台,欢迎您的加入——让知识有价值,让教学无界限,让学习更轻松。

联系方式:010-62750667,yangxinglu@126.com,linzhangbo@126.com,欢迎来电来信咨询。